Dieter Hofbauer
Ralf-Detlef Kutsche

Grundlagen des maschinellen Beweisens

Dieter Hofbauer
Ralf-Detlef Kutsche

Grundlagen des maschinellen Beweises

Eine Einführung für Informatiker und Mathematiker

Friedr. Vieweg & Sohn Braunschweig / Wiesbaden

CIP-Titelaufnahme der Deutschen Bibliothek

Hofbauer, Dieter:
Grundlagen des maschinellen Beweises: eine
Einführung für Informatiker und Mathematiker/
Dieter Hofbauer; Ralf-Detlef Kutsche. –
Braunschweig; Wiesbaden: Vieweg, 1989
ISBN 3-528-04718-6

NE: Kutsche, Ralf-Detlef:

Der Verlag Vieweg ist ein Unternehmen der Verlagsgruppe Bertelsmann.

ISBN-13: 978-3-528-04718-4 e-ISBN-13: 978-3-322-84223-7
DOI: 10.1007/978-3-322-84223-7

Vorwort

Dieses Buch ist entstanden aus einer Lehrveranstaltung, die wir in den Jahren 1987 und 1988 konzipiert und weiterentwickelt haben. Sie ist an der Technischen Universität Berlin unter dem Namen "*LOGIK II für Informatiker: Grundlagen des maschinellen Beweisens*" Bestandteil des Lehrangebots in Theoretischer Informatik und schließt direkt an die "*LOGIK für Informatiker: Formalisieren und Beweisen*" an.

Das Buch richtet sich somit in erster Linie an fortgeschrittene Student(inn)en im Informatik-Hauptstudium, aber auch ganz allgemein an Wissenschaftler(innen) in Informatik und Mathematik, die sich für die logischen Grundlagen des maschinellen Theorembeweisens und die ersten Schritte zu deren Anwendung interessieren. Eine Reihe wichtiger englischsprachiger Bücher in diesem Themenfeld - wenn auch mit sehr unterschiedlichen Schwerpunktsetzungen - ist seit dem Beginn der 70er Jahre entstanden, u.a. Chang & Lee [CL73], Loveland [Lov78], Boyer & Moore [BM79], Bibel [Bib82/87], Bundy [Bun83], Wos, Overbeek, Lusk & Boyle [WOLB84], Gallier [Gal86], Genesereth & Nilsson [GN87] und Padawitz [Pad88]; in deutscher Sprache etwa Bläsius & Bürckert [BB87] oder Richter [Rich89]. Wir verstehen unser Buch als Ergänzung solcher Bücher für den deutschen Sprachraum mit dem Ziel, eine eher mathematisch orientierte Einführung in diese Thematik zu geben.

Wir knüpfen an Grundkenntnisse der Logik an und stellen daher die später benötigten Begriffe in Kapitel 1 nur in gestraffter Form bereit.
Einen ersten Schwerpunkt bildet in Kapitel 2 die *Resolution*, ein handlicher Ableitungskalkül, der die Prädikatenlogik erster Stufe prinzipiell dem Rechner zugänglich macht.
In Kapitel 3 beschäftigen wir uns ausführlich mit verschiedenartigen *Einschränkungen des Suchraums* bei automatischen Beweisen. Wir klassifizieren dabei eine Vielzahl historisch wild gewachsener Konzepte, beweisen oder widerlegen deren Vollständigkeit und problematisieren den Aufwand dieser Verfeinerungen.
In Kapitel 4 stellen wir exkursartig einige weitere Theorembeweiser-Verfahren vor, die eine andere *Repräsentation* der Formeln und des Suchraums verwenden.

Danach leiten wir in Kapitel 5 über zur *Paramodulation*, die einen adäquaten Umgang mit der Gleichheitsrelation innerhalb des Resolutionskalküls erlaubt.
Schließlich bilden die Kapitel 6 und 7 einen weiteren Schwerpunkt innerhalb des Buches: wir schränken die Prädikatenlogik auf reine Gleichungen ein und benutzen dafür *Termersetzung* als Ableitungskalkül. Zunächst studieren wir Ersetzungssysteme und ihre Theorie in einem allgemeineren Rahmen, lernen dann wichtige Techniken speziell für Terme kennen und behandeln damit weitere Fragestellungen des Theorembeweisens: Entscheiden von Gleichheitstheorien, Beweisen von induktiven Theoremen und Lösen von Gleichungen. Zuletzt geben wir noch einen Ausblick in die Unifikationstheorie.

Besonders wichtig ist es uns, durch notationell einheitliches Aufspannen des Bogens *Resolution - Paramodulation - Termersetzung* die Ähnlichkeiten und Unterschiede zwischen diesen Kalkülen zu verdeutlichen; dasselbe gilt für die Systematisierung der Resolutions-Einschränkungen und ihrer Vollständigkeitsbeweise. Wir wollen unsere Leserinnen[1] und Leser dazu befähigen, sich das weite Feld des maschinellen Beweisens, aber auch verwandte Gebiete wie logisches und funktionales Programmieren, Methoden zur Wissensrepräsentation und -deduktion oder Theorembeweisen in nichtklassichen Logiken kompetent erarbeiten zu können.

Zum Schluß der Vorrede möchten wir sehr herzlich allen danken, die direkt oder indirekt zum Entstehen dieses Buches beigetragen haben, ganz besonders Dirk Siefkes, in dessen Arbeitsgruppe Algorithmik und Logik am Fachbereich Informatik der TU Berlin wir unsere Lehrveranstaltungen entwickeln konnten, sowie unserem früheren Kollegen Peter Padawitz für ihre fruchtbaren Anregungen und ihre konstruktive Hilfestellung.
Unser Dank richtet sich aber auch an die vielen Studenten, die uns durch kritische Mitarbeit und engagierte Diskussionen unterstützt haben. Besonders hervorheben möchten wir dabei Elke Altendorf, Christoph Brzoska, Frank Merken, Lars With und Peter Wuttke, die in unserer FUNLOG-Forschungsgruppe und durch ihre Studien- und Diplomarbeiten wertvolle Beiträge geleistet haben.
Weiter gilt unser Dank Reinald Klockenbusch vom Vieweg-Verlag für die konstruktive und angenehme Zusammenarbeit.

Dieter Hofbauer
Ralf-Detlef Kutsche

Ein ganz speziell liebevoller Dank richtet sich an meine Frau Christine und meine Tochter Marissa für die vielfältige Rücksichtnahme und häufigen persönlichen Verzicht auf mich. RDK

[1] Unsere Leserinnen mögen verzeihen, daß wir in Zukunft immer nur "den Leser" ansprechen werden. Wir meinen diese Anrede aber "geschlechtsneutral" und freuen uns über männliche und weibliche LeserInnen gleichermaßen.

Inhalt

Kapitel 1

Grundbegriffe der Prädikatenlogik

Zu Beginn dieses Buches stellen wir in sehr kompakter Form die für uns wichtigsten Begriffe und Ergebnisse aus der Prädikatenlogik dar. Da es nicht das Ziel eines Buches über die theoretischen Grundlagen des maschinellen Beweisens sein kann, ein vollständiges Logik-Lehrbuch zu subsumieren, beschränken wir uns dabei ganz zielgerichtet auf den Ausschnitt der Logik, den wir später benötigen werden.

Unsere "Dramaturgie" ist es, einen möglichst runden Bogen zu spannen ausgehend von Beweismethoden für die volle Prädikatenlogik über die besondere Behandlung der Gleichheit innerhalb der Prädikatenlogik bis hin zu Spezialtechniken für reine Gleichheitskalküle. Dadurch sind gewisse (für ein klassisches Logik-Verständnis vielleicht untypische) Schwerpunktsetzungen unvermeidbar oder auch durchaus gewollt, wie etwa die besondere Betonung des Umgangs mit Termen und Substitutionen oder auch die konsequente Begrenzung prädikatenlogischer Ableitungskalküle auf Widerlegungsverfahren auf der Basis der Schnittregel.

Da es keinen Mangel sowohl an umfassenden als auch an einführenden Logik-Lehrbüchern gibt, erlauben wir uns, das erste Kapitel eher in Form eines Nachschlage-Verzeichnisses unserer Bezeichnungen und Notationen zu präsentieren als didaktisch aufbereitet und zum Selbststudium geeignet. Wir nennen hier exemplarisch nur einige deutschsprachige Bücher: Asser [Ass72], Bergmann & Noll [BN77], Börger [Bör85], Ebbinghaus, Flum & Thomas [EFT78], Hermes [Herm76], Richter [Rich78], Schöning [Schö87/89] und - last but not least - das in Kürze ebenfalls bei Vieweg als Buch erscheinende Vorlesungs-Skriptum unseres langjährigen Lehrers Prof. Siefkes [Sief89].

1.1 Syntax der Prädikatenlogik

In diesem Abschnitt führen wir Symbole und Zeichenketten ein, die wir für eine *Formalisierung* von *Theoremen* benötigen und auf denen wir später im Sinne *maschinellen Beweisens* operieren wollen. Dazu benötigen wir neben den reinen Zeichenvorräten und den aus ihnen gebildeten Bausteinen (*Terme* und *Formeln*) auch Darstellungsweisen (*Bäume*) und Transformationsmöglichkeiten (*Ableitungsregeln*).

1.1.1 Terme und Formeln

Definition (1.1) (Signatur)

Eine *Signatur* $\Sigma = (\mathsf{S}, \mathsf{F}, \mathsf{P})$ ist durch drei paarweise disjunkte Symbolmengen gegeben:

(i) die Menge S der *Sortensymbole*,

(ii) die Menge F der *Operationssymbole* (oder: *Funktionssymbole*) und

(iii) die Menge P der *Prädikatensymbole*,

wobei jedes Operationssymbol $f \in \mathsf{F}$ und jedes Prädikatensymbol $P \in \mathsf{P}$ eine *Stelligkeit* und *Sortigkeit* (zusammen kurz: *Arität*) besitzt, notiert durch[1]

$$f(s_1, s_2, \dots, s_n) \to s$$

für n-stelliges f zu den (*Argument*-)Sorten $s_1, s_2 \dots, s_n$ und der *Ziel*-Sorte s sowie durch

$$P(s_1, s_2, \dots, s_n)$$

für n-stelliges P zu den Sorten $s_1, s_2, \dots, s_n$.

Für $n = 0$ heißt f *Konstante(nsymbol)* bzw. P *Aussagensymbol*. ∎

Für die nun folgenden Definitionen von Termen und Formeln nehmen wir stets eine Signatur Σ sowie eine - zu allen Mengen der Signatur disjunkte - Menge(nfamilie) $V = (V_s)_{s \in S}$ von Variablen zu den Sorten von Σ als gegeben an.

Definition (1.2) (Terme)

Die Menge $T_\Sigma(V)$ der Σ*-Terme* mit Variablen aus V ist induktiv definiert durch:

(i) Jedes Konstantensymbol $c \to s$ aus Σ ist ein Term zur Sorte s.

(ii) Jede Variable aus V_s ist ein Term zur Sorte s.

(iii) Ist $f(s_1, s_2, \dots, s_n) \to s$ Operationssymbol aus Σ und sind weiterhin $t_1, t_2, \dots, t_n$ Terme zu den Sorten $s_1, s_2, \dots, s_n$, so ist $f(t_1, t_2, \dots, t_n)$ Term zur Sorte s. ∎

Definition (1.3) (quantorenfreie Formeln, offene Prädikatenlogik)

- Ist $P(s_1, s_2, \dots, s_n)$ Prädikatensymbol aus Σ und sind weiterhin $t_1, t_2, \dots, t_n$ Terme aus $T_\Sigma(V)$ zu den Sorten $s_1, s_2, \dots, s_n$, so ist $P(t_1, t_2, \dots, t_n)$ *atomare Formel* zur Sorte s.

[1] Für die Operationssymbole in unseren Beispielen werden wir später in üblicher Weise Präfix-, Postfix- oder bei zweistelligen Operationssymbolen oft auch Infix-Notation verwenden.

- Die Menge der *quantorenfreien* Σ *-Formeln* (mit Variablen) wird nun induktiv definiert:

(i) Jede atomare Formel ist eine Formel.

(ii) Die Wahrheitswerte W und F sind Formeln.

(iii) Sind A und B Formeln, so auch $\neg A$, $(A \wedge B)$, $(A \vee B)$, $(A \rightarrow B)$ und $(A \leftrightarrow B)$, wobei $\neg$, $\wedge$, $\vee$, $\rightarrow$ und $\leftrightarrow$ die üblichen logischen Junktoren Negation, Konjunktion, Disjunktion, Implikation und Äquivalenz sind.

- Ist A eine atomare Formel (oder: *Atom*), so heißen A bzw. $\neg A$ auch *Literal;* A heißt dabei *positives*, $\neg A$ *negatives* Literal[2].
- Die so definierten Formeln werden oft auch Formeln der *offenen Prädikatenlogik* genannt; die in ihnen enthaltenen Variablen heißen *freie* (oder: *ungebundene*) Variablen. ■

Definition (1.4) (Grundterme, Grundformeln)

- Mit *var*(t) bzw. *var*(G) bezeichnen wir die Menge der in einem Term t bzw. einer quantorenfreien Formel G enthaltenen Variablen.
- t heißt *variablenfrei* oder *Grundterm*, entsprechend G *variablenfrei* oder *Grundformel*, wenn var(t) resp. var(G) leer sind. ■

Bemerkung (1.5) (nichtleere Sorten)

Wir setzen im folgenden voraus, daß zu jeder Sorte der Signatur stets mindestens ein Grundterm existiert. ■

Mit den Quantoren $\forall$ ("für alle") und $\exists$ ("es gibt ein") werden schließlich die *Formeln der Prädikatenlogik erster Stufe* definiert:

Definition (1.6) (Formeln mit Quantoren)

- Ist A eine Formel über Σ, die die Variable $x \in V$ frei enthält, so ist $\forall x\, A$ eine Formel, der *Allabschluß von* A *bzgl.* x, ebenso $\exists x\, A$, der *Existenzabschluß von* A *bzgl.* x.
  In beiden Fällen heißen die zuvor freien Vorkommnisse von x nun durch den Quantor *gebunden.* Sind alle Variablen einer Formel gebunden, so heißt die Formel *geschlossen.*
- Die Menge aller *prädikatenlogischen Formeln* über Σ erhält man wiederum induktiv, indem man in Definiton (1.3) den Schritt (iii) um die soeben eingeführte Quantifizierung erweitert.
- Den Abschluß einer Formel A bzgl. *aller* ihrer freien Variablen nur mit Allquantoren bzw. nur mit Existenzquantoren nennen wir *All-* bzw. *Existenzabschluß von* A. ■

Um die Formeln durch Weglassen von Klammern übersichtlicher machen zu können, führen wir die üblichen Bindungs-Prioritäten zwischen Junktoren und Quantoren ein (bei gleicher Priorität wird Klammerung von links nach rechts angenommen): Am stärksten binden die Quantoren $\forall$ und $\exists$, dann die Negation $\neg$, danach die Junktoren $\wedge$ und $\vee$, sowie schließlich $\rightarrow$ und $\leftrightarrow$ am schwächsten.

---

[2] Bezeichnet L ein negatives Literal $\neg A$, so meinen wir im folgenden stets mit $\neg L$ wieder das positive Literal (oder: Atom) A.

1.1.2 Terme und Formeln als Bäume

Terme lassen sich als Bäume auffassen, an deren Knoten einzelne Operationssymbole stehen. Genauer: als Bäume mit geordneten Kanten und mit einer ausgezeichneten Wurzel - dort steht das oberste Operationssymbol des Terms. Die Kanten eines solchen Baums markieren wir mit Zahlen; an der Kante, die zu einem i-ten Argumentterm führt, steht dann die Zahl i. Damit können wir eine Stelle in einem Term durch eine Liste von Zahlen angeben, denen wir von der Wurzel aus folgen müssen, um an diese Stelle im Termbaum zu kommen.

Definition (1.7) (Stelle in einem Term)

Eine *Stelle* (oder: *Occurrence*) in einem Term t ist eine Liste u von natürlichen Zahlen. Wir definieren induktiv:

(i) Die leere Liste λ ist eine Stelle in t.

(ii) Ist $t = f(t_1, t_2, \dots, t_n)$ und u eine Stelle in t_i $(1 \leq i \leq n)$, dann ist i.u eine Stelle in t. ■

Definition (1.8) (Teilterm an einer Stelle)

Für einen Term t und eine Stelle u in t definieren wir t / u als den *Teilterm von* t *an der Stelle* u:

(i) $t/\lambda := t$.

(ii) Ist $t = f(t_1, t_2, \dots, t_n)$ und u eine Stelle in t_i $(1 \leq i \leq n)$, dann ist $t/i.u := t_i/u$. ■

Definition (1.9) (Einsetzen eines Teilterms an einer Stelle)

Für Terme t und t' und eine Stelle u in t definieren wir $t[u \leftarrow t']$ als den Term, der durch *Einsetzen von* t' *an der Stelle* u *in* t entsteht:

(i) $t[\lambda \leftarrow t'] := t'$.

(ii) Ist $t = f(t_1, t_2, \dots, t_n)$ und u eine Stelle in t_i $(1 \leq i \leq n)$, dann ist

$t[i.u \leftarrow t'] := f(t_1, t_2, \dots, t_i[u \leftarrow t'], \dots, t_n)$. ■

Diese Notationen lassen sich leicht von Termen auf Atome, Literale und Formeln verallgemeinern (Formeln sind schließlich auch Terme, nur über einer anderen Signatur!). In dieser Form verwenden wir sie jedoch nur in der Definition der Paramodulation in Kapitel 5 und in der Definition von Narrowing, Abschnitt 7.4.

Beispiel (1.10)

Den Term t_0 := f(g(f(x,y,g(a))) , a , f(x,g(a),b)) stellen wir wie folgt als Baum dar:

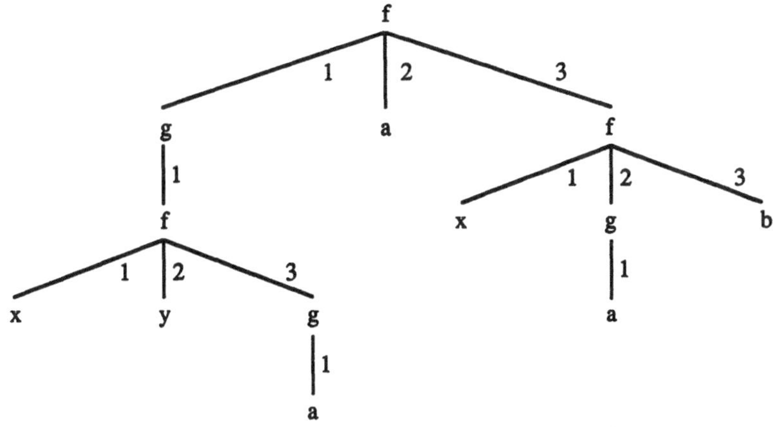

An diesem Term t_0 können wir die Definitionen (1.7) bis (1.9) verdeutlichen:

(i) $1.1.3.\lambda$ und $3.1.\lambda$ sind Stellen in t_0, nicht jedoch $2.1.\lambda$ oder $1.1.1.1.\lambda$

(ii) $t_0 / 1.1.3.\lambda = g(a)$

(iii) $t_0 / 3.1.\lambda = x$

(iv) $t_0 [1.1.\lambda \leftarrow g(a)] = f(g(g(a)),a,f(x,g(a),b))$

(v) $(t_0[3.\lambda \leftarrow g(a)]) [1.\lambda \leftarrow x] = f(x,a,g(a))$ ∎

1.1.3 Substitutionen

Um Variablen syntaktisch als Platzhalter für beliebige Terme verwenden zu können, benötigen wir Operationen, die Variablen durch beliebige Terme ersetzen: *Substitutionen.* Neben den für uns wichtigen Definitionen listen wir in diesem Abschnitt noch eine Reihe elementarer Eigenschaften von Substitutionen (ohne Beweis) auf, die wir speziell für die Unifikation in Kapitel 2, aber auch bei der Beschäftigung mit Paramodulation und Termersetzung in den Kapiteln 5-7 benötigen werden.

Definition (1.11) (Substitution)

Seien $V = (V_s)_{s \in S}$ Variablen zur Signatur Σ.

- Eine Abbildung $\sigma : V \rightarrow T_\Sigma(V)$ heißt *Substitution*, falls x und $\sigma(x)$ für alle $x \in V$ die gleiche Sorte haben und ihr Domain $dom(\sigma) := \{ x \in V \mid x\sigma \neq x \}$ endlich ist.
- Für $\sigma(x)$ verwenden wir meist die Postfixnotation $x\sigma$.

- Für eine Substitution σ mit $dom(\sigma) = \{ x_1, \dots, x_n \}$ und $x_i\sigma = t_i$ $(1 \le i \le n)$ schreiben wir
$$\sigma = [x_1/t_1, \dots, x_n/t_n] \qquad \text{oder} \qquad \sigma = \begin{bmatrix} x_1 & \dots & x_n \\ t_1 & \dots & t_n \end{bmatrix}.$$
- Mit [ ] bezeichnen wir die Identität auf V.
- Mit $var(\sigma) := \bigcup_{x \in V} var(x\sigma)$ bezeichnen wir die Menge der Variablen im Bildbereich einer Substitution σ. Ist $var(\sigma)$ leer, so heißt σ *Grundsubstitution.*
- Falls σ eine Permutation ist (d.h. injektiv und $\sigma(V) = V$), heißt σ *Umbenennung.*
- Wir setzen σ kanonisch auf Terme sowie quantorenfreie Formeln und Formelmengen zu σ^* fort:
  (i) $x\sigma^* := x\sigma$ für alle $x \in V$,
  (ii) $(f(t_1, \dots, t_n))\sigma^* := f(t_1\sigma^*, \dots, t_n\sigma^*)$ für n-stellige Operationssymbole f,
  (iii) analog für Prädikatensymbole und Junktoren,
  (iv) $M\sigma^* := \{ m\sigma^* \mid m \in M \}$ für Mengen M,
  und schreiben in Zukunft für die *Fortsetzung* ebenfalls σ.
- Die *Komposition* $\sigma\tau$ zweier Substitutionen (bzw. deren Fortsetzungen) σ und τ ist definiert durch $t(\sigma\tau) := (\tau \circ \sigma)(t) := \tau(\sigma(t))$ ("erst σ, dann τ").
  Die Substitution $\sigma\tau$ heißt *Instanz* der Substitution σ. ∎

Definition (1.12) (Instanz eines Terms bzw. einer Formel, Grundinstanz)

Für jede Substitution σ heißt $t\sigma$ *Instanz* des Terms t. Ist $t\sigma$ variablenfrei, so nennen wir $t\sigma$ *Grundinstanz* von t. Die Menge *aller* Grundinstanzen eines Terms t bezeichnen wir mit *grund*(t). Für Formeln bzw. Formelmengen verwenden wir diese Bezeichnungen analog. ∎

Lemma (1.13) (Eigenschaften von Substitutionen)

Für alle Substitutionen $\sigma, \tau, \sigma_1, \sigma_2$ und σ_3 sowie Terme t gilt:

(i) $\sigma[\,] = [\,]\sigma = \sigma$

(ii) $(t\sigma)\tau = t(\sigma\tau)$ (das rechtfertigt die Schreibweise " $t\sigma\tau$ ")

(iii) $(\sigma_1\sigma_2)\sigma_3 = \sigma_1(\sigma_2\sigma_3)$ (Assoziativität der Komposition)

(iv) Ist $t\sigma = t\tau$ für alle $t \in T_\Sigma(V)$, dann gilt $\sigma = \tau$.

(v) Ist $\sigma\tau = \sigma$, so gilt[3] $\tau|_{var(\sigma)} = [\,]|_{var(\sigma)}$. ∎

[3] $f|_A : A \to C$ bezeichnet die Einschränkung der Abbildung $f : B \to C$ auf die Teilmenge $A \subseteq B$ des Definitionsbereiches, wobei $f|_A(a) = f(a)$ für alle $a \in A$ gilt.

1.1.4 Ableitungen

Unser zentrales Interesses über das gesamte Buch hinweg wird es sein, zu untersuchen, wie sich Formeln rein syntaktisch in andere Formeln transformieren lassen. Natürlich nur als Mittel zum Zweck: eigentlich interessieren wir uns ja für die inhaltlichen Aussagen mathematischer Sätze und für deren Beweise, also für den Begriff der *logischen Folgerung*, siehe Abschnitt 1.2. Doch für eine Automatisierung von Beweisvorgängen bleibt einzig und allein Formelmanipulation übrig, die

wir stets durch geeignete *Regeln* beschreiben werden. Diese Regeln werden in unterschiedlichen Zusammenhängen auf ganz unterschiedliche Objekte angewendet werden, beispielsweise Terme, Formeln, Formelmengen oder auch Paare von Formeln und Substitutionen. In unserem Steilkurs durch die Prädikatenlogik in diesem Kapitel wollen wir uns auf die klassische Art von Regeln beschränken - Ableitungsregeln zur Manipulation von prädikatenlogischen Formeln. Das Konzept einer Regel und ihrer Anwendung läßt sich daraus direkt auf die anderen Fälle übertragen.

Definition (1.14) (Ableitungsregel, Anwendung von Regeln)

• Seien $G_1, G_2, \ldots, G_n$ sowie G prädikatenlogische Formeln. Eine *n-stellige Ableitungsregel* mit den *Prämissen* $G_1, G_2, \ldots, G_n$ und der *Konklusion* G ist ein syntaktisches Schema folgender Gestalt:

$$\frac{G_1 \quad G_2 \quad \ldots \quad G_n}{G}$$

Unter einem *Regelsystem* verstehen wir eine Menge von Ableitungsregeln.

• Eine Ableitungsregel auf gegebene Formeln *anwenden* heißt, eine *Instanz* der Regel (eigentlich: des Regelmusters oder Regel*schemas*) mit diesen Formeln zur Deckung zu bringen und daraus die Konklusion (als entsprechende Instanz) zu erhalten; dabei soll es stets möglich sein zu entscheiden, ob die Regel auf diese Formeln anwendbar ist, und die Konklusion soll daraus berechenbar sein. Eine solche Regelanwendung nennen wir *Ableitungsschritt*. ■

Definition (1.15) (Ableitung, ableitbar)

Sei $\mathcal{R}$ ein Regelsystem, X eine Formelmenge, G eine Formel. Wir definieren eine *Ableitung von* G *mit* $\mathcal{R}$ *aus* X induktiv als eine Folge von Formeln:

(i) Für jedes $G \in X$ ist (G) eine Ableitung von G mit $\mathcal{R}$ aus X.

(ii) Ist $(C_1, C_2, \ldots, C_k)$ eine Ableitung von C_k mit $\mathcal{R}$ aus X und $R \in \mathcal{R}$ eine n-stellige Ableitungsregel, so daß durch Anwendung von R auf die Formeln $G_1, G_2, \ldots, G_n \in X \cup \{C_1, C_2, \ldots, C_k\}$ die Konklusion G entsteht. Dann ist $(C_1, C_2, \ldots, C_k, G)$ eine Ableitung von G mit $\mathcal{R}$ aus X.

Gibt es eine Ableitung von G mit $\mathcal{R}$ aus X, so heißt G mit $\mathcal{R}$ aus X *ableitbar*, und wir schreiben $X \vdash_{\mathcal{R}} G$ (im Fall von *zwei* Ableitungsregeln oft auch $X \vdash_{R_1+R_2} G$). ■

Aus Gründen der besseren Übersichtlichkeit werden Ableitungen oft auch als Bäume dargestellt:

Definition (1.16) (Ableitungsbaum)

Sei $(C_1, C_2, \ldots, C_k, G)$ eine Ableitung von G mit $\mathcal{R}$ aus X. Der folgende Baum mit geordneten Kanten, dessen Knoten mit Formeln markiert sind, heißt ***Ableitungsbaum*** zu dieser Ableitung:

(i) Die Wurzel des Baumes ist mit G markiert.

(ii) Ist K ein Knoten im Baum mit Markierung C_i, entstanden durch Ableitung in einem Schritt mit einer n-stelligen Regel $R \in \mathcal{R}$ aus den Formeln $G_1, \ldots, G_n \in X \cup \{ C_1, \ldots, C_{i-1} \}$, so besitzt K genau n Nachfolger, markiert mit $G_1, \ldots, G_n$. ∎

Da wir an dieser Stelle noch gar keine konkrete Regel kennen, später aber dauernd mit Ableitungen zu tun haben und zahlreiche Beispiele dafür studieren werden, verzichten wir hier auf eine Illustration und erwähnen nur kurz, daß wir Ableitungsbäume mit der Wurzel nach ***unten*** zeichnen, im Gegensatz etwa zu Termbäumen.

Bemerkung (1.17) (Endlichkeit von Ableitungen)

Nach Definition (1.15) ist jede Ableitung endlich. Also kann man sich bei Aussagen über Ableitbarkeit auf endliche Formelmengen beschränken und entsprechende Beweise mit *Induktion über den Aufbau der Ableitung* (des Ableitungsbaumes) führen.

1.2 Semantik der Prädikatenlogik

Mit den Termen und Formeln, den Substitutionen sowie dem Ableitungsbegriff haben wir die formale Seite der Logik, die *Syntax*, hinreichend genau geklärt; wir müssen nun noch festlegen, wie wir Terme und Formeln deuten wollen, d.h. welche *Semantik* wir ihnen zuordnen.
Dazu interpretieren wir die syntaktischen Objekte aus dem vorigen Abschnitt durch geeignete mathematische Begriffe, wie etwa Mengen und ihre Elemente, Relationen oder Abbildungen. Den Schwerpunkt bilden dabei die Begriffe *Modell einer Formelmenge* und *logische Folgerung*.

Definition (1.18) (Struktur)

$\mathcal{M} = (\mathcal{D}, \mathcal{F}, \mathcal{P})$ heißt *Struktur* zu einer Signatur $\Sigma = (S, F, P)$, wenn gilt:

(i) $\mathcal{D}$ ist eine Familie von nichtleeren (*Daten-* oder *Individuen-*)Mengen, wobei zu jedem Sortensymbol $s \in S$ eine Menge $\mathcal{D}_s$ existiert.

(ii) $\mathcal{F}$ ist eine Menge von *Funktionen*, wobei zu jedem Operationssymbol f in der Signatur mit $f(s_1, s_2, \dots, s_n) \to s \in F$ eine Funktion $f\colon \mathcal{D}_{s_1} \times \mathcal{D}_{s_2} \times \dots \times \mathcal{D}_{s_n} \to \mathcal{D}_s$ existiert. Speziell existiert zu jeder Konstanten $c \in F$ (zur Sorte s) ein Element $d \in \mathcal{D}_s$.

(iii) $\mathcal{P}$ ist eine Menge von Relationen (oder: *Prädikaten*), wobei zu jedem Prädikatensymbol P in der Signatur mit $P(s_1, s_2, \dots, s_n) \in P$ eine Relation $p \subseteq \mathcal{D}_{s_1} \times \mathcal{D}_{s_2} \times \dots \times \mathcal{D}_{s_n}$ existiert. Ein Prädikat p verstehen wir gern auch als *Wahrheitsfunktion*, d.h. als boolschwertige Funktion $p : \mathcal{D}_{s_1} \times \mathcal{D}_{s_2} \times \dots \times \mathcal{D}_{s_n} \to \{W, F\}$. Im Fall $n = 0$, d.h. für ein Aussagensymbol P, ist p einer der Wahrheitswerte W oder F.

Die Zuordnung von Symbolen der Signatur zu Mengen, Funktionen und Relationen der Struktur wird oft auch explizit als Familie I von Abbildungen dargestellt und *Interpretation* genannt. Wir schreiben dafür etwas vereinfacht: $I(s) := \mathcal{D}_s$, $I(f) := f$ bzw. $I(c) := d$ sowie $I(P) := p$.

■

Die Interpretation I aus der vorhergehenden Definition (1.18) wird nun zu Wertfunktionen auf Σ-Terme und Σ-Formeln fortgesetzt. Für Formeln mit freien Variablen muß allerdings zuerst noch eine Zuweisung von Daten an die freien Variablen vorgenommen werden.

Definition (1.19) (Variablenzuweisung)

Eine *Variablenzuweisung* ist eine Abbildung $\omega : V \to \mathcal{D}$, die jeder Variablen zur Sorte s ein Element aus $\mathcal{D}_s$ zuordnet. ■

Definition (1.20) (Wert von Termen und Formeln)

Sei ω eine Variablenzuweisung. Mit den Bezeichnungen aus Definition (1.18) definieren wir nun die Abbildungen *wert* eines Terms bzw. *Wert* einer Formel *in* $\mathcal{M}$ *bzgl.* ω, die Termen Daten aus $\mathcal{D}$ bzw. Formeln Wahrheitswerte zuordnen. (Sprechweise auch hier: Die Terme und Formeln werden in $\mathcal{M}$ *interpretiert*)

- Für Terme:

(i) $\text{wert}^{\omega}_{\mathcal{M}}(c) := \mathscr{d}$ für alle Konstanten $c \in \mathsf{F}$ (unabhängig von ω)

(ii) $\text{wert}^{\omega}_{\mathcal{M}}(x) := \omega(x)$ für alle Variablen $x \in V$

(iii) $\text{wert}^{\omega}_{\mathcal{M}}(\, f(\, t_1, \dots, t_n\,)\,) := \mathscr{f}(\, \text{wert}^{\omega}_{\mathcal{M}}(t_1), \dots, \text{wert}^{\omega}_{\mathcal{M}}(t_n)\,)$
für alle n-stelligen Operationssymbole $f \in \mathsf{F}$ sowie passenden Terme t_i

- Für Formeln:

(i) $\text{Wert}^{\omega}_{\mathcal{M}}(P) := p$ für alle Aussagensymbole $P \in \mathsf{P}$

(ii) $\text{Wert}^{\omega}_{\mathcal{M}}(W) := W$ sowie $\text{Wert}^{\omega}_{\mathcal{M}}(F) := F$ für die Wahrheitswerte

(iii) $\text{Wert}^{\omega}_{\mathcal{M}}(\, P(\, t_1, \dots, t_n\,)\,) := p\,(\, \text{wert}^{\omega}_{\mathcal{M}}(t_1), \dots, \text{wert}^{\omega}_{\mathcal{M}}(t_n)\,)$
für alle n-stelligen Prädikatensymbole $P \in \mathsf{P}$ sowie passenden Terme t_i

(iv) $\text{Wert}^{\omega}_{\mathcal{M}}(\, \neg A\,) := W$ gdw. $\text{Wert}^{\omega}_{\mathcal{M}}(\, A\,) = F$

(v) $\text{Wert}^{\omega}_{\mathcal{M}}(\, A \wedge B\,) := W$ gdw. $\text{Wert}^{\omega}_{\mathcal{M}}(\, A\,) = W$ und $\text{Wert}^{\omega}_{\mathcal{M}}(\, B\,) = W$

(vi) $\text{Wert}^{\omega}_{\mathcal{M}}(\, A \vee B\,) := W$ gdw. $\text{Wert}^{\omega}_{\mathcal{M}}(\, A\,) = W$ oder $\text{Wert}^{\omega}_{\mathcal{M}}(\, B\,) = W$

(vii) $\text{Wert}^{\omega}_{\mathcal{M}}(\, A \rightarrow B\,) := W$ gdw. $\text{Wert}^{\omega}_{\mathcal{M}}(\, A\,) = F$ oder $\text{Wert}^{\omega}_{\mathcal{M}}(\, B\,) = W$

(viii) $\text{Wert}^{\omega}_{\mathcal{M}}(\, A \leftrightarrow B\,) := W$ gdw. $\text{Wert}^{\omega}_{\mathcal{M}}(\, A\,) = \text{Wert}^{\omega}_{\mathcal{M}}(\, B\,)$

(ix) $\text{Wert}^{\omega}_{\mathcal{M}}(\, \forall x\, A\,) := W$ gdw. $\text{Wert}^{\omega'}_{\mathcal{M}}(\, A\,) = W$ für alle Variablenzuweisungen ω', die sich höchstens in x von ω unterscheiden

(x) $\text{Wert}^{\omega}_{\mathcal{M}}(\, \exists x\, A\,) := W$ gdw. eine Zuweisung ω' mit $\text{Wert}^{\omega'}_{\mathcal{M}}(\, A\,) = W$ existiert, die sich höchstens in x von ω unterscheidet

- Für eine geschlossene Formel A ist der Wert der Formel unabhängig von der Variablenzuweisung ω. Wir definieren für diesen Fall *den Wert* der Formel A *in der Struktur* $\mathcal{M}$:

  $\text{Wert}_{\mathcal{M}}(\, A\,) := \text{Wert}^{\omega}_{\mathcal{M}}(\, A\,)$ für jede beliebige Variablenzuweisung ω

- Der Wert einer Formel mit freien Variablen ist der ihres Allabschlusses. ∎

Definition (1.21) (Gültigkeit, Modell)

Eine Formel G (über einer Signatur Σ) *gilt* in einer Struktur $\mathcal{M}$ (zur Signatur Σ) genau dann, wenn der Allabschluß von G in $\mathcal{M}$ den Wert W besitzt (*wahr ist*). $\mathcal{M}$ heißt dann *Modell* von G.

$\mathcal{M}$ ist Modell einer Formel*menge* X, wenn $\mathcal{M}$ Modell aller Formeln aus X ist. ∎

Definition (1.22) (erfüllbar, unerfüllbar, erfüllbarkeitsgleich, allgemeingültig)

- Eine Formel(menge) (zur Signatur Σ) heißt *erfüllbar*, wenn sie ein Modell besitzt, anderenfalls *unerfüllbar* (oder: *widersprüchlich*).
- Zwei Formel(menge)n heißen *erfüllbarkeitsgleich*, wenn entweder beide erfüllbar oder beide unerfüllbar sind.
- Eine Formel heißt *allgemeingültig* oder *Tautologie*, wenn jede Struktur (zur Signatur Σ) Modell von ihr ist. ∎

Auf diesen Definitionen baut nun unmittelbar der zentrale Begriff der Logik auf, die *logische Folgerung*, und das für den weiteren Verlauf des Buches entscheidende Lemma, das uns erlaubt, *Folgerungen* durch Ableitungen in Gestalt von *Widerlegungen* zu simulieren:

Definition (1.23) (Logische Folgerung, Äquivalenz)

Eine Formel G *folgt (logisch)* aus einer Formelmenge X (kurz: $X \models G$) genau dann, wenn jedes Modell von X auch Modell von G ist. (Analog folgt eine Formelmenge Y aus X, wenn alle Formeln in Y aus X folgen.)
Folgen zwei Formel(menge)n wechselseitig auseinander, so heißen sie *äquivalent*. ■

Lemma (1.24) (Logisches Folgern durch Widerlegen)

Für eine Formelmenge X und eine geschlossene Formel G gilt:

$X \models G$ genau dann wenn $X \cup \{\neg G\}$ widersprüchlich. ■

Bemerkung (1.25) (Aussagenlogik als Spezialfall)

Die *Aussagenlogik* ergibt sich der als Spezialfall der offenen Prädikatenlogik, wo nur variablenfreie Formeln vorkommen: Wir abstrahieren von den auftretenden (Grund-)Termen als Bestandteilen der atomaren Formeln und betrachten atomare Formeln als *Aussagensymbole* (gleichbedeutend mit nullstelligen Prädikatensymbolen, wobei natürlich zwei unterschiedliche Grundatome als verschiedene Aussagensymbole gelten). Zur Interpretation wird jedem Prädikatensymbol ein Wahrheitswert zugeordnet (*Belegung*). Die Begriffe "*wahr*" und "*gültig*" fallen nun zusammen; wir sagen "wahr unter einer Belegung" statt "gültig in einer Struktur". Alle weiteren Begriffe bleiben dann aber völlig unverändert. ■

Wir illustrieren die bislang eingeführten Begriffe der Syntax und der Semantik an einem gut bekannten mathematischen Beispiel: *Gruppen*. Dieses Beispiel besitzt überdies ein besonders wichtiges Prädikat, die Gleichheit. Wir werden deshalb die hier angegebenen Gruppenaxiome noch mehrfach in den Kapiteln über Paramodulation und Termersetzung verwenden.

Beispiel (1.26) (Gruppentheorie)

Zur Erinnerung: Eine Gruppe ist eine Menge, auf der eine zweistellige assoziative Operation definiert ist, die *Verknüpfung* von Elementen der Gruppe, sowie eine weitere einstellige Operation, die Bildung von *Inversen*. Ein Element in jeder Gruppe ist ausgezeichnet, das *neutrale* Element, mit der Eigenschaft, jedes andere Element bei Verknüpfung der beiden unverändert zu lassen. Darüber hinaus existiert zu jedem Element eines der Gruppe, das Inverse dazu, so daß deren Verknüpfung stets das neutrale Element ergibt. Spezielle Gruppen können weitere Eigenschaften besitzen, beispielsweise kommutativ (*abelsch*) sein, oder etwa von einem Element erzeugt (*zyklisch*), wenn sich alle Elemente der Gruppe als (iterierte) Verknüpfung dieses Elements mit sich selbst darstellen lassen. Davon handelt das Beispiel:

SYNTAX

Signatur Σ $\quad$ $S := \{ \text{group} \}$

$F := \{ e \rightarrow \text{group},\ \text{group} \circ \text{group} \rightarrow \text{group},\ \text{group}^{-1} \rightarrow \text{group} \}$

$P := \{ \text{group} \equiv \text{group} \}$[4]

Variablen $\quad$ $V_{group} := \{ x, y, z \}$

Formeln $\quad$ $X := \{ \quad e \circ x \equiv x,$

$x^{-1} \circ x \equiv e,$

$(x \circ y) \circ z \equiv x \circ (y \circ z) \quad \}$ $\qquad$ (die *Gruppenaxiome*)

SEMANTIK

Struktur Z_4 $\quad$ $\mathcal{D} := \mathcal{Z}_4 := \{ 1, a, b, c \}$

$\mathcal{F} := \{ 1 \in \mathcal{Z}_4,\ \circ : \mathcal{Z}_4 \times \mathcal{Z}_4 \rightarrow \mathcal{Z}_4,\ (\,)^{-1} : \mathcal{Z}_4 \rightarrow \mathcal{Z}_4 \}$

$\mathcal{P} := \{ = \}$, wobei $=$ die Relation $\{ (d, d) \mid d \in \mathcal{Z}_4 \} \subseteq \mathcal{Z}_4 \times \mathcal{Z}_4$ ist.

Z_4 ist Struktur zu Σ, wobei wir das Datenelement $1 \in \mathcal{Z}_4$ dem Konstantensymbol e sowie die Abbildungen $\circ$ und $(\,)^{-1}$ den ebenso benannten Operationssymbolen aus F zuordnen und die Werte dieser (endlichen) Abbildungen durch die folgenden Tabellen festlegen:

$\circ$	1	a	b	c
1	1	a	b	c
a	a	b	c	1
b	b	c	1	a
c	c	1	a	b

$(\,)^{-1}$	1	a	b	c
	1	c	b	a

Mit diesen Definitionen ist Z_4 sogar Modell von X, da alle Gruppenaxiome in Z_4 gelten.

Aus X können wir nun weitere *gruppentheoretische* Sätze folgern (die dann natürlich auch in Z_4 gelten), beispielsweise:

(i) $\quad X \models x \circ e \equiv x$,

(ii) $\quad X \models x \circ x^{-1} \equiv e$,

(iii) $\quad X \models x \circ y \equiv x \wedge y \circ x \equiv x \rightarrow y \equiv e$,

andere hingegen nicht:

(iv) $\quad X \not\models x \circ y \equiv y \circ x$, denn zwar ist Z_4 eine abelsche Gruppe, die Kommutativität gilt aber nicht in allen Modellen der Gruppenaxiome. So gibt es etwa die symmetrische Gruppe S_3, die nicht abelsch ist. ■

[4] Das Symbol $\equiv$ benutzen wir hier und im folgenden, wenn wir die Interpretation dieses Prädikatensymbols als semantische Gleichheit intendieren, vgl. auch Kapitel 5.

1.3 Normierung der Syntax: Gentzenformeln und die Schnittregel

1.3.1 Normalformen

Um nicht allein durch die Gestalt der Formeln beim Beweisen eine unüberschaubare Vielfalt von inhaltlich gleichbedeutenden, aber formal syntaktisch unterschiedlichen Ergebnissen zu erhalten, werden Formeln in logischen Kalkülen gern auf gewisse Normalformen beschränkt.
Die bekanntesten Vertreter davon sind die *disjunktive, konjunktive* und - etwas weniger geläufig - die *Negations-Normalform*. Für unser weiteres Vorgehen schränken wir uns noch weiter ein, und zwar auf *Gentzenformeln*[5]. Dies ist insofern gerechtfertigt, als erstens jede quantorenfreie Formel in eine äquivalente Menge von Gentzenformeln transformiert werden kann, und zweitens bei der Formalisierung in zahlreichen Anwendungen tatsächlich nur Gentzenformeln (oder noch spezieller: *Hornformeln*) entstehen.

Definition (1.27) (disjunktive, konjunktive und Negations-Normalform)

- Eine Formel ist in *disjunktiver Normalform (DNF)*, wenn sie die Gestalt $K_1 \vee ... \vee K_n$ hat, wobei die K_i Konjunktionen von Literalen sind.
- Eine Formel ist in *konjunktiver Normalform (KNF)*, wenn sie die Gestalt $D_1 \wedge ... \wedge D_n$ hat, wobei die D_i Disjunktionen von Literalen sind.
- Eine Formel ist in *Negations-Normalform (NNF)*, wenn sie aus den Junktoren $\neg$, $\wedge$ und $\vee$ aufgebaut ist, Negationszeichen $\neg$ jedoch stets nur direkt an atomaren Formeln stehen. ∎

Definition (1.28) (Gentzenformeln, Hornformeln)

Sind P_i $(1 \leq i \leq n)$ und Q_j $(1 \leq j \leq m)$ atomare Formeln, so nennen wir

$P_1 \wedge ... \wedge P_n \rightarrow Q_1 \vee ... \vee Q_m$ *Gentzenformel*,

wobei wir folgende Spezialfälle auszeichnen:

$n = 0$	$W \rightarrow Q_1 \vee ... \vee Q_m$	*positive Gentzenformel*,
$m = 0$	$P_1 \wedge .... \wedge P_n \rightarrow F$	*negative Gentzenformel*,
$n = 0, m = 1$	$W \rightarrow Q$	*(positive) Unit-Clause*
$n = 1, m = 0$	$P \rightarrow F$	*(negative) Unit-Clause*
$n = m = 0$	$W \rightarrow F$ oder kurz: □ ("*box*")	*der Widerspruch.*

sowie als besonders wichtige Unterklasse die *Hornformeln* ($m \leq 1$), darunter:

$m = 1$	$P_1 \wedge .... \wedge P_n \rightarrow Q$	*(nichtnegative) Hornformel*
$m = 0$	$P_1 \wedge .... \wedge P_n \rightarrow F$	*negative Hornformel*.

[5] Wir nennen diese Formeln Gentzenformeln in Anlehnung an die *Sequenzen* von Gerhard Gentzen [Gen34], die äußerlich große Ähnlichkeit mit unseren Formeln haben, allerdings in Gentzen's Sequenzen-Kalkül in anderer Weise benutzt werden, siehe Abschnitt 4.3.

Je nach Bedarf verwenden wir statt obiger Schreibweise gleichwertig die nachstehende *Klausel*-Schreibweise für Gentzenformeln: $\{ \neg P_1, \neg P_2, ..., \neg P_n, Q_1, Q_2, ..., Q_m \}$. Eine Klausel ist also eine Menge von Literalen, die wir uns disjunktiv verknüpft vorstellen. ∎

Wir definieren nun zwei weitere wichtige Normalformen und zitieren als Lemmata ohne Beweise die für uns wesentlichen "Syntax-Normierungs"-Sätze, mit denen wir das erste Rüstzeug für unser Theorembeweiser-Grundkonzept erhalten.

Definition (1.29) (pränexe Normalform)

Eine Formel ist in *pränexer Normalform*, wenn sie folgende Gestalt hat:

$$\underbrace{Q_1 \ldots Q_n}_{\text{Quantoren}} \quad \underbrace{M}_{\text{quantorenfreie Formel, die sog. Matrix der Formel}}$$

Quantoren quantorenfreie Formel, die sog. *Matrix* der Formel ∎

Lemma (1.30)

Jede prädikatenlogische Formel läßt sich in eine dazu *äquivalente* Formel in pränexer Normalform bringen. ∎

Bemerkung (1.31) (pränexe Normalform)

Die pränexe Normalform zu einer Formel ist nicht unbedingt eindeutig, da manchmal die Quantoren in unterschiedlicher Reihenfolge nach vorn gezogen werden können:

Die Formel $(\forall x \exists y P(x,y)) \vee (\exists x Q(x))$
kann sowohl zu $\forall x \exists y \exists z (P(x,y) \vee Q(z))$
als auch zu $\forall x \exists z \exists y (P(x,y) \vee Q(z))$
als auch zu $\forall x \exists y (P(x,y) \vee Q(y))$
als auch zu $\exists x \forall z \exists y (P(z,y) \vee Q(x))$ pränex gemacht werden. Alle fünf Formeln sind äquivalent. (Beachte die dabei notwendigen Umbenennungen der Variablen.) ∎

Definition (1.32) (Skolem-Normalform)

Eine Formel in pränexer Normalform wird in *Skolem-Normalform* überführt (*skolemisiert*) dadurch, daß man von außen nach innen (!) alle Quantoren eliminiert, wobei

(i) *Allquantoren* einfach wegfallen ,

(ii) für die durch einen wegfallenden *Existenzquantor* gebundene Variable ein neuer Term eingesetzt wird, bestehend aus einem Operationssymbol, das in der Signatur noch nicht vorkommt, parametrisiert mit allen bereits freien Variablen der Formel. (Achtung: Hier findet ein Signaturwechsel statt!) ∎

Lemma (1.33)

Jede Formel in pränexer Normalform läßt sich in eine dazu *erfüllbarkeitsgleiche* Formel in Skolem-Normalform transformieren. ∎

Beispiele (1.34) (Skolemisierung)

- $\forall x \exists y \forall z \ (P(x,y) \wedge Q(y,z) \rightarrow R(x,y,z))$ wird skolemisiert zu $P(x,f(x)) \wedge Q(f(x),z) \rightarrow R(x,f(x),z)$, wobei f neues einstelliges Operationssymbol ist.
- $\exists x \ P(x)$ wird skolemisiert zu $P(c)$, wobei c neue Konstante ist. ■

Lemma (1.35)

Jede quantorenfreie Formel läßt sich in eine dazu *äquivalente Menge* von Gentzenformeln transformieren. ■

An dieser Stelle möchten wir schon auf das große Beispiel "Schubert's Steamroller" am Ende dieses Kapitels hinweisen. Daran kann man üben, wie man Formeln pränex macht und skolemisiert, sowie dann (auf dem Weg über die konjunktive Normalform) zu Gentzenformeln gelangt. Zum anderen kann man dort aber auch sehen, daß viele der ursprünglichen Formeln bereits sogar *Hornformeln* sind, eine Beobachtung, die bei vielen Formalisierungen gemacht werden kann und die die große Bedeutung dieser Teilklasse der Gentzenformeln - nicht nur für das logische Programmieren - unterstreicht.

1.3.2 Ableitungsregeln

Nach den Formeln normieren wir die Ableitungen; und zwar lassen wir für Gentzenformeln nur zwei Ableitungsregeln zu: die *Schnittregel*, die für die aussagenlogische Struktur der Formeln zuständig ist, und die *Substitutionsregel*, mit der Instanzen von Formeln gebildet werden können:

Definition (1.36) (Schnittregel)

Die zweistellige Ableitungsregel

$$(GS) \qquad \frac{A \rightarrow B \vee P \qquad\qquad P \wedge C \rightarrow D}{A \wedge C \rightarrow B \vee D}$$

heißt *Schnittregel* für Gentzenformeln,

wobei P ein Atom, A und C Konjunktionen von Atomen sowie B und D Disjunktionen von Atomen bezeichnen.[6] ■

Beispiel (1.37)

$P(a) \wedge Q(y,a) \wedge R(y,b) \rightarrow P(b) \vee \underline{S(x)}$ und $R(y,b) \wedge \underline{S(x)} \rightarrow P(b) \vee S(a)$ werden über das Atom $S(x)$ geschnitten zu $P(a) \wedge Q(y,a) \wedge R(y,b) \rightarrow P(b) \vee S(a)$. ■

---

[6] Wir verwenden bei der Schreibweise von Formeln sowie der Anwendung der Schnittregel im folgenden stets implizit die Assoziativität, Kommutativität und Idempotenz der Junktoren $\wedge$ und $\vee$. Die Mengenschreibweise für Klauseln beinhaltet diese Gesetze ohnehin.

Bemerkung (1.38) (komplementäre Literale)

In Klauselschreibweise sieht man sehr schön, daß mit der Schnittregel stets gleiche Literale unterschiedlichen Vorzeichens (***komplementäre Literale***) gegeneinander weggeschnitten werden. Im vorhergehenden Beispiel etwa die Klauseln $\{ \neg P(a), \neg Q(y,a), \neg R(y,b), P(b), \underline{S(x)} \}$ und $\{ \neg R(y,b), \underline{\neg S(x)}, P(b), S(a) \}$ über das komplementäre Paar $S(x)$ und $\neg S(x)$. ∎

Definition (1.39) (Substitutionsregel)

Die einstellige Ableitungsregel

$$\text{(Subst)} \qquad \frac{G}{G\sigma} \qquad \text{heißt } \textit{Substitutionsregel,}$$

wobei G eine quantorenfreie Gentzenformel, σ eine Substitution bezeichnet. ∎

Mit (GS+Subst) haben wir ein geeignetes Regelsystem für die offene Prädikatenlogik, wenn wir uns auf Gentzenformeln beschränken, was wir nach Abschnitt 1.3.1 nunmehr tun können und wollen. Die Leistungsfähigkeit dieses Regelsystems studieren wir im Abschnitt 1.5, zuvor aber skizzieren wir in einem Diagramm alle möglichen Spezialfälle der Schnittregel - jeweils nach den weggelassenen Formelteilen benannt. Einige Regeln korrespondieren gerade gut zu von uns benannten Spezialfällen der Gentzenformeln; diese Regeln heben wir besonders hervor:

Diagramm (1.40) (Spezialfälle der Schnittregel)

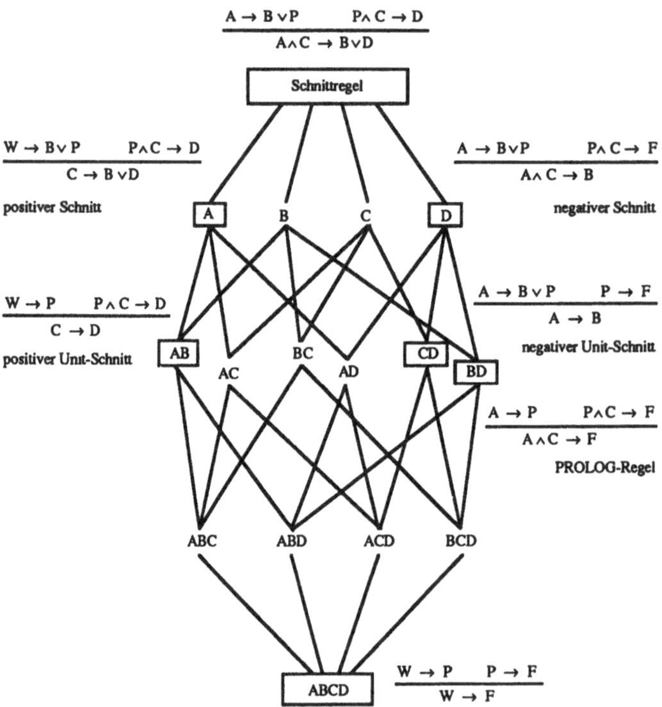

1.4 Normierung der Semantik: Herbrand-Strukturen

Für die gesamte Theorie des Automatischen Theorembeweisens, aber auch z.B. des logischen Programmierens, ist es von unschätzbarem Vorteil, nicht nur mit einer geschickt normierten Syntax arbeiten zu können, d.h. mit einfachen Formeltypen und Ableitungsregeln, sondern ebenso die semantische Seite, d.h. Daten, Strukturen und Modelle, durch eine Art von Normierung bequem in den Griff zu bekommen. Dazu gibt es die Technik, den Individuenbereich und davon ausgehend Strukturen auf eine sehr syntaktische Art und Weise zu standardisieren: *Herbrand-Strukturen.* Die Grundterme bilden dabei die Daten und die termaufbauenden Operationen den Funktionsbereich. Deshalb werden Herbrand-Strukturen oft auch *Term-Strukturen* oder *freie Strukturen* genannt. Wir präzisieren das:

Definition (1.41) (Herbrand-Struktur, Herbrand-Universum)

Eine *Herbrand-Struktur* $\mathcal{H} = (\mathcal{U}, \mathcal{F}_T, \mathcal{P})$ zu einer Signatur $\Sigma = (S, F, P)$ ist eine Struktur, deren Datenbereich gegeben ist durch die Menge(nfamilie) aller Grundterme über Σ, das sog. *Herbrand-Universum*

$\mathcal{U} = (\mathcal{U}_s)_{s \in S}$ mit $\mathcal{U}_s := \{ t \mid t$ Grundterm über Σ zur Sorte $s \}$,

und deren Funktionsbereich durch die termaufbauenden Operationen gegeben ist, d.h. für

$f(s_1, s_2, \dots, s_n) \rightarrow s \in F$ ist $f_T : \mathcal{U}_{s_1} \times \mathcal{U}_{s_2} \times \dots \times \mathcal{U}_{s_n} \rightarrow \mathcal{U}_s \in \mathcal{F}_T$

mit $f_T(t_1, t_2, \dots, t_n) := f(t_1, t_2, \dots, t_n)$.

Der Prädikatbereich $\mathcal{P}$ ist nicht festgelegt. ∎

Definition (1.42) (Herbrand-Basis)

Die *Herbrand-Basis* zur Signatur Σ ist die Menge aller Grundatome über Σ:

$\mathcal{B} := \{ P(t_1, t_2, \dots, t_n) \mid P(s_1, s_2, \dots, s_n)$ Prädikatensymbol in Σ, $t_i \in \mathcal{U}_{s_i} \}$. ∎

Lemma (1.43)

Jede Festlegung der Prädikate in einer Herbrand-Struktur $\mathcal{H}$ läßt sich eindeutig beschreiben durch eine entsprechende Teilmenge $\mathcal{A}$ der Herbrand-Basis:

$$P(t_1, t_2, \dots, t_n) \in \mathcal{A} \quad \text{gdw.} \quad \text{Wert}_{\mathcal{H}}(P(t_1, t_2, \dots, t_n)) = W,$$

d.h. in $\mathcal{A}$ sind genau die Grundatome, deren Interpretation in $\mathcal{H}$ wahr ergibt. ∎

Definition (1.44) (Herbrand-Modell)

Ein *Herbrand-Modell* einer Formelmenge X ist eine Herbrand-Struktur, die Modell von X ist. ∎

Satz (1.45)

Eine Menge X von quantorenfreien Formeln ist genau dann erfüllbar, wenn sie ein Herbrand-Modell besitzt.

Beweis

"$\Leftarrow$" trivial: Ein Herbrand-Modell von X ist ein Modell von X.

"$\Rightarrow$" Wir konstatieren zunächst, daß nach Lemma (1.35) eine zu X äquivalente Menge Y von Gentzenformeln existiert und somit jedes Modell von X auch Modell von Y ist und umgekehrt. Wir konstruieren nun aus einem beliebigen Modell $\mathcal{M}$ von Y ein Herbrand-Modell. Dazu betrachten wir die Interpretation aller *Grund*atome A in $\mathcal{M}$ und bilden die folgende Teilmenge der Herbrand-Basis $\mathcal{B}$: $\mathcal{A} := \{ A \mid \text{Wert}_{\mathcal{M}}(A) = W \}$.

Behauptung $\mathcal{A}$ charakterisiert ein Herbrand-Modell $\mathcal{H}$ von Y im Sinne von Lemma (1.43).

Beweis (indirekt) Sei $G := C \to D \in Y$ eine Formel, die in $\mathcal{H}$ nicht gilt. Dann gibt es eine Grundinstanz $G\sigma$ von G, die in $\mathcal{H}$ den Wert F besitzt (warum?).

Also muß gelten: $\text{Wert}_{\mathcal{H}}(P\sigma) = W$, $\text{Wert}_{\mathcal{H}}(Q\sigma) = F$ für jedes $P\sigma \in C\sigma$, $Q\sigma \in D\sigma$; also ist $P\sigma \in \mathcal{A}$, $Q\sigma \notin \mathcal{A}$, also $\text{Wert}_{\mathcal{M}}(P\sigma) = W$, $\text{Wert}_{\mathcal{M}}(Q\sigma) = F$.

Somit besitzt $G\sigma$ in $\mathcal{M}$ ebenfalls den Wert F, d.h. $\mathcal{M}$ ist kein Modell von G, also erst recht nicht von Y. Widerspruch! ∎

Über die Teilmengen-Relation läßt sich auf der Potenzmenge der Herbrand-Basis $\mathcal{B}$ eine partielle Ordnung definieren. Wünschenswert wäre es, von daher Aussagen über weitere Modelle (wenn man schon einige kennt) gewinnen zu können; dies geht gerade bei Hornformeln und ist von großem Wert für die Theorie der logischen Programmierung. Dort wird das *kleinste Herbrand-Modell* häufig als *Semantik eines logischen Programms* gewählt, vgl. hierzu etwa das Buch von J.W. Lloyd [Llo84/87]. Wir zitieren kurz:

Satz (1.46) (Schnitt-Abgeschlossenheit von Herbrand-Modellen für Hornformeln)
Gegeben eine Hornformelmenge X und eine Familie $(\mathcal{M}_i)_{i \in I}$ von Herbrand-Modellen von X.

Dann ist $\mathcal{M} := \bigcap_{i \in I} \mathcal{M}_i$ ebenfalls ein Herbrand-Modell von X.

Speziell ist $\mathcal{M}_X := \bigcap \{ \mathcal{M} \mid \mathcal{M} \text{ Herbrand-Modell von } X \}$ das *kleinste Herbrand-Modell* von X. ∎

Wir verlassen jetzt aber wieder die Hornformeln und Logik-Programmierung und geben noch ein Beispiel für die Begriffe dieses Abschnitts (das unter anderem zeigt, daß Satz (1.46) für Gentzenformeln leider nicht gilt):

Beispiel (1.47) (Herbrand-Universum, -Basis, -Modell)

Signatur Σ

S := { eins, zwei }

F := { a → eins, b → eins, c → zwei, f(eins) → eins, g(eins,zwei) → zwei }

P := { P(eins), Q(zwei) }

Herbrand-Universum (Grund-Terme)

$\mathcal{U}_{\text{eins}}$ = { a, f(a), f(f(a)), ... , b, f(b), f(f(b)), ... }

$\mathcal{U}_{\text{zwei}}$ = { c, g(a,c), g(f(a),c), ... , g(b,c), g(f(b),c), ... , g(a,g(a,c)), ... }

Herbrand-Basis (Grund-Atome)

$\mathcal{B}$ = { P(a), P(f(a)), P(f(f(a))), ... , P(b), P(f(b)), P(f(f(b))), ... ,
Q(c), Q(g(a,c)), Q(g(f(a),c)), ... , Q(g(b,c)), Q(g(f(b),c)), ... , Q(g(a,g(a,c))), ... }

Formelmenge X

$P(x) \rightarrow P(f(x))$

$P(a) \vee P(b)$

$P(a) \wedge P(b) \rightarrow Q(g(x,y))$

Beispiele für Herbrand-Modelle von X

$\mathcal{M}_1 := \mathcal{B}$,

$\mathcal{M}_2$:= { P(a), P(f(a)), P(f(f(a))), ... } , $\mathcal{M}_2'$:= { P(b), P(f(b)), P(f(f(b))), ... } ,

$\mathcal{M}_3 := \mathcal{M}_2 \cup$ { $P(f^5(b))$, $P(f^6(b))$, ... } und $\mathcal{M}_3' := \mathcal{M}_2' \cup$ { $P(f^5(a))$, $P(f^6(a))$, ... }

charakterisieren jeweils Herbrand-Modelle von X ,

$\mathcal{M}_2 \cap \mathcal{M}_2' = \emptyset$ sowie

$\mathcal{M}_3 \cap \mathcal{M}_3'$ = { $P(f^5(a))$, $P(f^6(a))$, ... , $P(f^5(b))$, $P(f^6(b))$, ... }

jedoch nicht. ∎

1.5 Korrektheit und Vollständigkeit

Die Brücke zwischen (semantischem) *Folgern* und (syntaktischem) *Ableiten* wird geschlagen durch die beiden Begriffe *Korrektheit* und *Vollständigkeit*. Ein korrektes und vollständiges Regelsystem garantiert einerseits, daß tatsächlich nur logische Folgerungen abgeleitet werden, und andererseits, daß alle möglichen Folgerungen auch erfaßt werden.

Definition (1.48) (korrekt, vollständig, widerlegungsvollständig)

Ein Regelsystem $\mathcal{R}$ heißt

- *korrekt* fürs logische Folgern, falls gilt: wenn $X \vdash_{\mathcal{R}} G$, dann $X \models G$,
- *vollständig* fürs logische Folgern, falls gilt: wenn $X \models G$, dann $X \vdash_{\mathcal{R}} G$,
- *widerlegungsvollständig*, falls gilt: wenn X widersprüchlich, dann $X \vdash_{\mathcal{R}} \square$,

für alle Formelmengen X und alle Formeln G. ■

Folgerungsvollständige Regelsysteme sind häufig schwer zu handhaben, und so ziehen wir uns auf Widerlegungen zurück, die man gemäß Lemma (1.24) für das logische Folgern verwenden kann. Daß für diese Widerlegungen die Schnittregel eine *adäquate* Regel ist, nämlich korrekt und widerlegungsvollständig, besagt der folgende Satz:

Satz (1.49) (Korrektheit und Widerlegungsvollständigkeit der Schnittregel)

Die Schnittregel ist korrekt und widerlegungsvollständig für variablenfreie Gentzenformeln.

Beweis

- Die Korrektheit überlassen wir als einfache Übung dem Leser.
- Die Widerlegungsvollständigkeit wird durch Kontraposition mit einer Modellkonstruktion bewiesen: Unter der Annahme $X \nvdash_{GS} \square$ zeigen wir, daß X erfüllbar ist.

Sei $P_1, P_2, \ldots$ eine Aufzählung der Herbrand-Basis, d.h. aller Grundatome der zugrundeliegenden Signatur. Wir konstruieren eine Obermenge $\hat{X} \supseteq X$ derart, daß $\hat{X}$ erfüllbar ist (also dann auch X):

(i) $X_0 := X$

(ii) $X_{n+1} := X_n \cup \begin{cases} \{P_n\} & \text{, falls } X_n \cup \{P_n\} \nvdash_{GS} \square \\ \{\neg P_n\} & \text{sonst} \end{cases}$

(iii) $\hat{X} := \bigcup_{n \geq 0} X_n$

Dann gelten:

a) $X_n \nvdash_{GS} \square$ für alle $n \geq 0$, was man durch Induktion mit dem nachfolgenden Konsistenzlemma (1.50) beweisen kann;

b) $\hat{X} \nvdash_{GS} \square$, da jede Ableitung nur endlich viele Formeln benutzt, die also in einem X_n enthalten sein müssen;

c) $P \notin \hat{X}$ gdw. $\neg P \in \hat{X}$ für alle Atome P, nach a) und Definition der Folge in (ii).

<u>Behauptung</u> Die Menge $\hat{A}$ der Atome aus $\hat{X}$ charakterisiert ein Herbrand-Modell $\mathcal{H}$ von $\hat{X}$.

<u>Beweis</u> Wir nehmen an daß $\text{Wert}_{\mathcal{H}}(G) = F$ für irgendein $G := C \rightarrow D \in \hat{X}$.

Dann muß gelten: $\text{Wert}_{\mathcal{H}}(P) = W$, $\text{Wert}_{\mathcal{H}}(Q) = F$ für alle $P \in C$, $Q \in D$, also sind alle $P \in \hat{A}$, $Q \notin \hat{A}$, also $\neg Q \in \hat{X}$.

Es gilt aber: $\hat{X} \supseteq \{G\} \cup \{P \mid P \in C\} \cup \{\neg Q \mid Q \in D\} \vdash_{GS} \square$, Widerspruch zu b).

Also gilt für alle $G \in \hat{X}$ (und somit erst recht für alle $G \in X$): $\text{Wert}_{\mathcal{H}}(G) = W$.

Damit haben wir aber: Wenn $X \nvdash_{GS} \square$, dann ist X erfüllbar,

also (Kontraposition): Ist X widersprüchlich, dann $X \vdash_{GS} \square$. ∎

Lemma (1.50) (Konsistenzlemma)

Wenn $X \cup \{P\} \vdash_{GS} \square$ und $X \cup \{\neg P\} \vdash_{GS} \square$, dann $X \vdash_{GS} \square$.

Beweis

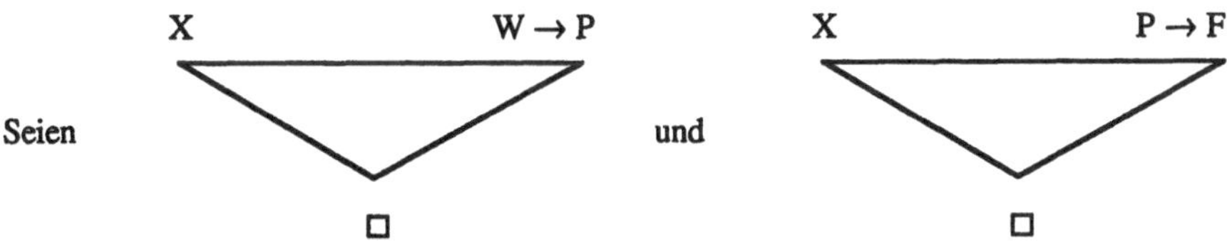

die Ableitungsbäume des Widerspruchs aus $X \cup \{P\}$ bzw. $X \cup \{\neg P\}$.

O.B.d.A. entfernen wir nun im linken Baum alle Blättern $W \rightarrow P$ und die zugehörigen Schnitte, d.h. die andere zuvor am Schnitt beteiligte Formel tritt nun an die Stelle der Konklusion. (Ebenso könnten wir im rechten Baum alle $P \rightarrow F$ -Blätter entfernt haben.) Dadurch haben wir jetzt in der Ableitung ein zusätzliches Atom P dabei. Dieses müssen wir nun sukzessive in den Formeln darunter ebenfalls einfügen. Dabei gibt es zwei Fälle:

<u>Fall 1</u> Eines der Vorkommnisse von P zieht sich durch die Ableitung bis zum Ende hindurch, wir erhalten also jetzt $P \rightarrow F$ statt $\square$ als Ergebnis, somit: $X \vdash_{GS} P \rightarrow F$, jedoch haben wir nach Voraussetzung ja noch den rechten Baum: $X \cup \{P \rightarrow F\} \vdash_{GS} \square$. Also fügen wir den modifizierten linken Baum dort ein und haben $X \vdash_{GS} \square$.

<u>Fall 2</u> Alle Vorkommnisse von P ziehen sich nicht durch die Ableitung bis zum Ende hindurch, sondern verschwinden noch anderweitig (Stichwort: Idempotenz), wir erhalten als Ergebnis der Ableitung also immer noch $W \rightarrow F$, haben also nach wie vor $X \vdash_{GS} \square$. ∎

Bemerkungen (1.51) (Widerlegungsvollständigkeit von Spezialfällen der Schnittregel)
(i) Nicht nur die Schnittregel selbst, sondern schon ihre Spezialfälle *positiver* bzw. *negativer Schnitt* (also die A- bzw. die D-Regel aus dem Diagramm) sind widerlegungsvollständig für variablenfreie Gentzenformeln. Betrachten wir dazu die beiden Ableitungsbäume im Konsistenzlemma: Sind beides Widerlegungen mit positivem (bzw. negativem) Schnitt, so können wir - ohne diese Eigenschaft zu zerstören - im rechten (bzw. linken) Baum, aber auch nur dort, $P \rightarrow F$ (bzw. $W \rightarrow P$) eliminieren und dann durch Kombination der Bäume wiederum eine positive (bzw. negative) Widerlegung von X erhalten. Der Rest des Vollständigkeitsbeweises für positiven bzw. negativen Schnitt bleibt unverändert. Als Korollar erhalten wir sogar noch die Widerlegungsvollständigkeit der PROLOG-Regel (BD) für Hornformeln, was die Grundlage der logischen Programmierung bildet. Auch der positive Unit-Schnitt (*Hornregel*) (AB) ist für Hornformeln widerlegungsvollständig. Genaueres über die Vollständigkeitsergebnisse und deren Beweise steht in [SHK88].

(ii) Jede andere Regel aus dem Diagramm, sogar beliebige Kombinationen aller Regeln außer (GS), (A) und (D) sind jedoch nicht widerlegungsvollständig für Gentzenformeln. Wir geben ein Gegenbeispiel an: Auf die widersprüchliche Gentzenformelmenge X_0 ist keine der Regeln (B) oder (C) anwendbar, also erst recht nicht Spezialisierungen davon; wie man leicht nachrechnen kann, ergeben die möglichen Anwendungen von (AD) stets Tautologien und erlauben ebenfalls nicht den Fortgang der Widerlegung:

$$\begin{array}{llll} X_0 := \{ & P \wedge Q \wedge R \rightarrow F\ , & W \rightarrow P \vee Q \vee R\ , & P \wedge Q \rightarrow R \vee S\ , \\ & P \wedge Q \wedge S \rightarrow F\ , & W \rightarrow P \vee Q \vee S\ , & P \wedge R \rightarrow Q \vee S\ , \\ & P \wedge R \wedge S \rightarrow F\ , & W \rightarrow P \vee R \vee S\ , & P \wedge S \rightarrow Q \vee R\ , \\ & Q \wedge R \wedge S \rightarrow F\ , & W \rightarrow Q \vee R \vee S\ , & Q \wedge R \rightarrow P \vee S\ , \\ & & & Q \wedge S \rightarrow P \vee R\ , \\ & & & R \wedge S \rightarrow P \vee Q \quad \} \end{array}$$

■

Um nun die Widerlegungsvollständigkeit der Schnittregel bzw. ihrer Spezialfälle auf die *offene Prädikatenlogik* übertragen zu können, benötigen wir neben dem notwendigen Regelapparat - sprich: Schnittregel und zusätzlich Substitutionsregel - eine Beweistechnik, die eine aussagenlogische Widerlegung in eine der offenen Prädikatenlogik transformiert. Dazu beweisen wir das nachfolgende *Lifting-Theorem* mittels der Techniken *Folgerungen* (in die Aussagenlogik) *absenken* und *Ableitungen* (in die offene Prädikatenlogik) *hochheben*. Wenn wir im folgenden dabei allgemein von einem Regelsystem $\mathcal{R}$ sprechen, so meinen wir stets die Schnittregel oder ihre Spezialisierungen.

Lemma (1.52) (Folgerungen absenken)
Ist eine Gentzenformelmenge X widersprüchlich, dann auch grund(X).
Beweis (durch Kontraposition)
Hat grund(X) ein Modell, dann auch ein Herbrand-Modell $\mathcal{H}$. In Herbrand-Modellen ist jede Variablenzuweisung $\omega : V \rightarrow \mathcal{U}$ jedoch gleichzeitig eine Grundsubstitution, da $\mathcal{U}$ gerade aus Grundtermen besteht.

Mit Induktion zeigt man nun für alle Gentzenformeln G leicht, daß $\text{Wert}^{\omega}_{\mathcal{H}}(G) = \text{Wert}_{\mathcal{H}}(G\omega)$. Nach Voraussetzung sind aber alle Grundformeln $G\omega \in$ grund(X) wahr in $\mathcal{H}$, also sind alle $G \in X$ gültig in $\mathcal{H}$, also ist $\mathcal{H}$ auch ein Modell von X. ■

Lemma (1.53) (Ableitungen hochheben)

Ist X eine Gentzenformelmenge mit grund(X) $\vdash_{\mathcal{R}} \square$, dann gilt auch $X \vdash_{\mathcal{R}\cup\{\text{Subst}\}} \square$.

Beweis

Betrachte eine Widerlegung von grund(X) mit $\mathcal{R}$. Wir setzen jetzt die Substitutionen, die die in der Ableitung verwendeten Grundformeln aus den entsprechenden Formeln in X erzeugt haben, an die zugehörigen Blätter in der Ableitung. Damit erhalten wir unmittelbar eine Widerlegung von X mit $\mathcal{R}\cup\{\text{Subst}\}$:

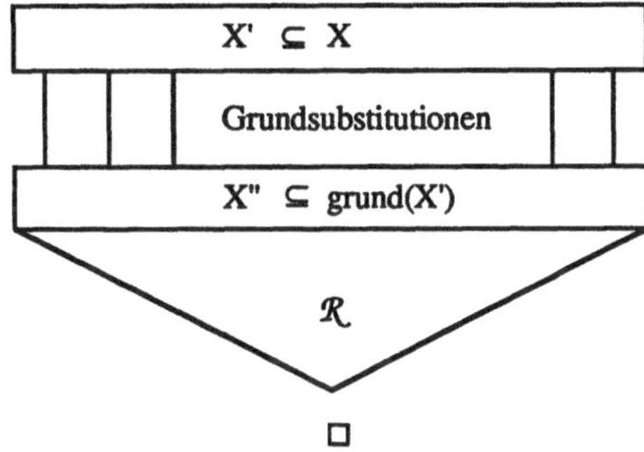

■

Satz (1.54) (Lifting Theorem)

Ist $\mathcal{R}$ widerlegungsvollständig für variablenfreie Gentzenformeln, so ist es $\mathcal{R}\cup\{\text{Subst}\}$ für (allgemeine) Gentzenformeln.

Beweis

Sei X eine widersprüchliche Menge von Gentzenformeln. Nach Lemma (1.52) ist dann auch grund(X) widersprüchlich. Mit der Widerlegungsvollständigkeit von $\mathcal{R}$ erhalten wir daraus grund(X) $\vdash_{\mathcal{R}} \square$, also mit Lemma (1.53) $X \vdash_{\mathcal{R}\cup\{\text{Subst}\}} \square$. ■

Korollar (1.55)

(GS+Subst) ist widerlegungsvollständig für Gentzenformeln. ■

Damit kommen wir zum Abschluß dieses Kapitels zu einem wichtigen Satz der Prädikatenlogik, der sogar direkt in die ersten Theorembeweiser-Implementierungen einging, dem *Satz von Herbrand*:

Satz (1.56) (Satz von Herbrand, hier spezialisiert auf Gentzenformeln und die Schnittregel)

Eine Menge X von Gentzenformeln ist genau dann widersprüchlich, wenn eine endliche Menge von Grundinstanzen von X existiert, die widersprüchlich ist.

Beweis

"$\Rightarrow$" Ist X widersprüchlich, so gilt $X \vdash_{GS+Subst} \square$ wegen der Widerlegungsvollständigkeit von (GS+Subst), also existiert eine - vgl. Bemerkung (1.17) - endliche Ableitung des Widerspruchs aus einer endlichen Teilmenge von X. Mit dem nachfolgenden lokalen Vertauschungslemma (1.57) zeigt man durch Induktion über die Anzahl der Ableitungsschritte, daß alle Substitutionen in dieser Ableitung an die Blätter geschoben werden können (genauer: für jedes Blatt die Komposition aller Substitutionen entlang des Pfades von ihr bis zur Wurzel). Die Ableitung besitzt dann eine Gestalt wie in Lemma (1.53), allerdings können die Formeln hier noch Variablen enthalten. Da aber nach den jeweiligen Substitutionen an den Blättern der Widerspruch mit der Schnittregel allein gelingt, können wir sie einfach durch passende Grundsubstitutionen ersetzen. Entfernt man diese und die zugehörigen Blätter nun aus dem Ableitungsbaum, so erhält man eine Ableitung des Widerspruchs aus endlich vielen Grundinstanzen von X.

"$\Leftarrow$" Ist X" eine endliche widersprüchliche Teilmenge von grund(X), so existiert eine endliche Teilmenge $X' \subseteq X$ mit $X' \vdash_{Subst} X''$; die Korrektheit von (Subst) garantiert nun die Widersprüchlichkeit von X' und somit von X. ■

Lemma (1.57) (Lokales Vorziehen von Substitutionen)

Seien G_1 und G_2 Gentzenformeln, deren Schnitt G ergibt. Dann ist für jede Substitution σ ein Schnitt von $G_1\sigma$ und $G_2\sigma$ zu der Instanz $G\sigma$ von G möglich.

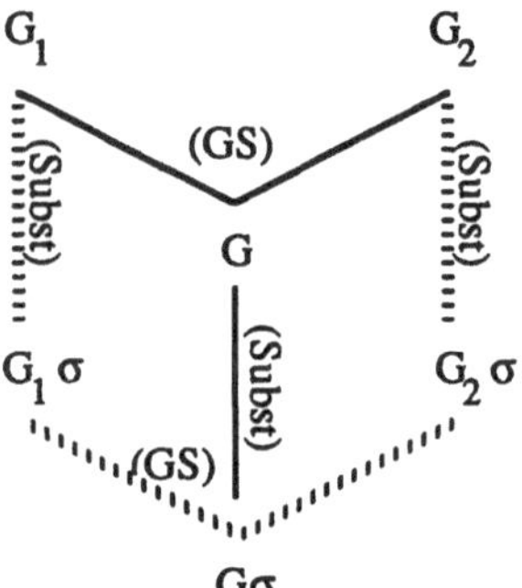

■

Auf den Beweis verzichten wir hier ob seiner Einfachheit, weisen aber gleichzeitig auf das Lifting-Lemma (2.21) in Kapitel 2 hin, wo wir eine ähnliche, aber viel kompliziertere Vertauschungstechnik im Detail untersuchen.

1.6 Theorembeweisen durch Widerlegungen

Als Zusammenfassung des ersten Kapitels skizzieren wir nun noch einmal zusammenhängend das Verfahren, die logische Folgerung auf dem Umweg über Negieren und Widerlegen zu simulieren. Hier die für uns wichtigsten Resultate:

Satz (1.58) (Widerlegungen in der Aussagenlogik)
Sei X eine Menge von variablenfreien Gentzenformeln, G eine ebenfalls variablenfreie Gentzenformel. Dann gilt:

	$X \models G$	
gdw.	$X \cup \{\neg G\}$ widersprüchlich	(nach Lemma (1.24))
gdw.	$X \cup \{\neg G\} \vdash_{GS} \square$	(Korrektheit und Widerlegungsvollständigkeit der Schnittregel, Satz (1.49)) ∎

Satz (1.59) (Widerlegungen in der Prädikatenlogik)
Sei X eine Menge von Gentzenformeln, G eine Gentzenformel. Dann gilt:

	$X \models G$	
gdw.	$X \models \overline{G}$	($\overline{G}$ Allabschluß von G)
gdw.	$X \cup \{\neg \overline{G}\}$ widersprüchlich	(gilt, da $\overline{G}$ geschlossen ist)
gdw.	Y widersprüchlich	(nach den Lemmata (1.30), (1.33) und (1.35), wobei Y aus $\overline{X} \cup \{\neg \overline{G}\}$ durch Pränexmachen, Skolemisieren und Umwandeln in Gentzenformeln entsteht)
gdw.	$Y \vdash_{GS+Subst} \square$	(da (GS+Subst) korrekt und widerlegungsvollständig für quantorenfreie Gentzenformeln ist, Korollar (1.55)) ∎

Das logische Grundgerüst steht damit bereit. Wir begeben uns nun auf den langen Weg zur Automatisierung des Beweisens. Anhand eines sehr ausführlichen Beispiels möchten wir unseren Lesern die Gelegenheit geben, die Abfolge von Satz (1.59) noch einmal nachzuvollziehen. Gleichzeitig soll dieses im Bereich des maschinellen Beweisens schon als klassisch einzustufende Beispiel auf einen Schwerpunkt dieses Buches einstimmen, nämlich die Auseinandersetzung mit der unüberwindlich erscheinenden Anzahl der Möglichkeiten, aus einer widersprüchlichen Menge von Gentzenformeln den Widerspruch nun auch tatsächlich abzuleiten. In den beiden nächsten Kapiteln werden wir uns mit diesem Problem noch eingehend befassen.

Beispiel (1.60) ***(Fuchs, hast Du die Gans gestohlen?)***

Wolves, foxes, birds, caterpillars[7], and snails[8] are animals, and there are some of each of them; also there are some grains[9], and grains are plants. Every animal either likes to eat all plants or all animals much smaller than itself that like to eat some plants.
Caterpillars and snails are much smaller than birds, which are much smaller than foxes, which in turn are much smaller than wolves. Wolves do not like to eat foxes or grains, while birds like to eat caterpillars but not snails. Caterpillars and snails like to eat some plants. Therefore there is an animal that likes to eat a grain eating animal.

Frage: Stimmt die Behauptung wirklich? Und wenn ja, welches Tier ist es dann, das gern ein getreidefressendes anderes Tier (welches?) verspeist?

Im Jahre 1978 stellte Lenhart Schubert diese Denksport-Aufgabe als Herausforderung an bestehende (und künftig zu entwickelnde) Theorembeweiser-Systeme. Wegen seiner enormen kombinatorischen Komplexität erlangte dieses Problem bald eine gewisse Berühmtheit unter dem Namen "Schubert's Steamroller[10]". Eine ausführliche Analyse des Problems, die auch auf einige natürlichsprachliche Doppeldeutigkeiten hinweist, findet man bei M.Stickel [Sti86].

Wir versuchen, das Problem ganz systematisch zu lösen, und übersetzen den Text zunächst Satz für Satz in prädikatenlogische Formeln:

Satz 1:

$$\forall x \; (\text{wolf}(x) \rightarrow \text{animal}(x)) \wedge \exists x \; \text{wolf}(x)$$
$$\forall x \; (\text{fox}(x) \rightarrow \text{animal}(x)) \wedge \exists x \; \text{fox}(x)$$
$$\forall x \; (\text{bird}(x) \rightarrow \text{animal}(x)) \wedge \exists x \; \text{bird}(x)$$
$$\forall x \; (\text{caterpillar}(x) \rightarrow \text{animal}(x)) \wedge \exists x \; \text{caterpillar}(x)$$
$$\forall x \; (\text{snail}(x) \rightarrow \text{animal}(x)) \wedge \exists x \; \text{snail}(x)$$
$$\forall x \; (\text{grain}(x) \rightarrow \text{plant}(x)) \wedge \exists x \; \text{grain}(x)$$

Satz 2: [11]

$$\forall x \; (\text{animal}(x) \rightarrow$$
$$\forall y \; (\text{plants}(y) \rightarrow \text{eats}(x,y)) \vee$$
$$\forall z \; (\text{animal}(z) \wedge \text{muchsmaller}(z,x) \wedge \exists u \, (\text{plant}(u) \wedge \text{eats}(z,u)) \rightarrow \text{eats}(x,z))$$
$$)$$

7 dt. Raupen

8 dt Schnecken

9 dt. Getreide

10 dt. Dampfwalze

11 an dieser Stelle wird aus Vereinfachungsgründen auf das "entweder-oder" verzichtet, vgl. auch Stickel [Sti86].

Satz 3:
$\forall xy$ (caterpillar(x) $\wedge$ bird(y) $\rightarrow$ muchsmaller(x,y))
$\forall xy$ (snail(x) $\wedge$ bird(y) $\rightarrow$ muchsmaller(x,y))
$\forall xy$ (bird(x) $\wedge$ fox(y) $\rightarrow$ muchsmaller(x,y))
$\forall xy$ (fox(x) $\wedge$ wolf(y) $\rightarrow$ muchsmaller(x,y))

Satz 4:
$\forall xy$ (wolf(x) $\wedge$ fox(y) $\rightarrow$ $\neg$ eats(x,y))
$\forall xy$ (wolf(x) $\wedge$ grain(y) $\rightarrow$ $\neg$ eats(x,y))
$\forall xy$ (bird(x) $\wedge$ caterpillar(y) $\rightarrow$ eats(x,y))
$\forall xy$ (bird(x) $\wedge$ snail(y) $\rightarrow$ $\neg$ eats(x,y))

Satz 5:
$\forall x$ (caterpillar(x) $\rightarrow$ $\exists y$ (plant(y) $\wedge$ eats(x,y)))
$\forall x$ (snail(x) $\rightarrow$ $\exists y$ (plant(y) $\wedge$ eats(x,y)))

Satz 6:
$\exists xy$ (animal(x) $\wedge$ animal(y) $\wedge$ eats(x,y) $\wedge$ $\exists z$ (grain(z) $\wedge$ eats(y,z)))

Somit ergibt sich genau im Sinne von Satz (1.59) eine Menge X von prädikatenlogischen Formeln - nämlich alle, die aus den Textsätzen 1-5 entstehen -, aus der wir eine Formel G , nämlich die zu Satz 6 korrespondierende, logisch folgern möchten.

Dazu bilden wir den Allabschluß der Formel G , negieren ihn und versuchen daraus zusammen mit X den Widerspruch abzuleiten. Um das mit der Schnittregel und der Substitutionsregel tun zu können, müssen wir nun zunächst die pränexe Normalform aller Formeln bilden, die Quantoren durch Skolemisierung eliminieren und die so entstandenen Formeln in Gentzengestalt bringen. Das Ergebnis sieht dann folgendermaßen aus:
(w, f, b, c, s, und g sind dabei die durch Skolemisierung entstandenen neuen Konstanten, entsprechend cfood und sfood neue einstellige Operationssymbole)

($1a_1$)	wolf(x)	$\rightarrow$ animal(x)	($1a_2$)	wolf(w)
($1b_1$)	fox(x)	$\rightarrow$ animal(x)	($1b_2$)	fox(f)
($1c_1$)	bird(x)	$\rightarrow$ animal(x)	($1c_2$)	bird(b)
($1d_1$)	caterpillar(x)	$\rightarrow$ animal(x)	($1d_2$)	caterpillar(c)
($1e_1$)	snail(x)	$\rightarrow$ animal(x)	($1e_2$)	snail(s)
($1f_1$)	grain(x)	$\rightarrow$ plant(x)	($1f_2$)	grain(g)

(2) animal(x) $\wedge$ plant(y) $\wedge$ animal(z) $\wedge$ muchsmaller(z,x) $\wedge$ plant(u) $\wedge$ eats(z,u)
$\rightarrow$ eats(x,y) $\vee$ eats(x,z)

(3a) caterpillar(x) $\wedge$ bird(y) $\rightarrow$ muchsmaller(x,y)
(3b) snail(x) $\wedge$ bird(y) $\rightarrow$ muchsmaller(x,y)
(3c) bird(x) $\wedge$ fox(y) $\rightarrow$ muchsmaller(x,y)
(3d) fox(x) $\wedge$ wolf(y) $\rightarrow$ muchsmaller(x,y)

(4a)	wolf(x)	$\wedge$	fox(y)	$\wedge$	eats(x,y)	$\rightarrow$	F
(4b)	wolf(x)	$\wedge$	grain(y)	$\wedge$	eats(x,y)	$\rightarrow$	F
(4c)	bird(x)	$\wedge$	caterpillar(y)	$\rightarrow$	eats(x,y)		
(4d)	bird(x)	$\wedge$	snail(y)	$\wedge$	eats(x,y)	$\rightarrow$	F

($5a_1$)	caterpillar(x)	$\rightarrow$	plant(cfood(x))
($5a_2$)	caterpillar(x)	$\rightarrow$	eats(x,cfood(x))
($5b_1$)	snail(x)	$\rightarrow$	plant(sfood(x))
($5b_2$)	snail(x)	$\rightarrow$	eats(x,sfood(x))

(6) animal(x) $\wedge$ animal(y) $\wedge$ grain(z) $\wedge$ eats(y,z) $\wedge$ eats(x,y) $\rightarrow$ F .

Nun kann also mit Schnitt- und Substitutionsregel abgeleitet werden! Jedoch, mit welcher unter den zahlreichen Möglichkeiten, nach geeigneten Substitutionen zwei Formeln miteinander zu schneiden, beginnen wir? Und wenn wir nicht Gefahr laufen wollen, durch Auslassen gerade jenes extrem wichtigen Schnittes, von dem das Finden des Widerspruchs essentiell abhängt - falls es einen solchen gibt -, den Erfolg unseres Widerlegungsversuchs aufs Spiel zu setzen, müssen wir alle Möglichkeiten, die vorhandenen 26 Formeln miteinander zu schneiden, auch tatsächlich durchführen[12].

Danach muß man dann natürlich mit allen auf der soeben durchgeführten ersten Stufe erhaltenen Formeln wieder probieren, sie auf alle möglichen Arten sowohl untereinander als auch mit den 26 Ausgangsformeln zu schneiden usw., bis irgendwann (hoffentlich!) der Widerspruch gefunden ist. Dies etwa müßte ein maschineller Theorembeweiser tun, dem solch eine Formelmenge eingegeben wird. Wir wollen uns nun aber nicht dümmer stellen als wir (als Menschen) sind und widerlegen die Formelmenge schnell und schlau durch zielgerichtete Verwendung nur notwendiger Schnitte.

Beginnen wir mit den (1)-Formeln untereinander[13] und klassifizieren die Individuen:

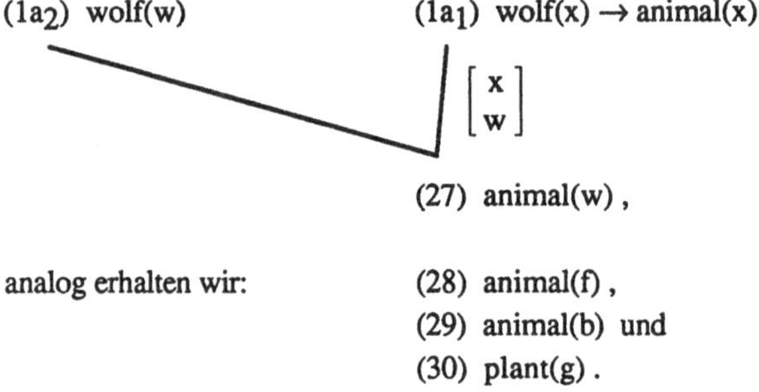

analog erhalten wir:
(28) animal(f) ,
(29) animal(b) und
(30) plant(g) .

[12] Aufgabe Wieviele verschiedene Möglichkeiten gibt es, ggf. nach geeigneten Substitutionen, wobei wir nie spezieller als unbedingt nötig substitutieren wollen, diese 26 Steamroller-Formeln miteinander zu schneiden? (Lösung im Abschnitt 3.1)

[13] Die jeweils erforderlichen Substitutionen integrieren wir immer gleich in den Schnitt.

Weiterhin ergründen wir die Freßgewohnheiten der Tiere und erhalten:

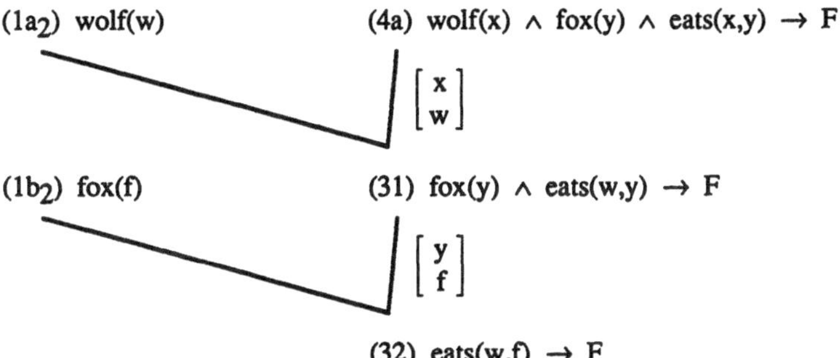

entsprechend mit (4b) sowie (4d) mit ebenfalls je zwei Schnitten: (34) eats(w,g) → F und (36) eats(b,s) → F,

sowie aus (5b$_1$) und (5b$_2$) jeweils mit (1e$_2$): (37) plant(sfood(s)) und (38) eats(s,sfood(s)) .

Schließlich klären wir noch die Größenverhältnisse:

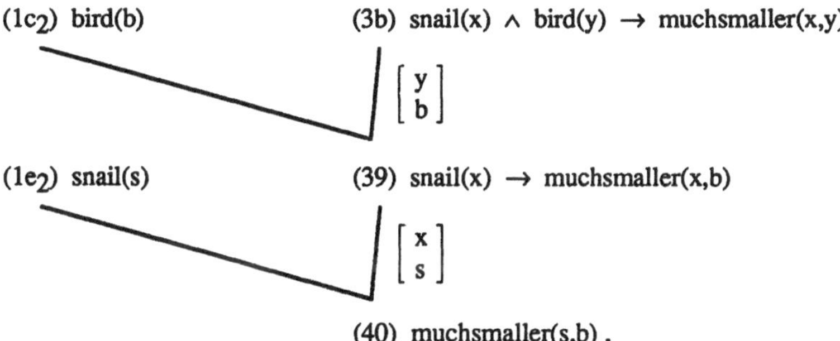

entsprechend mit je 2 Schnitten mit (3c) bzw. (3d) erhalten wir: (42) muchsmaller(b,f) und (44) muchsmaller(f,w) .

Im Grunde genommen waren die ersten 18 Schnitte, die wir durchgeführt haben, recht langweilig: es ging nur darum, die Skolemkonstanten in die "wichtigeren" Formeln hineinzubringen; jetzt aber erzielen wir das erste echte Resultat, die Formel (2) wird endlich bearbeitet:

(2) $animal(x) \wedge plant(y) \wedge animal(z) \wedge muchsmaller(z,x) \wedge plant(u) \wedge eats(z,u)$
$\rightarrow eats(x,y) \vee eats(x,z)$

wird von links nach rechts nacheinander (unter passenden Substitutionen) geschnitten mit:
(29) animal(b),
(30) plant(g),
(31) animal(s),
(40) muchsmaller(s,b),
(37) plant(sfood(s)),
(38) eats(s,sfood(s)) ,
und schließlich noch ganz rechts mit:
(36) eats(b,s) $\rightarrow$ F,
womit dann letztlich übrigbleibt:

(51) eats(b,g) , der Vogel frißt ein Korn!

Und gleich noch einmal: (2) wird erneut von links nach rechts geschnitten mit:
(27) animal(w),
(30) plant(g),
(28) animal(f),
(44) muchsmaller(f,w),
(30) plant(g)
und jetzt rechts vom Pfeil mit
(34) eats(w,g) $\rightarrow$ F und
(32) eats(w,f) $\rightarrow$ F,
wonach wir die Gewißheit haben:

(58) eats(f,g) $\rightarrow$ F , der Fuchs frißt das Körnerzeug nicht!

Zu guter Letzt schneiden wir (2) noch ein drittes Mal in gleicher Weise, diesmal mit:
(28) animal(f)
(30) plant(g)
(29) animal(b)
(42) muchsmaller(b,f)
(30) plant(g) ,
sowie unserem ersten wichtigen Hilfssatz:
(51) eats(b,g) ,
und dann noch direkt rechts neben dem Pfeil:
(58) eats(f,g) $\rightarrow$ F,
womit sich schon fast des Rätsels Lösung offenbart:

(65) eats(f,b) , der Fuchs frißt aber den Vogel!

Führen wir nun mit der negierten Konklusion (6) die Widerlegung schnell noch zuende:

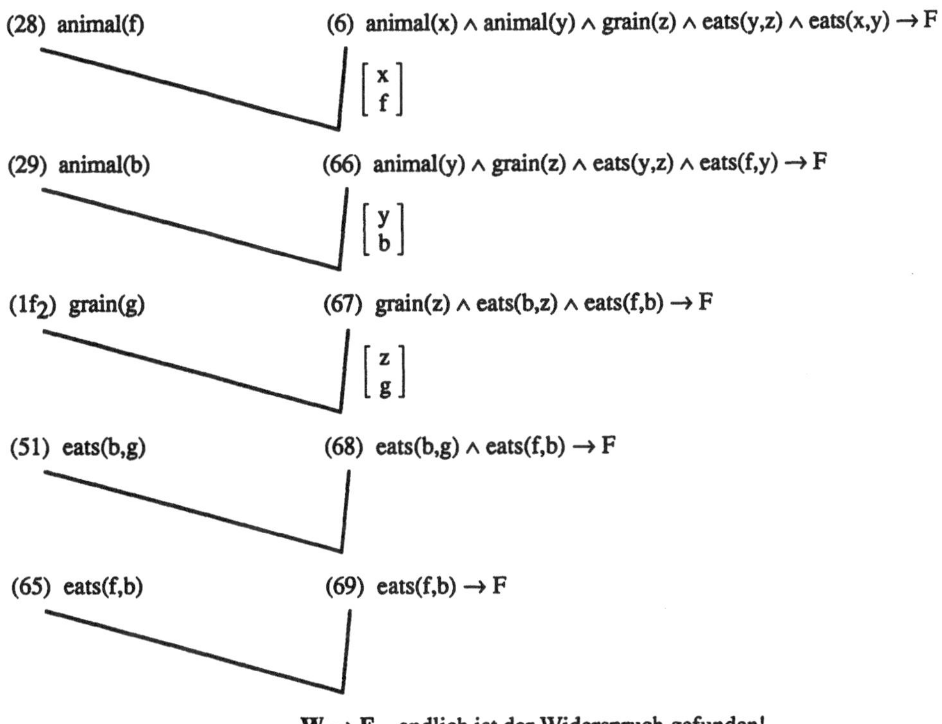

W → F, endlich ist der Widerspruch gefunden!

Füchse sind also tatsächlich die Tiere, die getreidefressende andere Tiere fressen, nämlich Vögel! In anderen Worten: "Fuchs, du hast die Gans gestohlen ... ". Um diese jedem Kleinkind bekannte Banalität herauszufinden, mußten wir 44 schlau gewählte Schnitte nebst geeigneten Substitutionen durchführen[14]. Und ein maschineller Theorembeweiser, der leider nichts davon ahnt, daß Raupen bei der Lösung überhaupt keine Rolle spielen und daß es vollkommen egal ist, ob eine Schnecke ein Tier ist oder nicht, usw. ... , und der deshalb stumpfsinnig jede Formel mit jeder zu schneiden versucht: wenn er keinen Stack-Overflow oder Systemzusammenbruch hatte, dann rechnet er noch heute! ■

[14] Um noch einmal auf "schnell, schlau und notwendig" zurückzukommen: durch geschickte Vorwegnahme des plant(g)-Schnittes an der ersten Stelle der Formel (2) sowie für den zweiten und dritten Fall auch noch an der zweiten Stelle kann man insgesamt 3 Schnitte einsparen, worauf wir aus didaktischen Gründen verzichtet haben: diese Widerlegung bräuchte dann nur 41 Schnitte.

Kapitel 2

Resolution

Wer den Satz von Herbrand und ein widerlegungsadäquates Regelsystem $\mathcal{R}$ für variablenfreie Gentzenformeln (z.B. aus dem ersten Kapitel die Schnittregel) kennt, kann mit dem folgenden Verfahren eine beliebige Gentzenformelmenge X in der offenen Prädikatenlogik auf Widersprüchlichkeit hin untersuchen:

(1) Bilde eine Folge $X_0, X_1, X_2, \dots$, so daß

- X_n eine endliche Teilmenge von grund(X) ist für alle $n \in \mathbb{N}$
- $X_0 \subseteq X_1 \subseteq X_2 \subseteq \dots$
- $\bigcup_{n \in \mathbb{N}} X_n = \text{grund}(X)$

(2) Prüfe sukzessive für $n = 0, 1, 2, \dots$, ob $X_n \vdash_{\mathcal{R}} \square$.

Ist X widerspüchlich, dann existiert ein $n \in \mathbb{N}$ mit $X_n \vdash_{\mathcal{R}} \square$. Denn nach dem Satz von Herbrand existiert eine endliche Teilmenge von grund(X) , die widersprüchlich ist, und zu jeder endlichen Teilmenge $M \subseteq \text{grund}(X)$ existiert ein $n \in \mathbb{N}$ mit $M \subseteq X_n$. Eine solche Folge von X_n in (1) entsteht beispielsweise, wenn man für X_n die Menge aller Grundinstanzen von X mit höchstens n Operationssymbolen wählt.

Dieses extrem aufwendige Verfahren, bei dem viele überflüssige (Grund-)Instanzen gebildet werden, möchte man dadurch verbessern, daß man nur solche Substitutionen durchführt, die für Schnitte auch tatsächlich gebraucht werden, und dies zudem so wenig speziell wie möglich. Diese Idee wird gerade mit der *Resolutionsregel* realisiert, die sog. *allgemeinste Unifikatoren* als Substitutionen verwendet.

Im ersten Abschnitt dieses Kapitels beschäftigen wir uns demzufolge noch einmal etwas genauer mit Substitutionen, im zweiten Abschnitt wird dann die Resolution eingeführt.

2.1 Unifikation

Ein Unifikator zweier Terme ist eine Substitution, die diese Terme syntaktisch gleich macht; Unifikatoren sind also Lösungen von Gleichungen in der Termstruktur. Obwohl das Lösen von Gleichungen in irgendwelchen Strukturen häufig schwierig - wenn nicht unmöglich - ist, hat man in der Termstruktur Glück: Man kann alle Lösungen einer Gleichung $t = t'$ leicht bestimmen und auch repräsentieren. Wenn überhaupt eine Unifikator existiert, dann gibt es sogar einen *allgemeinsten*, so daß alle anderen Unifikatoren Instanzen davon sind. Wir präzisieren das:

Definition (2.1) (unifizierbar, Unifikator)

Zwei Terme t und t' heißen *unifizierbar*, falls eine Substitution σ existiert, so daß $t\sigma = t'\sigma$. Eine Termmenge M ist *unifizierbar* mit σ, falls $t\sigma = t'\sigma$ für alle $t, t' \in M$. σ heißt dann *Unifikator* (auch: *Vereinheitlicher*) von t und t' bzw. M. ■

Definition (2.2) (Ordnung von Substitutionen, allgemeinster Unifikator)

Eine Substitution σ heißt *allgemeiner* als τ (geschrieben: $\sigma \leq \tau$), falls eine Substitution ρ existiert mit $\sigma\rho = \tau$.

Ist ρ eine Umbenennung, so heißen σ und τ *Varianten* (kurz: $\sigma \sim \tau$).

Gilt $\sigma \leq \tau$ und $\tau \leq \sigma$, so heißen σ und τ *äquivalent* (kurz: $\sigma \approx \tau$).

Ein Unifikator σ von t und t' (bzw. von M) heißt *allgemeinster Unifikator* (*most general unifier*, kurz: *mgu*), falls $\sigma \leq \tau$ für alle Unifikatoren τ von t und t' (bzw. M) gilt. ■

Beispiele (2.3) (Unifikatoren, allgemeinste Unifikatoren)

- f(x,a) und f(g(y),y) besitzen den Unifikator $\begin{bmatrix} x & y \\ g(a) & a \end{bmatrix}$, der gleichzeitig mgu ist,
- f(b,a) und f(g(y),y) besitzen keinen Unifikator,
- f(x,x) und f(g(y),y) ebenfalls keinen, da y und g(y) nicht unifizierbar sind[1],
- f(x,y) und f(y,x) besitzen unendlich viele Unifikatoren:

  $\begin{bmatrix} x & y \\ x & x \end{bmatrix}, \begin{bmatrix} x & y \\ y & y \end{bmatrix}, \begin{bmatrix} x & y \\ z & z \end{bmatrix}, \begin{bmatrix} x & y \\ a & a \end{bmatrix}, \begin{bmatrix} x & y \\ g(a) & g(a) \end{bmatrix}, \ldots$.

  Allgemeinster Unifikator ist $\begin{bmatrix} x & y \\ x & x \end{bmatrix}$ (oder auch $\begin{bmatrix} x & y \\ y & y \end{bmatrix}$, eine Variante des ersten), nicht jedoch $\begin{bmatrix} x & y \\ z & z \end{bmatrix}$, denn - ausführlich notiert - sieht man sofort: $\begin{bmatrix} x & y & z \\ z & z & z \end{bmatrix} \not\leq \begin{bmatrix} x & y & z \\ x & x & z \end{bmatrix}$.
- Wenn t ein Term ist, in dem x nicht vorkommt, ist $\begin{bmatrix} x \\ t \end{bmatrix}$ allgemeinster Unifikator von x und t, d.h. alle anderen Unifikatoren von x und t sind Instanzen davon.
- [ ] ist allgemeiner als alle anderen Substitutionen, unifiziert jedoch nur identische Terme. ■

[1] Genauer: Ist t echter Teilterm von t', so sind t und t' nicht unifizierbar. Beweis als Aufgabe!

Bemerkung (2.4)

Die Relation $\leq$ auf Substitutionen wird *Subsumtions-Quasiordnung* genannt. Sie ist reflexiv und transitiv, jedoch nicht antisymmetrisch, denn für $\sigma := \begin{bmatrix} x \\ y \end{bmatrix}$ und $\tau := \begin{bmatrix} y \\ x \end{bmatrix}$ ist $\sigma \leq \tau$ und $\tau \leq \sigma$, aber $\sigma \neq \tau$. Auf den durch $\approx$ induzierten Äquivalenzklassen auf der Menge der Substitutionen bildet $\leq$ dann aber tatsächlich eine partielle Ordnung. ■

Lemma (2.5)

Für alle Substitutionen σ und τ gilt $\sigma \approx \tau$ genau dann, wenn $\sigma \sim \tau$.

Beweis

"$\Leftarrow$" Ist $\sigma \sim \tau$, so existiert eine Umbenennung π mit $\sigma\pi = \tau$. Damit gilt $\sigma \leq \tau$. Da nun π bijektiv auf V ist, existiert ihre Inverse π^{-1} und es gilt $\tau\pi^{-1} = \sigma$, also auch $\tau \leq \sigma$.

"$\Rightarrow$" Für die Substitutionen $\sigma, \tau, \rho_1, \rho_2$ gelte $\sigma\rho_1 = \tau$ und $\tau\rho_2 = \sigma$. Gesucht ist nun eine Permutation π mit $\sigma\pi = \tau$.

(i) Wegen $\sigma(\rho_1\rho_2) = \sigma$ gilt mit Lemma (1.13.v) $(\rho_1\rho_2)|_{var(\sigma)} = [\,]|_{var(\sigma)}$. Damit ist auch $\rho_1(x)$ für jedes $x \in var(\sigma)$ eine Variable.

(ii) Weiterhin ist $\rho_1|_{var(\sigma)}$ injektiv. Denn aus $x\rho_1 = y\rho_1$ für $x, y \in var(\sigma)$ folgt wegen $x\rho_1\rho_2 = y\rho_1\rho_2$ und wegen $(\rho_1\rho_2)|_{var(\sigma)} = [\,]|_{var(\sigma)}$ auch $x = x\rho_1\rho_2 = y\rho_1\rho_2 = y$.

(iii) dom($\rho_1|_{var(\sigma)}$) ist endlich, also existiert eine Umbenennung $\pi : V \to V$, die eine Erweiterung der injektiven Abbildung $\rho_1|_{var(\sigma)} : var(\sigma) \to V$ ist[2]. Damit ist $\sigma\pi = \tau$, da $\sigma\pi$ nur von π auf $var(\sigma)$ abhängt und $\pi|_{var(\sigma)} = \rho_1|_{var(\sigma)}$ gilt. ■

Satz (2.6) (Existenz und Eindeutigkeit allgemeinster Unifikatoren)

Seien t und t' Terme, M eine Menge von Termen. Dann gilt:

Sind t und t' unifizierbar (bzw. ist M unifizierbar), dann existiert ein mgu σ von t und t' (bzw. von M). Sind σ und τ mgu's von t und t', so gilt $\sigma \sim \tau$, d.h. mgu's sind bis auf Varianten eindeutig bestimmt.

Beweis

<u>Eindeutigkeit</u> Seien σ und τ zwei mgu's von t und t' (bzw. von M). Dann gilt $\sigma \leq \tau$ (wegen σ mgu) und $\tau \leq \sigma$ (wegen τ mgu), also sind σ und τ äquivalent, $\sigma \approx \tau$, nach Lemma (2.5) damit aber auch $\sigma \sim \tau$.

<u>Existenz</u> Der Nachweis der Existenz von mgu's erfordert auf der Abstraktionsebene von Substitutionen einen ziemlich hohen technischen Aufwand. Deshalb wird er oft - konzeptionell zwar weniger elegant, aber um einiges einfacher - auf die Termebene verlagert: "Zu zwei unifizierbaren Termen t und t' gibt es einen allgemeinsten Term ('Unifikator') t_0, der Instanz von beiden unter derselben Substitution ist". Wir gehen hier anders vor und formulieren zunächst ein Verfahren zur Berechnung von mgu's. Damit können wir dann konstruktiv die Existenz von mgu's nachweisen. ■

---

[2] Dazu zeigt man: Seien A, B Mengen, A endlich, $A \subseteq B$ und $f : A \to B$ eine injektive Abbildung. Dann kann f zu einer Permutation $p : B \to B$ erweitert werden (d.h. p ist bijektiv und $p|_A = f|_A$). (Beweis als Aufgabe! Warum ist die Voraussetzung "A endlich" notwendig?)

Bemerkungen (2.7)

• In Definition (1.11) haben wir ganz bewußt nur solche Abbildungen $\sigma : V \to T_\Sigma(V)$ als Substitutionen zugelassen, die höchstens endlich viele Variablen verändern. Erlaubte man auch unendliche Substitutionen, so wäre unter anderem die "⇒" -Richtung von Lemma (2.5) nicht mehr wahr: $\sigma := [\,]$ und $\tau := \begin{bmatrix} x_0 & \dots & x_k & \dots \\ x_1 & & x_{k+1} & \end{bmatrix}$ stehen zwar wechselseitig in der $\leq$ - Relation, sind aber keine Varianten. Aus diesem Grund besäßen zwei Terme dann auch nicht notwendig einen bis auf Varianten eindeutig bestimmten mgu: Jeder Term wäre beispielsweise schon mit sich selbst auf unendlich viele Arten "most general" unifizierbar. Da aber bei unserer Aufgabe der Term-Unifikation stets nur endlich viele Variablen auftreten, entstehen derartige Probleme überhaupt nicht, und wir können uns mit Fug und Recht stets auf endliche Substitutionen zurückziehen.

• Allgemeinste Unifikatoren besitzen eine interessante Eigenschaft: zu jedem mgu existiert eine idempotente Variante, d.h. eine Variante σ , für die $\sigma\sigma = \sigma$ gilt[3]. Wir werden diese Eigenschaft später noch beobachten können. Weiteres zu idempotenten Unifikatoren findet man in Eder [Eder85].

• In anderen Strukturen als der hier vorliegenden freien Termstruktur existieren oft keine allgemeinsten Lösungen für Gleichungen. Betrachten wir etwa die Menge $\{a,b\}^*$ der Wörter über dem Alphabet $\{a,b\}$ mit der (assoziativen!) Konkatenation $\wedge$. Die Gleichung $a \wedge x = x \wedge a$ (x sei hier eine Variable) hat genau die Lösungen $\begin{bmatrix} x \\ a \end{bmatrix}$, $\begin{bmatrix} x \\ a \wedge a \end{bmatrix}$, $\begin{bmatrix} x \\ a \wedge a \wedge a \end{bmatrix}$, ... , bei denen keine die Instanz einer anderen ist. Wir werden derartige Probleme im Abschnitt 7.5 noch genauer untersuchen.

■

Wir wenden uns nun Unifikationsalgorithmen zu, d.h. Verfahren, die zu zwei Termen t und t' (bzw. zu einer Termmenge M) einen allgemeinsten Unifikator berechnen, falls sie unifizierbar sind (ist). In algorithmischer Form wurde Unifikation erstmals 1965 von J.A. Robinson in [Rob65] vorgestellt, eine frühere Darstellung findet sich bereits bei J. Herbrand [Herb30].

Wir folgen der Darstellungsweise von Martelli & Montanari [MM82] und beschreiben Unifikation dadurch, daß wir eine Menge von Regeln angeben, die es gestatten, Gleichungsmengen zu manipulieren. Anschließend stellen wir dar, wie ein Algorithmus mit diesen Regeln dann den mgu einer Termmenge berechnen kann. Zum Schluß weisen wir nach, daß das Verfahren terminiert und tatsächlich allgemeinste Unifikatoren bestimmt.

Definition (2.8) (Martelli-Montanari-Regeln zur Berechnung von mgu's)

Die *Martelli-Montanari-Regeln* bestehen aus den folgenden Regeln (U1) - (U4); dabei stehen jeweils t , t_i , t_i' für beliebige Terme, f für Operationssymbole, x für Variablen und E für (gerichtete) Gleichungsmengen. (Zu beachten ist, daß in den Prämissen mit $\cup$ stets die disjunkte Vereinigung gemeint ist!)

---

[3] Nicht jeder mgu ist idempotent. So haben zwei identische Grundterme neben [ ] beispielsweise noch den mgu [x/y , y/x] , der aber nicht idempotent ist, da $\sigma\sigma = [\,]$ gilt.

$$\text{(U1)} \qquad \frac{E \cup \{ f(t_1,...,t_n) \equiv f(t_1',...,t_n') \}}{E \cup \{ t_1 \equiv t_1', ..., t_n \equiv t_n' \}}$$ (*Dekomposition*[4])

$$\text{(U2)} \qquad \frac{E \cup \{ x \equiv t \}}{E\begin{bmatrix} x \\ t \end{bmatrix} \cup \{ x \equiv t \}}$$, falls x nicht in t vorkommt, wohl aber in E (*Variablen-Elimination*[5])

$$\text{(U3)} \qquad \frac{E \cup \{ t \equiv x \}}{E \cup \{ x \equiv t \}}$$, falls t keine Variable ist (*Umordnung*)

$$\text{(U4)} \qquad \frac{E \cup \{ x \equiv x \}}{E}$$ (*Elimination trivialer Gleichungen*)

■

Wir benötigen jetzt einige Eigenschaften dieses Regelsystems bzw. des damit formulierten Unifikations-Algorithmus, um dann die Existenz allgemeinster Unifikatoren sichern zu können.

Lemma (2.9) (Unifikations-Invarianz der Martelli-Montanari-Regeln)

Sei E eine Gleichungsmenge und E' durch einen Schritt mit einer der Regeln (U1), ... , (U4) aus E entstanden. Dann gilt :

(i) E ist genau dann mit Unifikator σ unifizierbar[6], wenn E' mit σ unifizierbar ist.

(ii) σ ist mgu von E genau dann, wenn σ mgu von E' ist.

Beweis

(i) (U1) Aus dem induktiven Aufbau von Termen folgt unmittelbar, daß $f(t_1,...,t_n)$ und $f(t_1',...,t_n')$ genau dann den Unifikator σ besitzen, wenn $t_i\sigma = t_i'\sigma$ für alle i $(1 \le i \le n)$ erfüllt ist.

(U2) $\tau := \begin{bmatrix} x \\ t \end{bmatrix}$ ist notwendig für die Unifikation von x und t, mithin deren mgu. Sei nun σ Unifikator von $E \cup \{ x \equiv t \}$. Dann hat σ die Gestalt $\tau\rho$. Wegen $\tau\tau = \tau$ (beachte, daß x in t nicht vorkommt) gilt $\sigma = \tau\rho = \tau\tau\rho = \tau\sigma$; also ist σ Unifikator von $E \cup \{ x \equiv t \}$ genau dann, wenn $E\begin{bmatrix} x \\ t \end{bmatrix} \cup \{ x \equiv t \}$ mit σ unifizierbar ist.

(U3), (U4) trivial.

[4] (U1) ist auch für nullstelliges f anwendbar; die Regelanwendung *entfernt* dann eine (triviale) Gleichung.

[5] Der Test in (U2), ob x in t vorkommt, wird oft auch *occur check* genannt.

[6] Aus naheliegenden Gründen benutzen wir die Sprechweise "E ist unifizierbar mit σ" für eine Gleichungsmenge E gleichwertig mit "E ist lösbar mit σ" .

(ii) Nach (i) ist die Menge der Unifikatoren von E gleich der von E', woraus die Behauptung unmittelbar folgt. ■

Definition (2.10) (Unifikationsalgorithmus)

Gegeben seien zwei Terme t und t' (bzw. eine endliche Menge M von Termen), deren allgemeinster Unifikator gesucht ist. Das folgende Verfahren nennen wir *Unifikationsalgorithmus*:

- Beginne mit der *Start-Gleichungsmenge* $\{ t \equiv t' \}$ (bzw. $\{ t \equiv t' \mid t, t' \in M, t \neq t' \}$) und wende darauf die Regeln (U1) - (U4) fortgesetzt an.
- Ist keine Regel mehr anwendbar, so ist eine *Ergebnis-Gleichungsmenge* erreicht. ■

Lemma (2.11) (Termination des Unifikationsalgorithmus)

Der Unifikationsalgorithmus terminiert für jede endliche Start-Gleichungsmenge.

Beweis

Wir zeigen dies dadurch, daß wir Gleichungsmengen auf Tripel natürlicher Zahlen abbilden und zwar so, daß das zu einer Menge E_1 gehörende Tripel lexikographisch größer[7] ist als das zur Menge E_2 gehörende Tripel, falls E_2 durch Anwendung einer der vier Regeln aus E_1 entstanden ist. Da es keine unendliche Folge von lexikographisch immer kleineren Tripeln geben kann, kann also auch keine unendliche Folge von Gleichungsmengen durch fortwährende Anwendung der Unifikationsregeln entstehen.

Konkret bilden wir eine Gleichungsmenge E auf (k, m, n) ab; dabei seien

k die Mächtigkeit der Menge

$var(E) \setminus \{ x \mid x$ kommt in E nur einmal vor und zwar in einer Gleichung der Form $x \equiv t \}$,

m die Summe der Größen[8] aller linken und aller rechten Seiten in E,

n die Anzahl der Gleichungen der Gestalt $x \equiv t$ in E, wobei x eine Variable und t keine Variable sei.

Damit verkleinert (U1) die zweite Komponente des Tripels ohne die erste zu erhöhen, (U2) die erste Komponente und (U3) sowie (U4) die letzte Komponente ohne die anderen zu erhöhen. ■

Satz (2.12) (Existenz und Berechnung allgemeinster Unifikatoren)

Seien t und t' Terme (bzw. M eine Termmenge), sei E_0 die zugehörige Start-Gleichungsmenge, $\overline{E}$ eine durch den Unifikationsalgorithmus entstandene Ergebnis-Gleichungsmenge. Dann gilt:

(i) Hat $\overline{E}$ die Gestalt $\{ x_1 \equiv t_1, ..., x_k \equiv t_k \}$, $k \geq 0$, wobei die x_i's paarweise verschiedene Variablen sind, die in keinem der t_j's mehr vorkommen (wir nennen $\overline{E}$ dann *vollständig gelöst*), so sind t und t' (bzw. M) unifizierbar mit mgu $\begin{bmatrix} x_1 & \cdots & x_k \\ t_1 & \cdots & t_k \end{bmatrix}$.

(ii) Anderenfalls sind t und t' (bzw. M) nicht unifizierbar.

---

7 (k_1, m_1, n_1) heißt *lexikographisch größer* als (k_2, m_2, n_2) falls entweder (i) $k_1 > k_2$ oder (ii) $k_1 = k_2$ und $m_1 > m_2$ oder (iii) $k_1 = k_2$ und $m_1 = m_2$ und $n_1 > n_2$ ist. Aufgabe Zeige, daß diese Ordnung auf Tripeln natürlicher Zahlen keine unendlich absteigenden Ketten besitzt. (vgl. dazu die Abschnitte 6.2 und 7.1).

8 Die Größe eines Terms ist die Anzahl der Knoten seiner Baumrepräsentation.

Beweis

Da der Unifikationsalgorithmus nach Lemma (2.11) terminiert, gibt es zu jeder Start-Gleichungsmenge E_0 eine Ergebnis-Gleichungsmenge $\overline{E}$, auf die keine Regel mehr anwendbar ist.

(i) Sei $\overline{E} = \{ x_1 \equiv t_1 ,..., x_k \equiv t_k \}$ vollständig gelöst. Dann ist sicherlich $\tau := \begin{bmatrix} x_1 & \cdots & x_k \\ t_1 & & t_k \end{bmatrix}$ ein Unifikator von $\overline{E}$, da wegen $x_i\tau = t_i$ und wegen $t_i\tau = t_i$ (beachte, daß dom(τ) und var(t_i) disjunkt sind) $x_i\tau = t_i\tau$ gilt für alle i mit $1 \le i \le k$.

Sie ρ ein beliebiger Unifikator von $\overline{E}$. Wir zeigen $\tau \le \rho$ durch $\tau\rho = \rho$; damit ist τ mgu von $\overline{E}$, wegen des Invarianz-Lemmas (2.9) aber auch von E_0 und damit von t und t' (bzw. M).

Unsere Behauptung ist also: $x\tau\rho = x\rho$ für alle Variablen x.

Ist $x \notin$ dom(τ), dann ist wegen $x\tau = x$ auch $x\tau\rho = x\rho$.

Ist $x \in$ dom(τ), sagen wir $x = x_i$, dann gilt $x\tau\rho = x_i\tau\rho = t_i\rho$. Wegen $t_i\rho = x_i\rho = x\rho$ (ρ ist ja Unifikator von t_i und x_i) also insgesamt $x\tau\rho = x\rho$.

(ii) Sei nun also $\overline{E}$ nicht vollständig gelöst, trotzdem aber keine Regel anwendbar. Dann muß in $\overline{E}$ eine Gleichung $s \equiv s'$ existieren von der Gestalt

entweder $f(s_1, ... , s_n) \equiv g(s_1', ... , s_m')$ mit $f \neq g$

oder $x \equiv s'$, wobei x eine Variable ist, die im Term $s' \neq x$ vorkommt.

Im ersten Fall gibt es keinen Unifikator von s und s', da die obersten Operationssymbole verschieden sind, im letzteren Fall ebenfalls nicht, da x echter Teilterm von s ist. Also sind s und s' nicht unifizierbar, also ganz $\overline{E}$ nicht, also wegen Lemma (2.9) auch E_0 nicht und damit t und t' (bzw. M) nicht. ∎

Beispiel (2.13) (Unifikation)

Zu unifizieren sind t := f(x, g(y,z), a) und t' := f(g(v,z), x, z). Wir starten den Unifikationsalgorithmus also mit $E_0 = \{ f(x, g(y,z), a) \equiv f(g(v,z), x, z) \}$:

	$\{ \underline{f(x, g(y,z), a) \equiv f(g(v,z), x, z)} \}$	Dekomposition
$\vdash_{(U1)}$	$\{ \underline{x \equiv g(v,z)}, g(y,z) \equiv x, a \equiv z \}$	Variablen-Elimination mit [x/g(v,z)]
$\vdash_{(U2)}$	$\{ x \equiv g(v,z), \underline{g(y,z) \equiv g(v,z)}, a \equiv z \}$	Dekomposition (beachte, daß (U2) nicht noch einmal anwendbar ist)
$\vdash_{(U1)}$	$\{ x \equiv g(v,z), y \equiv v, \underline{z \equiv z}, a \equiv z \}$	Elimination einer trivialen Gleichung (beachte, daß (U2) auf $y \equiv v$ nicht anwendbar ist)
$\vdash_{(U4)}$	$\{ x \equiv g(v,z), y \equiv v, \underline{a \equiv z} \}$	Umordnung
$\vdash_{(U3)}$	$\{ x \equiv g(v,z), y \equiv v, \underline{z \equiv a} \}$	Variablen-Elimination mit [z/a]
$\vdash_{(U2)}$	$\{ x \equiv g(v,a), y \equiv v, z \equiv a \}$	

Es ist nun keine Regel mehr anwendbar, und die entstandene Ergebnis-Gleichungsmenge ist vollständig gelöst, also sind t und t' unifizierbar mit mgu $\begin{bmatrix} x & y & z \\ g(v,a) & v & a \end{bmatrix}$.

An diesem Beispiel erkennt man auch, wie Varianten eines mgu entstehen können. Hätten wir vor dem zweiten Ableitungsschritt zuerst noch die Regel (U3) auf die zweite Gleichung angewendet (Umordnung), und dann wie gehabt weitergerechnet, so wäre nach einem zusätzlichen

Variablen-Eliminations-Schritt am Ende $\begin{bmatrix} x & v & z \\ g(y,a) & y & a \end{bmatrix}$ als mgu berechnet worden. ■

Bemerkung (2.14) (Aufwand des Unifikationsalgorithmus)

Man kann zeigen, daß der oben definierte Unifikationsalgorithmus (auch, wenn man ihn algorithmisch so umformuliert, daß alle überflüssigen Schritte vermieden werden) im schlimmsten Fall exponentiellen Zeit- und Platzaufwand in der Größe der eingegebenen Terme hat.
Betrachte etwa die Terme $t = f(x_1, x_2, \dots, x_n)$ und $t' = f(\, g(x_0,x_0), g(x_1,x_1), \dots, g(x_{n-1},x_{n-1})\,)$.
Wir starten den Algorithmus mit $E_0 = \{\, t \equiv t' \,\}$, d.h. mit 4n+2 Symbolen.

Der resultierende Unifikator σ hat die Gestalt $\begin{bmatrix} x_1 & x_2 & \dots \\ g(x_0,x_0) & g(g(x_0,x_0),g(x_0,x_0)) & \end{bmatrix}$, d.h. für die Variable x_i wird ein Term der Größe 2^{i+1}-1 substituiert. Die Größe des Terms $t\sigma$ ist dann $\sum_{i=1}^{n} (\,2^{i+1}-1\,) = 2^{n+2} - (n+1)$, der Platzbedarf ist also exponentiell in der Eingabegröße, falls Terme als Zeichenketten oder als Bäume repräsentiert werden, damit aber auch der Zeitbedarf. ■

Bemerkung (2.15) (Schnelle Unifikationsalgorithmen)

Algorithmen mit exponentiellem Aufwand sind für den praktischen Gebrauch meist ungeeignet (die genaue Bewertung hängt natürlich nicht nur vom schlimmsten Fall, sondern auch vom durchschnittlichen Verhalten ab). Glücklicherweise gibt es aber für die Term-Unifikation viel schnellere Algorithmen, die im wesentlichen darauf basieren, Terme und Substitutionen geschickter zu *repräsentieren*. Beispielsweise kann man darauf verzichten, identische Variablen in einem Term entsprechend ihrem Vorkommen mehrfach zu repräsentieren. Stattdessen wird jede Variable nur einmal aufbewahrt und dann - programmiersprachlich gesprochen - mit *Pointern* verwaltet. Allgemeiner: Terme werden nicht als *Listen* oder *Bäume*, sondern als *gerichtete azyklische Graphen* dargestellt. Unifikatoren können dann als spezielle Äquivalenzrelationen auf den Knoten des Termgraphen berechnet und dargestellt werden.

• In den Jahren 1976 und 1978 (revidiert) wurde von Paterson & Wegman [PW78], siehe auch [Cha86], ein Unifikationsalgorithmus mit linearem Aufwand vorgeschlagen. Hier werden die entsprechenden Äquivalenzklassen und die Knoten in einer solchen Klasse in einer optimalen Reihenfolge bearbeitet; allerdings erfordert dieser Algorithmus aufwendige Datenstrukturen.

• Unabhängig davon wurde etwa zur gleichen Zeit ein fast linearer Algorithmus von Martelli & Montanari entwickelt, zu finden in der schon zitierten Veröffentlichung [MM82]; ihn trifft aber ähnliche Kritik wie der Algorithmus von Paterson & Wegman.

• Corbin & Bidoit [CB83] stellten daraufhin einen Unifikationsalgorithmus vor, der obiges Konzept mit einer rekursiven Version des Unifikationsalgorithmus von Robinson verbindet. Obwohl er im schlimmsten Fall quadratischen Aufwand hat, verhält er sich oftmals linear und ist zudem einfach implementierbar. ■

2.2 Resolution und Faktorisierung

Die Resolutionsregel von J.A. Robinson [Rob65] ist eine widerlegungsvollständige und korrekte Ableitungsregel für quantorenfreie Gentzenformelmengen. Sie kombiniert die Schnittregel mit der Idee des allgemeinsten Unifikators: nur mgu's sind als Substitutionen erlaubt und auch nur dann, wenn anschließend zwischen dadurch komplementär gewordenen Literalen ein Schnitt stattfindet. Aus didaktischen und konzeptionellen Gründen betrachten wir vor der *vollen* Resolutionsregel, wie sie J.A. Robinson angegeben hat, zunächst die Aufspaltung dieser Regel in *pure* Resolution und Faktorisierung.
Mit dem Lifting-Lemma können wir dann garantieren, daß Widerlegungen mit beliebigen Substitutionen und Schnitten stets so transformiert werden können, daß sie ausschließlich mgu's enthalten, und zwar innerhalb von Resolutionsschnitten.

Definition (2.16) (Resolution)

Seien P, Q Atome, A, C Konjunktionen, B, D Disjunktionen von Atomen. Die Ableitungsregel

$$\text{(Res)}\quad \frac{A \rightarrow B \vee P \qquad Q \wedge C \rightarrow D}{(A \wedge C\pi \rightarrow B \vee D\pi)\,\sigma} \quad \text{heißt } (\textit{pure})\ \textit{Resolution},$$

wobei (1) π eine Umbenennung von $Q \wedge C \rightarrow D$ ist, so daß $A \rightarrow B \vee P$ und $(Q \wedge C \rightarrow D)\pi$ keine gemeinsamen Variablen enthalten

und (2) σ ein mgu von P und $Q\pi$ ist.

Beispiele (2.17) (Resolution)

• Im Beispiel "Schubert's Steamroller" aus Abschnitt 1.6 haben wir schon immer intuitiv resolviert, d.h. mit allgemeinsten Unifikatoren gerechnet: beispielsweise ist der Schritt ("Schnitt")

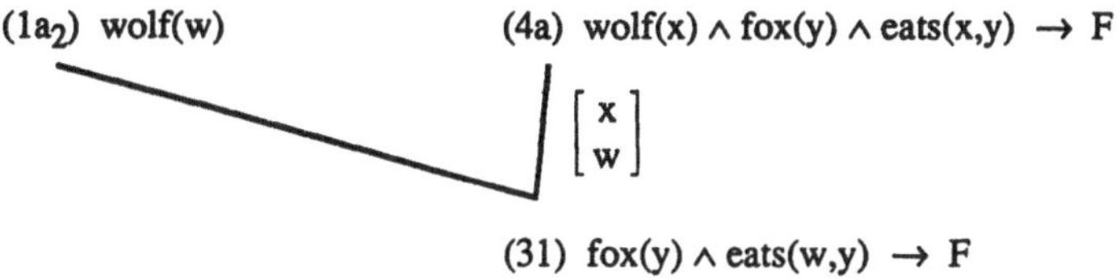

(31) fox(y) ∧ eats(w,y) → F

ein Resolutionsschritt mit mgu $\begin{bmatrix} x & y \\ w & y \end{bmatrix}$ (wobei hier die Umbenennung entfällt).

• Die Klauseln (1) $R(x,a) \wedge P(y) \rightarrow R(\,g(x,a), y\,)$ und (2) $R(x,x) \rightarrow Q(x)$ lassen sich nach Umbenennung von (2) mit $\pi = \begin{bmatrix} x & z \\ z & x \end{bmatrix}$ mit mgu $\begin{bmatrix} y & z \\ g(x,a) & g(x,a) \end{bmatrix}$ resolvieren zu $R(x,a) \wedge P(\,g(x,a)\,) \rightarrow Q(\,g(x,a)\,)$. ■

Die Resolutionsregel allein ist jedoch leider nicht widerlegungsvollständig, wie ein Gegenbeispiel zeigt: Die Formelmenge $\{ W \to P(x) \vee P(y) , P(u) \wedge P(v) \to F \}$ ist offensichtlich widersprüchlich, aber mit (Res) sind aus ihr nur Formeln mit genau zwei Literalen ableitbar. Wir erweitern deshalb den Resolutionskalkül, um mit dem Phänomen unifizierbarer Atome innerhalb einer Gentzenformel umgehen zu können:

Definition (2.18) (Faktorisierung)
Seien $P_1 ,..., P_n$ Atome ($n\geq 1$), A eine Konjunktion, B eine Disjunktion von Atomen. Die Ableitungsregeln

$$\text{(Fak)} \qquad \frac{A \to B \vee P_1 \vee ... \vee P_n}{(A \to B \vee P_1)\sigma} \qquad \text{bzw.} \qquad \frac{P_1 \wedge ... \wedge P_n \wedge A \to B}{(P_1 \wedge A \to B)\sigma}$$

wobei σ mgu von $\{ P_1 , ... , P_n \}$ ist, heißen *Faktorisierungsregeln.* Die Konklusionen heißen *Faktoren* der jeweiligen Prämissen. (In Klauselschreibweise sieht man, daß es sich hier eigentlich um nur eine einzige Regel handelt; wir sprechen deshalb meist nur von *der Faktorisierung*.) ∎

Mit Resolution *und* Faktorisierung gelingt jetzt auch die Widerlegung obigen Gegenbeispiels. Durch je einen Faktorisierungsschritt erhalten wir aus $\{ W \to P(x) \vee P(y) , P(u) \wedge P(v) \to F \}$ die Formeln $W \to P(x)$ und $P(u) \to F$, aus denen mit einem Resolutionsschritt $\square$ ableitbar ist.

Wir formulieren nun Resolution und Faktorisierung als *eine* Regel, wie es J.A. Robinson in seiner ursprünglichen Definition [Rob65] getan hat:

Definition (2.19) (volle Resolution)
Seien $P_1 ,..., P_n , Q_1 ,..., Q_m$ Atome, A, C Konjunktionen, B, D Disjunktionen von Atomen. Die Ableitungsregel

$$\text{(Rob)} \qquad \frac{A \to B \vee P_1 \vee ... \vee P_n \qquad Q_1 \wedge ... \wedge Q_m \wedge C \to D}{(A \wedge C\pi \to B \vee D\pi)\sigma}$$

heißt *volle* (oder *klassische*) *Resolution*[9],

wobei (1) π eine Umbenennung ist, so daß $A \to B \vee P_1 \vee ... \vee P_n$ und $(Q_1 \wedge ... \wedge Q_m \wedge C \to D)\pi$ variablendisjunkt werden

und (2) σ der mgu von $\{ P_1 , ... , P_n , Q_1 , ... , Q_m \}$ ist. ∎

9 "It is called resolution principle, and it is machine-oriented, rather than human-oriented, ..." (aus [Rob65]).

Satz (2.20) (Korrektheit und Widerlegungsvollständigkeit der Resolution)
Die beiden Regelsysteme (Res + Fak) bzw. (Rob) sind korrekt und widerlegungsvollständig für Gentzenformeln.

Beweis

- Für die Korrektheit zeigt man leicht: $X \vdash_{Rob} G \Rightarrow X \vdash_{Res+Fak} G \Rightarrow X \vdash_{GS+Subst} G$.
- Für die Widerlegungsvollständigkeit von (Res+Fak) zeigt man mit dem nachfolgenden *Lifting-Lemma* durch Induktion über die Anzahl der Ableitungsschritte:

Ist $X \vdash_{GS+Subst} G$, dann gilt $X \vdash_{Res+Fak} G'$ für ein G', so daß G Instanz von G' ist.

Als Spezialfall erhält man daraus: Wenn $X \vdash_{GS+Subst} \square$, dann $X \vdash_{Res+Fak} \square$.
Da (GS+Subst) widerlegungsvollständig ist, folgt die Behauptung. (Der Beweis für (Rob), die volle Resolution, verläuft analog.) ∎

Das Lifting-Lemma zeigt lokal (an einem Schnitt), daß Ableitungen mit Schnitt und ***beliebigen*** Substitutionen in solche mit Schnitt unter ***allgemeinsten*** Unifikatoren transformiert ("geliftet") werden können.

Lemma (2.21) (Lifting-Lemma)
Seien G_1' und G_2' Gentzenformeln mit Instanzen G_1 bzw. G_2 , so daß der Schnitt $\frac{G_1 \quad G_2}{G}$ möglich ist. Dann existiert eine Gentzen-Formel G^* , die durch einen Resolutionsschritt aus Faktoren von G_1' und G_2' entsteht, so daß G Instanz von G^* ist.

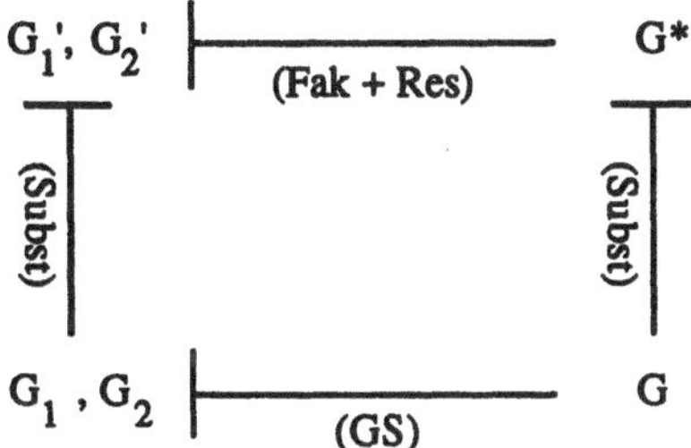

Beweis

O.B.d.A. liegt folgende Situation vor:

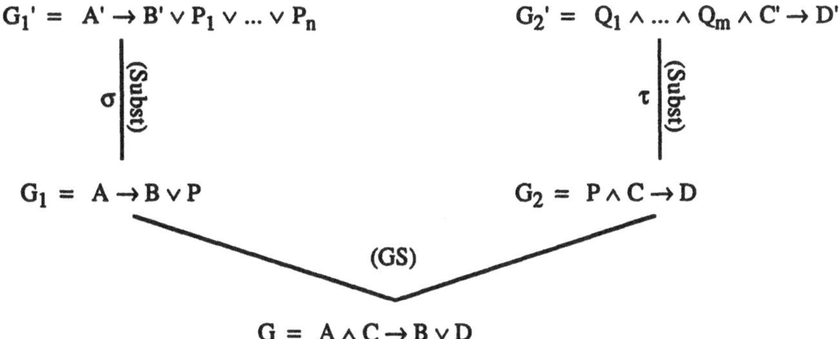

wobei $P_1\sigma = ... = P_n\sigma = P = Q_1\tau = ... = Q_m\tau$ und $A'\sigma = A$, $B'\sigma = B$, $C'\tau = C$, $D'\tau = D$ gilt. Die (Fak + Res)-Ableitung konstruieren wir nun so:

(1) Faktorisiere $\{ P_1 ,..., P_n \}$ mit mgu f_P : $\dfrac{A' \rightarrow B' \vee P_1 \vee ... \vee P_n}{A'f_P \rightarrow B'f_P \vee P_1 f_P}$ (Fak)

Der mgu existiert, da σ ein Unifikator ist. Da f_P "most general" ist, existiert eine Substitution g_P mit $f_P\, g_P = \sigma$.

(2) Faktorisiere analog $\{ Q_1 ,..., Q_m \}$ mit mgu f_Q : $\dfrac{Q_1 \wedge ... \wedge Q_m \wedge C' \rightarrow D'}{Q_1 f_Q \wedge C'f_Q \rightarrow D'f_Q}$ (Fak)

Da f_Q "most general" ist, existiert eine Substitution g_Q mit $f_Q\, g_Q = \tau$. Wähle dabei f_P und f_Q o.B.d.A. derart, daß $G_1'f_P$ und $G_2'f_Q$ variablendisjunkt werden.

(3) Nun ist ein Resolutionsschritt möglich, denn $P_1 f_P$ und $Q_1 f_Q$ sind mit der Substitution g

unifizierbar, die wie folgt definiert ist: $g(x) := \begin{cases} g_P(x) & \text{falls x in } G_1'f_P \text{ vorkommt,} \\ g_Q(x) & \text{falls x in } G_2'f_Q \text{ vorkommt,} \\ x & \text{sonst.} \end{cases}$

Sei θ mgu von $P_1 f_P$ und $Q_1 f_Q$. Also existiert ein θ' mit $\theta\,\theta' = g$.

Wir resolvieren: $\dfrac{A'f_P \rightarrow B'f_P \vee P_1 f_P \qquad Q_1 f_Q \wedge C'f_Q \rightarrow D'f_Q}{G^* := (A'f_P \wedge C'f_Q \rightarrow B'f_P \vee D'f_Q)\, \theta}$ (Res)

(4) $A \wedge C \rightarrow B \vee D$ ist nun Instanz von G^* , denn es gilt

$$\begin{aligned} G^*\,\theta' &= A'f_P\theta\theta' \wedge C'f_Q\theta\theta' \rightarrow B'f_P\theta\theta' \vee D'f_Q\theta\theta' \\ &= A'f_P g \wedge C'f_Q g \rightarrow B'f_P g \vee D'f_Q g \\ &= A'f_P g_P \wedge C'f_Q g_Q \rightarrow B'f_P g_P \vee D'f_Q g_Q \\ &= A'\sigma \wedge C'\tau \rightarrow B'\sigma \vee D'\tau \\ &= A \wedge C \rightarrow B \vee D \end{aligned}$$

Schematisch zusammengefaßt ergibt sich insgesamt also folgende Situation:

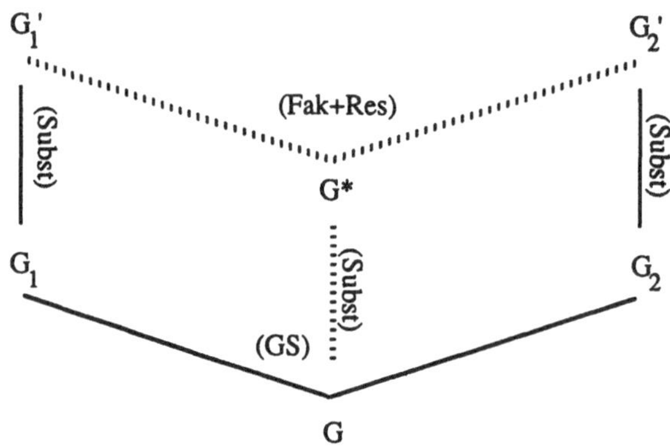

■

Der Leser möge beachten, daß natürlich nicht notwendig solche Widerlegungen mit (Res+Fak) zum Erfolg führen, bei denen maximal faktorisiert wird. Bei "Schubert's Steamroller" etwa lassen sich durchaus Klauseln faktorisieren. Die angegebene Widerlegung gelingt aber gerade, ohne daß ein einziger Faktor einer Klausel darin vorkommt.

Wir geben zum Schluß dieses Abschnitts noch zwei Beispiele für das Lifting von (GS+Subst) - Ableitungen in solche mit (Res+Fak) an. Das erste Beispiel erlaubt keine Faktorisierung, im zweiten ist sie zwingend:

Beispiele (2.22) (Lifting)

(i)

$$W \to R(x,y) \lor P(y)\ ,\ R(a,z) \to F \ \ \vdash_{(Ohne\ (Fak))}^{(Res)} \ \ W \to P(z)$$

$$\sigma = \begin{bmatrix} x & y \\ a & b \end{bmatrix} \quad \tau = \begin{bmatrix} z \\ b \end{bmatrix} \qquad\qquad \theta' = \begin{bmatrix} z \\ b \end{bmatrix}$$

$$W \to R(a,b) \lor P(b)\ ,\ R(a,b) \to F \ \ \vdash^{(GS)} \ \ W \to P(b)$$

(ii)

$$W \to P(x) \lor P(a)\ ,\ P(a) \to Q(y) \ \ \vdash_{f_P = \begin{bmatrix} x \\ a \end{bmatrix}}^{(Fak)} \ \ W \to P(a)\ ,\ P(a) \to Q(y) \ \ \vdash_{\theta = [\,]}^{(Res)} \ \ W \to Q(y)$$

$$\sigma = \begin{bmatrix} x \\ a \end{bmatrix} \quad \tau = [\,] \qquad\qquad \theta' = [\,]$$

$$W \to P(a)\ ,\ P(a) \to Q(y) \ \ \vdash^{(GS)} \ \ W \to Q(y)$$

■

Kapitel 3

Einschränkung des Suchraumes

Sicherlich stellt der Resolutionskalkül gegenüber dem Theorembeweisen durch Aufzählen des Herbrand-Universums einen gewaltigen Fortschritt dar. Dennoch ist schon der für kleinere Probleme entstehende Aufwand bei unbeschränkter Breitensuche (Stichwort "Level Saturation") so immens, daß oft auch die größten und schnellsten Rechenanlagen davor kapitulieren müssen. Erinnert sei in diesem Zusammenhang an das Beispiel "Schubert's Steamroller" aus Abschnitt 1.6.

In diesem Kapitel wollen wir nun einige Konzepte zur Verkleinerung des entstehenden Suchraumes vorstellen, systematisieren und problematisieren. Für manche Formelmengen können sie ganz erstaunliche Verbesserungen mit sich bringen, in anderen Fällen aber auch überhaupt keinen Vorteil gegenüber unbeschränkter Resolution mit Breitensuche haben. Und was für einen Logiker das schlimmste ist: in manchen Fällen - speziell wenn man derartige Verfeinerungen kritiklos miteinander kombiniert - geht die Widerlegungsvollständigkeit verloren!

Wir folgen dabei dem groben Schema, die Idee eines neuen Konzeptes kurz zu erläutern und dann exemplarisch einige aus der Literatur bekannte Verfahren als Stellvertreter dieses Konzepts vorzustellen. Schließlich geben wir positive wie negative Resultate (Vollständigkeitsergebnisse oder Gegenbeispiele) für diese Verfahren an. Eine Übersicht über die Entwicklungsgeschichte dieser Verfahren gibt der Artikel von Loveland in [BL84].

Im folgenden werden wir die Verfeinerungen - soweit dies möglich ist - für den prädikatenlogischen Fall vorstellen und definieren, die Beweise der Widerlegungsvollständigkeit aber meist nur für den aussagenlogischen Fall ausführen. Das Lifting-Theorem und ein für jedes Regelsystem neu zu formulierendes und zu beweisendes Lifting-Lemma sichern dann auch die Widerlegungsvollständigkeit des allgemeinen Falles. Da der didaktische Nutzen einer solchen Übung jedoch gering ist und zudem das Augenmerk von der eigentlichen Idee der jeweiligen Einschränkung ablenkt, verweisen wir hierfür auf die Literatur, beispielsweise auf Chang & Lee [CL73] oder Loveland [Lov78].

3.1 Der Suchraum

3.1.1 Die Level-Saturation-Strategie

Die Tatsache, daß Regelsysteme wie (Res+Fak) oder (Rob) widerlegungsvollständig sind, sagt leider nichts darüber aus, welche Regeln nun tatsächlich auf welche Formel(n) angewendet werden müssen, um den Widerspruch zu finden. Die einfachste *Strategie*, die den Widerspruch *immer* findet, wenn er ableitbar ist, ist *Level-Saturation.* Hierbei werden systematisch alle ableitbaren Formeln dadurch erzeugt, daß man erst alle in *einem* Schritt generierbaren Formeln bildet, dann alle, die in *zwei* Schritten erreichbar sind und so fort. Um diese Methode mit einem beliebigen Regelsystem $\mathcal{R}$ parametrisieren zu können, führen wir folgende Schreibweise ein (X sei dabei eine Formelmenge):

$$\mathcal{R}(X) := \{ C \mid C \text{ entsteht durch einmaliges Anwenden einer Regel aus } \mathcal{R} \text{ auf Formeln aus } X \}$$

Definition (3.1) (Level-Saturation)

Die *Level-Saturation-Strategie* bildet für eine gegebene Formelmenge X und ein gegebenes Regelsystem $\mathcal{R}$ sukzessive die Mengen S_n für $n \in \mathbb{N}$ (S_n nennen wir auch das *n-te Level*):

$$S_0 := X$$
$$S_{n+1} := S_n \cup \mathcal{R}(S_n)$$ ■

In diesem Sinne werden bei Level-Saturation *alle* möglichen Ableitungen parallel erzeugt; man spricht hier deshalb auch von *Breitensuche.* Das bedeutet aber, daß die Anzahl $|S_n|$ der Formeln auf dem *n-ten Level* im allgemeinen dramatisch wächst[1].

Die Widerlegungsvollständigkeit von $\mathcal{R}$ bedeutet dann gerade, daß genau für widersprüchliche Mengen X ein Index n existiert, so daß $\square \in S_n$ ist.

Bei der konkreten Berechnung eines neuen Levels wird man natürlich Regeln nur anwenden, wenn mindestens eine auf dem vorherigen Level erzeugte Formel involviert ist; man würde also folgende (zu der obigen äquivalente) Definition benutzen (die wir hier exemplarisch nur für Klauselmengen und für (Res+Fak) formulieren):

$$S_0 := X$$
$$S_1 := X \cup \mathrm{Res}(X, X) \cup \mathrm{Fak}(X)$$
$$S_{n+1} := S_n \cup \mathrm{Res}(S_n \setminus S_{n-1}, S_n) \cup \mathrm{Fak}(S_n \setminus S_{n-1})$$

(Dabei sei Res(Y, Z) die Menge aller in einem Schritt zwischen Klauseln aus Y und Klauseln aus Z bildbaren Resolventen und Fak(Y) die Menge aller in einem Schritt aus Y entstehenden Faktoren.)

---

[1] An dieser Stelle wollen wir die Lösung der Steamroller-Aufgabe aus Abschnitt 1.6 verraten: Auf dem ersten Level gibt es dort genau 87 Formeln, auf dem zweiten immerhin schon einige hundert, und wir wissen wegen der längsten für den Beweis benötigten Klausel, daß der Widerspruch frühestens auf dem achten (!) Level gefunden werden kann. Zusätzlich sind schon aus der ursprünglichen Formelmenge zehn Faktoren bildbar.

3.1.2 Präferenz-Strategien

Oft liegt es nahe, von der starren Systematik der Level-Saturation-Strategie abzuweichen und bestimmte Regelanwendungen anderen vorzuziehen. Liegt etwa ein widerlegungsvollständiges Regelsystem $\mathcal{R}$ vor, das die eigentliche Basis des verwendeten Verfahrens ist, so kann es dennoch sinnvoll sein, zunächst Regeln eines anderen (korrekten) Systems $\mathcal{T}$ zu benutzen, falls die dabei entstehenden Formeln versprechen, eine Widerlegung zu erleichtern. So könnte die Anwendbarkeit von Regeln aus $\mathcal{T}$ effizienter zu entscheiden und die entstehenden Konklusionen schneller zu berechnen sein; die generierten Formeln könnten auch in einem gewissen Sinne "bessere" Formeln sein - beispielsweise, weil sie eine oder mehrere ihrer Prämissen überflüssig machen. Nun wird $\mathcal{T}$ typischerweise selbst nicht widerlegungsvollständig sein; $\mathcal{R}$-Regelanwendungen sind also unumgänglich, wenn man sicher sein will, mit solch einer *Präferenz-Strategie* vorhandene Widersprüche auch garantiert aufzuspüren. Von vielen Möglichkeiten, diese Idee zu formalisieren, stellen wir hier eine vor:

Definition (3.2) (Präferenz-Strategie)

Eine *Präferenz-Strategie* bildet für eine gegebene Formelmenge X in Abhängigkeit von einer natürlichen Zahl $k > 0$ und zwei Regelsystemen $\mathcal{R}$ und $\mathcal{T}$ sukzessive die Mengen S_n für $n \in \mathbb{N}$:

$$S_0 := X$$

$$S_{n+1} := \begin{cases} S_n \cup \mathcal{R}(S_n) & \text{falls } n+1 \equiv 0 \pmod k \text{ [2]} \\ S_n \cup \mathcal{T}(S_n) & \text{sonst} \end{cases}$$

■

Mit dem Parameter k wird also gesteuert, wie stark man $\mathcal{T}$-Schritte gegenüber $\mathcal{R}$-Schritten bevorzugen möchte. Für jedes k ist aber sichergestellt, daß die entsprechende Präferenz-Strategie alle möglichen $\mathcal{R}$-Schritte zwischen beliebigen Formeln tatsächlich auch irgendwann durchführt - wenn auch stark verzögert. Eine Strategie, die diese Eigenschaft besitzt, nennen wir *fair*. Natürlich lassen sich noch andere Strategien denken, die die Idee der Verzögerung bei Regelanwendungen formalisieren. So kann man etwa jeder einzelnen abgeleiteten Formel eine Nummer zuordnen und dann davon abhängig die Verwendung dieser Formel für neue Schritte steuern; damit ließe sich noch feiner als bei der oben definierten Präferenz-Strategie zwischen den Formeln unterscheiden. In jedem Fall muß für solche Strategien die *Fairness* gezeigt werden, um zu garantieren, daß für ein widerlegungsvollständiges System $\mathcal{R}$ unabhängig vom gewählten System $\mathcal{T}$ auch tatsächlich zu jeder widersprüchlichen Anfangsmenge X ein S_n existiert, für das $\square \in S_n$ gilt. Ein Beispiel soll den Nutzen der Präferenz-Strategie illustrieren:

Beispiel (3.3) (Präferenz-Strategie)

Die folgende (aussagenlogische) Formelmenge soll widerlegt werden:

(1)	P	(4)	$P \wedge S \rightarrow R$
(2)	$P \rightarrow Q$	(5)	$P \wedge Q \rightarrow R \vee S$
(3)	$P \wedge R \rightarrow S$	(6)	$P \wedge Q \wedge R \wedge S \rightarrow F$

[2] d.h. falls n+1 ganzzahliges Vielfaches von k ist

Wir stellen Level-Saturation mit vollem Schnitt einer Präferenz-Strategie gegenüber, die für $\mathcal{R}$ die volle Schnittregel, für $\mathcal{T}$ die (AB)-Regel - die Hornregel - zusammen mit der (CD)-Regel - ihrem negativen Analogon - und als Parameter k=3 benutzt. Man beachte, daß $\mathcal{T}$ selbst nicht widerlegungsvollständig ist (vgl. den Abschnitt 3.3.1 über Unit-Resolution). Es sind jeweils nur die Formeln aufgeführt, die auf dem jeweiligen Level neu hinzukommen:

	Präferenz (k=3)	**Level-Saturation**	
Level 1	(7) Q	(7) - (11) und zusätzlich	
	(8) $R \rightarrow S$	$P \rightarrow R \vee S$	$P \wedge Q \wedge R \rightarrow F$
	(9) $S \rightarrow R$	$P \wedge R \wedge S \rightarrow F$	$P \wedge Q \rightarrow R$
	(10) $Q \rightarrow R \vee S$	$P \wedge Q \rightarrow S$	$P \wedge Q \wedge S \rightarrow F$
	(11) $Q \wedge R \wedge S \rightarrow F$	sowie die Tautologien	
		$P \wedge S \rightarrow S$	$P \wedge Q \wedge S \rightarrow S$
		$P \wedge R \rightarrow R$	$P \wedge Q \wedge R \rightarrow R$
Level 2	(12) $P \rightarrow R \vee S$		
	(13) $P \wedge R \wedge S \rightarrow F$	(14) - (15) und zusätzlich 15 weitere	
	(14) $W \rightarrow R \vee S$	Klauseln, davon 4 Tautologien	
	(15) $R \wedge S \rightarrow F$		

Level 3 Jetzt sind wegen $3 \equiv 0 \pmod 3$ auch bei der Präferenz-Strategie beliebige Schnitte erlaubt, alle Formeln des Levels 1 bei Level-Saturation werden also jetzt auch hier erzeugt, soweit es sie es nicht schon auf Level 1 oder 2 gab. Neu kommen hinzu:

$P \wedge R \rightarrow F$	$Q \wedge R \rightarrow F$	$P \rightarrow F$	$Q \wedge R \rightarrow S$
$P \wedge S \rightarrow F$	$Q \wedge S \rightarrow F$	$Q \rightarrow F$	$Q \wedge S \rightarrow R$
$P \rightarrow R$	$Q \rightarrow R$	$W \rightarrow R$	$W \rightarrow S$
$P \rightarrow S$	$Q \rightarrow S$	$R \rightarrow F$	$S \rightarrow F$
$W \rightarrow R$	$W \rightarrow S$	und keine Tautologie mehr	
$R \rightarrow F$	$S \rightarrow F$		
und zusätzlich 4 Tautologien			

Level 4 Hier erzeugen beide Strategien neben anderen Klauseln $W \rightarrow F$. ∎

Leider entstehen auch bei der Präferenz-Strategie viele unnötige Formeln, speziell in Level 3, den wir aber notwendig brauchen, da die Ausgangsmenge mit den Regeln (AB) und (CD) alleine nicht widerlegbar ist. Neben Tautologien entstehen insbesondere solche Klauseln, die früher erzeugte subsumieren oder von früher erzeugten subsumiert werden[3]. Deshalb werden wir in Abschnitt 3.6, wo wir die Kombination verschiedener Konzepte zur Aufwandsverkleinerung studieren, dieses Beispiel noch einmal rechnen, dann aber zusätzlich mit Elimination sowohl von Tautologien als auch von subsumierten Klauseln.

[3] zu Subsumtion siehe Abschnitt 3.2.4

3.2 Allgemeine Konzepte

Statt eine gegebene Formelmenge auf Widersprüchlichkeit zu untersuchen - beispielsweise mit einem widerlegungsvollständigen Regelsystem - kann es oft von Vorteil sein, die Menge zuerst in eine *kleinere* Menge zu transformieren, die zu ihr äquivalent oder, was im Zusammenhang mit Widersprüchlichkeit ausreicht, erfüllbarkeitsgleich ist. In diesem Abschnitt werden einige derartige Transformationsregeln vorgestellt.

Nun ist es ein Irrtum zu glauben, daß derartige Vereinfachungen der aktuell vorliegenden Formelmenge *während* des Ableitens die Widerlegungsvollständigkeit eines Regelsystems nicht beeinflussen. So ist beispielsweise jede Menge äquivalent - also insbesondere erfüllbarkeitsgleich - zu der Menge, die durch Streichen all der Formeln entsteht, die aus den verbleibenden Formeln logisch folgen. Wird diese Vereinfachung nach jedem Ableitungsschritt angewendet, so fällt (zumindest) die eben erhaltene neue Formel weg - vorausgesetzt das Regelsystem ist korrekt. Die Menge kann also nicht wachsen; die leere Klausel kann man nur erhalten, wenn sie ohnehin in der Ausgangsmenge enthalten war.

3.2.1 Elimination von Tautologien

Diese Transformation beruht auf der simplen Tatsache, daß eine Formelmenge äquivalent ist zu der Menge, die entsteht, wenn man alle *Tautologien* entfernt. Für Klauselmengen läßt sich diese Umformung einfach ausführen, da es hier eine leicht entscheidbare Charakterisierung der Tautologien gibt, deren Beweis wir als Aufgabe empfehlen:

Lemma (3.4)

Eine Klausel C ist eine Tautologie genau dann, wenn sie ein komplementäres Literalpaar enthält, d.h. für mindestens ein Literal L ist $\{L, \neg L\} \subseteq C$. ■

Wir wollen alle Transformationen von Formelmengen in diesem Abschnitt über *Regeln* definieren; bei diesen Regeln stehen als Prämisse und als Konklusion also jeweils *Mengen* von Klauseln.

Definition (3.5) (Elimination von Tautologien)

Sei X eine Klauselmenge, T eine Tautologie. Die Regel

$$(\mathrm{ET}) \qquad \frac{X \cup \{T\}}{X}$$

heißt *Elimination von Tautologien.* ■

Lemma (3.6)

In der Regel (ET) sind Prämisse und Konklusion äquivalent, also erfüllbarkeitsgleich. ■

3.2.2 Pure-Literal-Regel und Unit-Clause-Regel

Während die Elimination von Tautologien für allgemeine prädikatenlogische Formelmengen anwendbar ist, stellen diese Regeln *aussagenlogische* Transformationen dar. Die *Unit-Clause-Regel* ist anwendbar, wenn eine Unit-Klausel in der Formelmenge vorkommt; die *Pure-Literal-Regel* dagegen, falls ein Literal in Klauseln der Menge vorkommt, ohne daß sein Komplement in dieser Formelmenge auftaucht.

Um diese und spätere Regeln bequem formulieren zu können, definieren wir eine Funktion Δ, die als Argument eine Klauselmenge X und ein Literal L hat und die Menge liefert, die aus X entsteht, wenn man *in allen Klauseln* das Literal $\neg L$ entfernt und ebenso *alle Klauseln*, die L enthalten:

$$\Delta(X, L) := \{ C \setminus \{\neg L\} \mid C \in X \text{ und } L \notin C \}$$

Definition (3.7) (Pure-Literal-Regel)

Sei X eine variablenfreie Klauselmenge, L ein variablenfreies Literal. Die Regel

$$\text{(PL)} \qquad \frac{X}{\Delta(X, L)}$$

heißt *Pure-Literal-Regel*, wobei $\neg L$ in keiner Klausel aus X vorkommt, wohl aber L. ∎

Lemma (3.8)

X und $\Delta(X, L)$ sind erfüllbarkeitsgleich, falls das Literal $\neg L$ in keiner Klausel aus X vorkommt.

Beweis

Da $\neg L$ nicht vorkommt, gilt $\Delta(X, L) = X \setminus \{ C \in X \mid L \in C \} \subseteq X$. Also ist jede erfüllende Belegung von X auch eine von $\Delta(X, L)$. Sei umgekehrt eine erfüllende Belegung von $\Delta(X, L)$ gegeben. Daraus wird eine für X, wenn man L mit *wahr* belegt. ∎

Definition (3.9) (Unit-Clause-Regel)

Sei X eine variablenfreie Klauselmenge, L ein ebensolches Literal. Die Regel

$$\text{(UC)} \qquad \frac{X \cup \{\{L\}\}}{\Delta(X,L)}$$

heißt *Unit-Clause-Regel.* ∎

Lemma (3.10)

$X \cup \{\{L\}\}$ und $\Delta(X, L)$ sind erfüllbarkeitsgleich.

Beweis

Bei einer erfüllenden Belegung von $X \cup \{\{L\}\}$ ist L sicherlich mit *wahr* belegt, der Wert von $\neg L$ ist also *falsch;* $C \setminus \{\neg L\}$ hat also denselben Wert wie C. Insgesamt erfüllt diese Belegung also auch $\Delta(X, L)$. Umgekehrt erhält man wie im Beweis zu Lemma (3.8) aus einer erfüllenden Belegung von $\Delta(X, L)$ eine für $X \cup \{\{L\}\}$, wenn man L mit *wahr* belegt. ∎

Obwohl wir die Regeln in diesem Abschnitt nur für den aussagenlogischen Fall formuliert haben, lassen sich Verallgemeinerungen auf allgemeine Klauseln angeben, so daß Analoga zu Lemma (3.8) und (3.10) gelten.
Die modifizierte Regel für (PL) darf man auf X anwenden, falls in Klauseln aus X kein Literal vorkommt, dessen Komplement mit L unifizierbar ist; die Konklusion erhält man dann aus X, indem man alle Klauseln streicht, die L enthalten. (Vgl. das Löschen von Links im Connection-Graph-Verfahren, das in Abschnitt 4.1 beschrieben ist.)
Die der Regel (UC) entsprechende Regel ist ebenso wie (UC) anwendbar, wenn eine Unit-Clause in der vorliegenden Formelmenge enthalten ist; im Ergebnis der Regelanwendung fehlt dann dieses Unit, dafür kommen alle ***Resolventen*** hinzu, die mit diesem Unit gebildet werden können. (Zeige dafür Verallgemeinerungen der Lemmata (3.8) und (3.10)!)

3.2.3 Exkurs: Das Davis-Putnam-Verfahren

In diesem Abschnitt wollen wir ein widerlegungsvollständiges Regelsystem für *variablenfreie* Klauselmengen vorstellen. Es handelt sich dabei ***nicht*** um eine Variante oder um eine Einschränkung der Schnittregel und gehört daher thematisch eigentlich nicht in dieses Kapitel; da das *Davis-Putnam-Verfahren* [DP60] als ein wichtiges Verfahren in der Historie des automatischen Theorembeweisens aber an sich von Interesse ist und es sich zudem leicht mit den bisher in 3.2 vorgestellten Regeln beschreiben läßt, sei hier dieser Exkurs erlaubt.

Das Davis-Putnam-Verfahren benutzt die (jeweils aussagenlogische Form der) Regeln (ET) aus 3.2.1, (PL) und (UC)[4] aus 3.2.2 sowie als vierte Regel die *Splitting-Regel;* diese Regel hat *eine* Klauselmenge als Prämisse, aber *zwei* durch das | -Symbol getrennte Klauselmengen als Konklusion:

Definition (3.11) (Splitting-Regel)
Sei X eine variablenfreie Klauselmenge, L ein ebensolches Literal. Die Regel

(SP) $$\frac{X}{\Delta(X, L) \mid \Delta(X, \neg L)}$$ heißt Splitting-Regel, wobei sowohl L als auch ¬L in Klauseln aus X vorkommen. ∎

Weder Δ(X, L) noch Δ(X, ¬L) ist im allgemeinen erfüllbarkeitsgleich mit X. Es gilt aber immerhin (Beweis als Übung):

Lemma (3.12)
Für ein Grundliteral L ist eine variablenfreie Klauselmenge X ist genau dann widersprüchlich, wenn sowohl Δ(X, L) als auch Δ(X, ¬L) widersprüchlich sind. ∎

---

[4] Davis und Putnam nennen diese Regel *one literal rule.*

Um nun eine gegebene Klauselmenge X_0 mit Hilfe der vier Regeln auf Widersprüchlichkeit zu testen, definieren wir nun einen bestimmten Typ von Ableitungsbäumen:

Definition (3.13) (Davis-Putnam-Baum)

Ein *Davis-Putnam-Baum* für eine variablenfreie Klauselmenge X_0 ist ein Baum, für den gilt:

(1) Jeder Knoten hat *einen* oder *zwei* Nachfolger.

(2) Jeder Knoten ist mit einer *Klauselmenge* markiert, insbesondere die Wurzel mit X_0.

(3) Wenn ein mit X markierter Knoten *einen* mit X' markierten Nachfolger hat, dann ist X' aus X durch Anwendung einer der Regeln (ET), (PL) oder (UC) entstanden.

(4) Wenn ein mit X markierter Knoten *zwei* mit X' bzw. X" markierte Nachfolger hat, dann ist aus X mit der (SP) - Regel X' | X" ableitbar.

Wir nennen einen Davis-Putnam-Baum *geschlossen*, wenn auf keine Menge, die eines seiner Blätter markiert, noch eine der Regeln (ET), (PL), (UC) oder (SP) anwendbar ist. ■

Lemma (3.14)

(i) Jeder Davis-Putnam-Baum für eine endliche Menge ist endlich.

(ii) In jedem geschlossenen Davis-Putnam-Baum ist jedes Blatt entweder mit { } oder mit {□} markiert.

Beweis

(i) Dies folgt sofort daraus, daß jeder Knoten (außer der Wurzel) mit einer Menge markiert ist, die *weniger* Klauseln enthält als die Markierung seines Vorgängers.

(ii) Ist auf eine Menge weder (PL) noch (SP) anwendbar, so kommt jedes Literal weder *ohne* noch *mit* seinem Komplement darin vor - also überhaupt nicht. Die Mengen { } und {□} sind aber die einzigen Mengen ohne Literale. ■

Lemma (3.15)

Eine variablenfreie Klauselmenge X_0 ist

(i) widersprüchlich genau dann, wenn in jedem geschlossenen Davis-Putnam-Baum für X_0 alle Blätter mit {□} markiert sind,

(ii) erfüllbar genau dann, wenn in jedem geschlossenen Davis-Putnam-Baum für X_0 mindestens ein Blatt mit { } markiert ist.

Beweis

Ergibt sich sofort aus den Lemmata (3.6), (3.8), (3.10), (3.12) und (3.14) sowie der Tatsache, daß {□} widersprüchlich und { } erfüllbar ist. ■

Damit erhalten wir ein hübsches *Entscheidungsverfahren* für aussagenlogische Widersprüchlichkeit: wir konstruieren für eine gegebene Klauselmenge einen *beliebigen* geschlossenen Davis-Putnam-Baum und testen, ob alle Blätter mit {□} markiert sind.

Beispiel (3.16) (Davis-Putnam-Verfahren)

Wir zeigen die Widersprüchlichkeit der Formelmenge

$$X_0 = \{ W \to P \vee R \vee S,\ S \to Q,\ P \to R \vee S,\ R \to S,\ S \to F \}$$

durch den folgenden Davis-Putnam-Baum. (Die oben stehende Wurzel ist mit X_0 markiert; die erste Anwendung der Splitting-Regel benutzt das Literal S, die zweite das Literal R.)

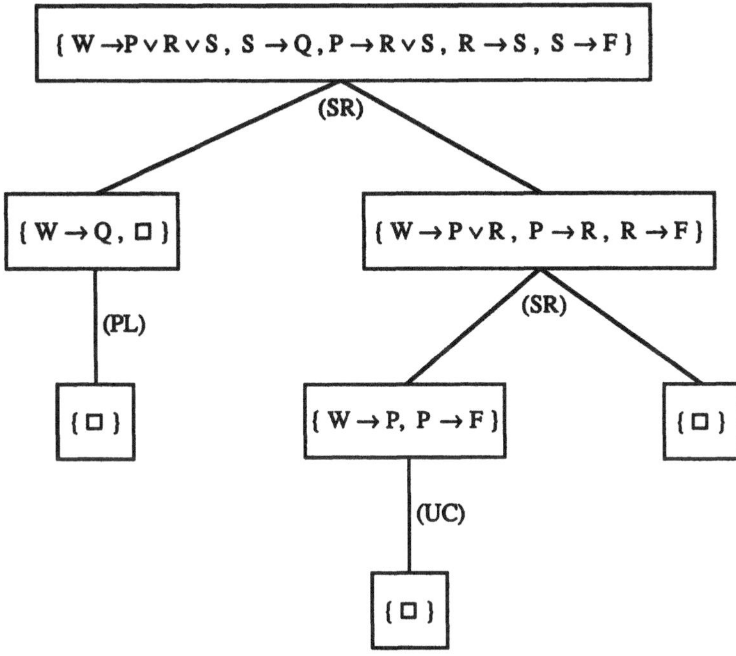

■

Bemerkungen (3.17)

- Wie man am Beweis von Lemma (3.14) sieht, könnte man auf die Regeln (ET) und (UC) generell verzichten. Sie werden aber üblicherweise zum Davis-Putnam-Verfahren dazugenommen, um die Effizienz zu erhöhen: je seltener die Splitting-Regel bemüht werden muß, desto kleiner bleibt der Baum. Oft wird deshalb sogar verlangt, daß (SP) nur angewendet wird, falls weder eine Tautologie noch eine Unit-Clause in der Menge vorkommen.
- Im schlimmsten Fall kann ein Davis-Putnam-Baum *exponentiell* viele Knoten haben, gemessen in der Anzahl der Klauseln an der Wurzel. Bei *worst-case*-Betrachtungen ist das Verfahren deshalb beispielsweise der plumpen Wahrheitstafel-Methode nicht überlegen. ■

3.2.4 Subsumtion

Wir kehren nun wieder zum eigentlichen Thema dieses Abschnitts zurück und lernen eine weitere Möglichkeit kennen, eine gegebene Formelmenge zu vereinfachen, nämlich durch *Elimination von subsumierten Klauseln.*

Optimal wäre es, wenn wir aus der vorliegenden Formelmenge Klauseln streichen könnten, die redundant sind in dem Sinne, daß sie aus den übrigen Formeln *logisch folgen.* (Dann könnten wir insbesondere eine *minimale* äquivalente Formelmenge erhalten.) Nun ist die Folgerung für den prädikatenlogischen Fall aber unentscheidbar; dies gilt sogar für die Frage, ob eine *einzelne* Klausel aus einer anderen folgt, siehe Schmidt-Schauß [Schm88]. (Die *logische Folgerung* ist ja gerade der Gegenstand unserer Bemühungen beim Automatischen Theorembeweisen.) Statt der Folgerung betrachten wir deshalb eine schwächere Relation, die *Subsumtion.*

Definition (3.18) (Subsumtion)

Eine Klausel C *subsumiert* eine Klausel D genau dann, wenn eine Substitution σ existiert, so daß $C\sigma \subseteq D$. (D ist dann die *von* C *subsumierte* Klausel.) ■

Lemma (3.19)

- Wird D von C subsumiert, dann gilt insbesondere $C \models D$.
- In der Aussagenlogik fallen diese Begriffe sogar zusammen. Für variablenfreie C und D gilt:

C subsumiert D genau dann, wenn

$C \subseteq D$ genau dann, wenn

$C \models D$ ■

Daß die Umkehrung im prädikatenlogischen Fall nicht gilt, zeigt das Beispiel

$$C := P(x) \rightarrow P(f(x)) \quad \text{und} \quad D := P(x) \rightarrow P(f(f(x)))$$

Dafür ist die Subsumtion eine *entscheidbare* Relation, da die Unifizierbarkeit von Literalen entscheidbar ist. Das folgende Lemma zeigt eine Möglichkeit der algorithmischen Realisierung:

Lemma (3.20)

Seien C und D Klauseln und N die Menge von (variablenfreien) Units, die entsteht, wenn man D mit Allquantoren abschließt, negiert, pränex macht, skolemisiert und in Klauseln umformt. Dann gilt: C subsumiert D genau dann, wenn eine *lineare*[5] Widerlegung von $N \cup \{C\}$ mit *Start-Center-Clause* C und *Side-Clauses* aus N existiert. ■

Da es nur endlich viele solcher linearen Ableitungen gibt, kann man auch damit ein Entscheidungsverfahren für die Subsumtion erhalten.

Leider ist die Subsumtion - so wie oben definiert - nicht mit der Faktorisierung verträglich: jeder Faktor wird von seiner Elternklausel subsumiert. Würde man nun stets subsumierte Formeln

[5] *Lineare Resolution* und die dazugehörigen Begriffe lernen wir im Abschnitt 3.3.2 kennen.

sofort aus der Klauselmenge streichen, so könnten zum Widerlegen notwendige Faktoren (vgl. Abschnitt 2.2) verlorengehen. Um diesen Effekt zu verhindern, definieren wir:

Definition (3.21) (starke Subsumtion)
C *subsumiert* D *stark* gdw. C subsumiert D und $|C| \leq |D|$. ∎

Abschließend formulieren wir auch dieses Konzept als Regel:

Definition (3.22)
Sei X eine Klauselmenge, C und D Klauseln. Die Regel

$$\text{(ES)} \qquad \frac{X \cup \{C, D\}}{X \cup \{C\}}$$

heißt *Elimination von subsumierten Klauseln*, wobei D von C stark subsumiert wird. ∎

Lemma (3.23)
In der Regel (ES) sind Prämisse und Konklusion äquivalent. ∎

3.2.5 Kompatibilität von Ableitungen mit Vereinfachungsregeln

Alle in den Abschnitten 3.2.1, 3.2.2 und 3.2.4 vorgestellten Vereinfachungsregeln lassen sich sicherlich mit Gewinn auf eine gegebene Formelmenge anwenden, *bevor* überhaupt versucht wird, mit einem Regelsystem daraus weiter Formeln abzuleiten. In diesem Abschnitt wollen wir nun noch die Frage diskutieren, ob sich eventuell diese *Transformationsregeln für Formelmengen* mit den *Ableitungsregeln für Formeln* in dem Sinne kombinieren lassen, daß immer wieder *während* des Ableitens die dann aktuell vorliegende Formelmenge solchen Vereinfachungsregeln unterworfen wird. Auf der Basis der Level-Saturation-Strategie läßt sich diese Idee präziser formulieren: wir bilden sukzessive (für gegebene Formelmenge X und Regelsystem $\mathcal{R}$) die Mengen T_n ($n \in \mathbb{N}$) wie folgt:

$$T_0 := \text{Simpl}(X)$$
$$T_{n+1} := \text{Simpl}(T_n \cup \mathcal{R}(T_n))$$

Dabei steht Simpl(M) für eine Menge, die dadurch entstanden ist, daß auf M solange die benutzten Vereinfachungsregeln angewendet wurden, bis dies nicht mehr weiter möglich war. Deshalb ist Simpl(M) im allgemeinen nicht eindeutig bestimmt. Für (ET), die Elimination von Tautologien, ist Simpl aber sogar eine Funktion.

Wir nennen $\mathcal{R}$ *kompatibel* mit den Vereinfachungsregeln, falls genau für widersprüchliche Mengen X ein Index n existiert, so daß $\square \in T_n$ ist. Wir werden später widerlegungsvollständige Regelsysteme kennenlernen, die nicht kompatibel mit elementaren Vereinfachungen sind; hier ist also Vorsicht geboten. (So wird in Abschnitt 3.6 gezeigt, daß *Lock-Resolution* nicht kompatibel mit (ET) ist.) Allerdings gilt:

Satz (3.24)

Die Regelsysteme (Res+Fak) bzw. (Rob) sind kompatibel mit (ET), mit (ES) und mit (ET+ES). ∎

Wir verzichten auf einen ausführlichen Beweis und stellen stattdessen zwei fundamentale Lemmata vor, mit deren Hilfe ein solcher Beweis leicht möglich ist. Das erste Lemma zeigt, daß die (Schnitt-)Ableitungsrelation bezüglich der Subsumtion *monoton* ist: Ersetzt man in einer Ableitung Blätter durch "bessere" Formeln, d.h. Formeln, die die alten Blätter subsumieren, so läßt sich aus der dadurch erhaltenen Menge sicher ein mindestens genau so "gutes" Ergebnis ableiten, nämlich eines, das das alte Ergebnis subsumiert.
Damit läßt sich als zweites Lemma zeigen, daß Tautologien in Widerlegungen an keiner Stelle vorzukommen brauchen. Eliminiert man Tautologien allerdings in beliebigen Ableitungen, so ändert sich eventuell das Ergebnis; es wird aber höchstens "besser" im Sinne der Subsumtion.

Definition (3.25) (Subsumtion auf Mengen)

Eine Klauselmenge X *subsumiert* eine Klauselmenge Y genau dann, wenn für alle $D \in Y$ ein $C \in X$ existiert, so daß C die Klausel D subsumiert. ∎

Lemma (3.26) (Monotonie der Ableitungsrelation bzgl. der Subsumtionsquasiordnung)

Sei Y eine Klauselmenge, D eine Klausel mit $Y \vdash_{Res+Fak} D$, weiterhin X eine Klauselmenge, die Y subsumiert.

Dann existiert eine Klausel C mit $X \vdash_{Res+Fak} C$, die D subsumiert.

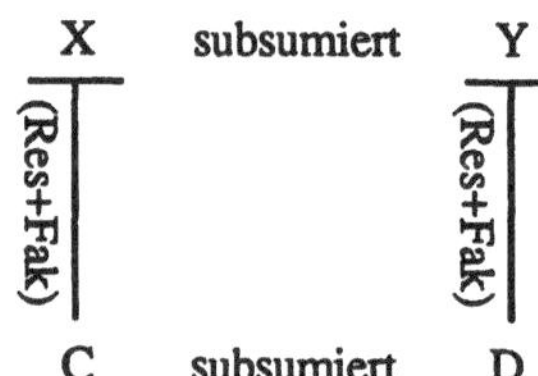

Beweis

Wir behandeln den variablenfreien Fall, der allgemeine Fall ergibt sich mit Lifting-Argumenten. Betrachten wir lokal den Schnitt zweier Klauseln D_1 und D_2 über ein Literal L zu

$$G := (D_1 \setminus \{L\}) \cup (D_2 \setminus \{\neg L\}).$$

Seien C_1 und C_2 zwei Klauseln, die D_1 bzw. D_2 subsumieren (d.h. $C_1 \subseteq D_1$ und $C_2 \subseteq D_2$).

Fall 1 $L \in C_1$ und $\neg L \in C_2$:
Dann ist der Schnitt von C_1 und C_2 über L zu $(C_1 \setminus \{L\}) \cup (C_2 \setminus \{\neg L\}) \subseteq G$ möglich.

Fall 2 $L \notin C_1$ oder $\neg L \notin C_2$: Hier ist $C_1 \subseteq G$ oder $C_2 \subseteq G$, d.h. G wird bereits von C_1 oder C_2 subsumiert.

Setzt man diese Überlegung per Induktion auf Ableitungen fort, so ergibt sich die Behauptung. ∎

Korollar (3.27)

Gelte $Y \vdash_{Res+Fak} \square$ und X subsumiere Y. Dann ist $X \vdash_{Res+Fak} \square$. ∎

Lemma (3.28) (Eliminierbarkeit von Tautologien)

Zu jeder (Res+Fak)-Ableitung einer Klausel D gibt es eine (Res+Fak)-Ableitung aus derselben Formelmenge, in der keine Tautologie vorkommt und die eine Klausel C ableitet, die D subsumiert.

Beweis

Wieder untersuchen wir nur den aussagenlogischen Fall. Eine tautologische Klausel T enthält nach Lemma (3.4) ein komplementäres Literalpaar $\{L, \neg L\}$. Schneidet man T über L mit einer Klausel C, so wird das Ergebnis $(T \setminus \{L\}) \cup (C \setminus \{\neg L\})$ von C wegen $\neg L \in T$ subsumiert. Mit Hilfe von Lemma (3.26) lassen sich daher alle Tautologien sukzessive aus dem Ableitungsbaum entfernen (Beweis per Induktion). ■

Korollar (3.29)

Zu jeder (Res+Fak)-Widerlegung von X existiert eine Widerlegung von X, die keine Tautologien enthält. ■

3.3 Strukturelle Konzepte

Unter der Bezeichnung *strukturelle Konzepte* wollen wir solche Einschränkungen zusammenfassen, die als Prämissen eines Resolutions-Schrittes nur solche Klauseln zulassen,

(i) deren äußere Gestalt bestimmten Kriterien genügt
(Beispiel: Mindestens eine der beiden Klauseln darf nur ein Literal enthalten.)

oder (ii) deren Herkunft im Rahmen des Ableitungsvorganges bestimmten Kriterien genügt.
(Beispiel: Mindestens eine der beiden Klauseln muß der ursprünglichen Formelmenge entstammen.)

Die geforderten Kriterien sind also entweder *lokal*, d.h. sie lassen sich bei einer konkreten Regelanwendung durch Inspektion lediglich der beteiligten Formeln entscheiden, oder aber *global*, d.h. die *Geschichte* des Ableitungsvorganges bis zum Zeitpunkt des anstehenden Schnittes wird ganz oder teilweise berücksichtigt. Wir werden sehen, daß man durch geschickte Wahl der Restriktion bestimmte einfache Strukturen des Ableitungsbaumes erzwingen kann (z.B. eine "kammförmige" Ableitung). Den Namen "strukturelle" Konzepte für die hier behandelten Verfeinerungen haben wir gewählt, um deutlich zu machen, daß es dabei stets um die (aussagenlogische) äußere Gestalt der Formeln bzw. der Ableitungsbäume geht.

Beispiel (3.30)

Die Formelmenge $\{ W \to P,\ W \to R,\ P \wedge Q \to F,\ R \wedge S \to F,\ P \wedge R \to Q \vee S \}$ ist widersprüchlich. Die "Struktur" der folgenden Widerlegung genügt beiden oben genannten Beispielkriterien in (i) und (ii) :

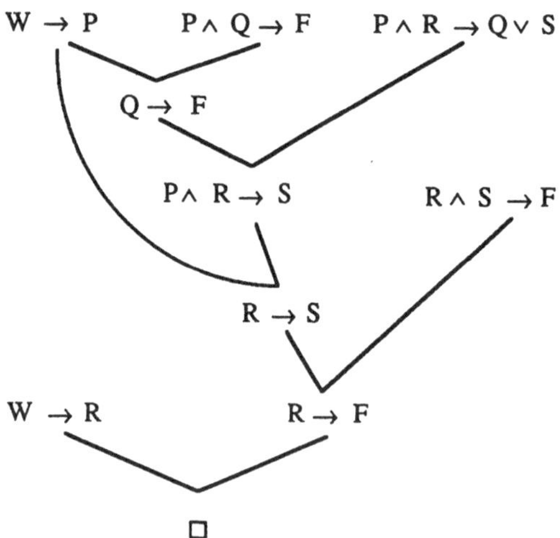

■

3.3.1 Unit-Resolution und Input-Resolution

Ist bei einem Schnitt eine Unit-Klausel beteiligt, so ist die entstehende Konklusion um ein Literal kleiner als die andere beteiligte Prämisse. Eine Widerlegung, die ausschließlich solche *Unit-Resolutionen* enthält, kann also höchsten aus so vielen Schnitten bestehen, wie Literalvorkommnisse in der Ausgangsmenge enthalten waren. Leider zerstört diese Einschränkung die Widerlegungsvollständigkeit für allgemeine Klauseln; zumindest für einen wichtigen Formeltyp aber bleibt sie erhalten, nämlich für Hornformeln.

Definition (3.31) (Unit-Resolution)

Unit-Resolution erlaubt einen Schnitt genau dann, wenn mindestens eine der beteiligten Formeln eine Unit-Klausel ist. Als Regelsystem formuliert, besteht (*Unit*) also genau aus der (AB)-Regel - der Hornregel - und der (CD)-Regel, ihrem negativen Pendant, vgl. Abschnitt 1.3.2.

■

Satz (3.32)

Das Regelsystem (Unit+Fak) ist korrekt. Es ist widerlegungsvollständig für Hornformeln, nicht jedoch für allgemeine Klauseln.

Beweis

Für die Widerlegungsvollständigkeit siehe Bemerkung (1.51). Daß (Unit) nicht fürs Widerlegen allgemeiner Klauseln ausreicht, zeigt das folgende Beispiel, auf das wir in späteren Abschnitten und Kapiteln noch mehrfach zurückkommen werden:

$$X_2 := \{ P \wedge Q \rightarrow F,\ P \rightarrow Q,\ Q \rightarrow P,\ W \rightarrow P \vee Q \}$$

ist widersprüchlich, enthält jedoch keine Unit-Klausel. ■

Input-Resolution verbietet Schnitte zwischen Klauseln, die beide selbst erst durch Schnitte entstanden sind. Obwohl sich diese Verfeinerung in diesem Sinne lokal formulieren läßt, hat sie doch Auswirkungen auf die Gestalt der entstehenden Ableitungsbäume: sie bestehen aus einem einzigen langen Pfad, in den einzelne Schnitte mit Formeln der Ausgangsmenge münden.

Definition (3.33) (Input-Resolution)

Input-Resolution für eine gegebene Formelmenge X erlaubt einen Schnitt genau dann, wenn mindestens eine der beteiligten Formeln aus der ursprünglich zu widerlegenden Menge X stammt.

■

Beispiele (3.34)

- Das Beispiel zu Beginn dieses Abschnitts ist gleichermaßen ein Beispiel für Unit- wie für Input-Resolution.
- Erstaunlicherweise ist sogar unsere 44-Schritte-Widerlegung von Schubert's Steamroller in der Einleitung eine Unit-Widerlegung, obwohl dort eine echte Gentzenformel vorkommt. Diese Ableitung ist allerdings keine Input-Ableitung. ■

Satz (3.35)

Das Regelsystem (Input+Fak) ist korrekt. Es ist widerlegungsvollständig für Hornformeln, nicht jedoch für allgemeine Klauseln.

Beweis

Folgt aus Satz (3.31) zusammen mit dem folgenden, ziemlich überraschenden Lemma, das 1970 von Chang bewiesen wurde. ∎

Lemma (3.36) (Äquivalenz von Unit- und Input-Resolution)

Für variablenfreie Klauselmengen X gilt $X \vdash_{\text{Unit+Fak}} \square$ gdw. $X \vdash_{\text{Input+Fak}} \square$.

Beweis

Sei X eine widersprüchliche Menge von Klauseln und bezeichne A die Menge der in X vorkommenden Atome. Wir führen den Beweis durch Induktion über die Mächtigkeit von A .

$|A| = 0$

Ist X widersprüchlich, so gilt $X = \{\square\}$ und $\{\square\}$ ist sowohl Unit- als auch Input-widerlegbar.

$|A| > 0$

"$\Rightarrow$" Wenn es eine Unit-Widerlegung gibt, dann muß X mindestens eine Unit-Klausel enthalten (falls nicht schon $\square \in X$ ist), sagen wir $\{L\}$. Wir bilden jetzt die Menge $\Delta(X, L)$[6], d.h. wir löschen alle Klauseln aus X , die das Literal L enthalten und schneiden $\neg L$ aus allen verbliebenen Klauseln heraus. $\Delta(X, L)$ ist auch Unit-widerlegbar (Beweis zur Übung), also nach Induktionsannahme Input-widerlegbar, denn sie enthält nur noch höchstens n verschiedene Atome. Diese Input-Widerlegung modifizieren wir, indem wir das Literal $\neg L$ in alle Klauseln wieder einsetzen, aus denen es gestrichen wurde. Setzt man diesen Prozeß über den ganzen Ableitungsbaum fort, so entsteht eine Input-Ableitung von $\square$ oder von $\{\neg L\}$[7]. Im ersten Fall sind wir fertig, anderenfalls schneiden wir noch einmal mit $\{L\}$ und erhalten ebenfalls eine Input-Widerlegung.

"$\Leftarrow$" Jede Widerlegung von X schneidet im letzten Schritt zwei Units, von denen bei einer Input-Ableitung sicherlich eines aus X stammt, sagen wir $\{L\}$. Wieder betrachten wir $\Delta(X, L)$. Um zu zeigen, daß diese Menge Input-widerlegbar ist, nutzt man aus, daß jede Klausel, die das Literal L neben anderen enthält, von $\{L\}$ subsumiert wird, in einer Widerlegung von X also nicht vorzukommen braucht. Deshalb müssen beim Übergang von X zu $\Delta(X, L)$ aus einer solchen Input-Widerlegung neben dem Löschen der Vorkommnisse von $\neg L$ nur noch Blätter mit $\{L\}$ gestrichen werden, es entsteht erneut eine Input-Widerlegung. $\Delta(X, L)$ ist damit nach Induktionsannahme also auch Unit-widerlegbar. Nun stammt aber jede Klausel in $\Delta(X, L)$ entweder aus X oder sie ist das Ergebnis eines Unit-Schnittes zwischen einer Klausel aus X und $\{L\}$. Also ist auch X Unit-widerlegbar. ∎

Bemerkung (3.37) (Unit-Resolution ohne Faktorisierung bei Hornformeln)

Unit-Resolution bleibt selbst dann widerlegungsvollständig für Hornformeln, wenn man auf Faktorisierung verzichtet. Statt über ein durch Faktorisieren entstandenes Literal zu schneiden könnte man nämlich stattdessen auch durch sukzessive Unit-Schnitte die faktorisierten Literale einzeln wegschneiden; man beachte, daß dafür die Widerlegung eventuell umstrukturiert werden muß. ∎

---

6 siehe Abschnitt 3.2.2

7 vgl. das Konsistenz-Lemma (1.50)

3.3.2 Lineare Resolution

Mit *linearer Resolution* lernen wir nun erstmals eine Verfeinerung der Resolution kennen, die von der Geschichte des Ableitungsvorganges Gebrauch macht: Ausgehend von einem ersten Schnitt sind künftige Schnitte nur dann zulässig, wenn eine der beteiligten Klauseln die im Schnitt direkt zuvor erzielte Konklusion ist. Diese Restriktion läßt sich also nicht mehr - wie etwa Unit-Resolution - lokal an einer Regelanwendung festmachen, sondern nur im Kontext der bereits zuvor geschehenen Ableitungsschritte definieren; die zugrundeliegende Regel ist hier also stets unbeschränkter Schnitt. Lineare Resolution wurde 1968 unabhängig von Loveland und Luckham vorgestellt.

Definition (3.38) (Lineare Ableitung)
Sei X eine Klauselmenge, sei $C_1, C_2, \ldots, C_k$ eine Folge von Klauseln, so daß für alle i mit $1 < i \leq k$ die Klausel C_i durch einen Schnitt zwischen C_{i-1} und $X \cup \{ C_1, C_2, \ldots, C_{i-1} \}$ entsteht.
Dann sagen wir, daß C_k durch eine *lineare Ableitung* (oder: mit *linearer Resolution*) aus X entstanden ist; die Klauseln C_j $(1 \leq j \leq k)$ heißen *Center-Clauses*, C_1 heißt *Start-Center-Clause* dieser Ableitung. Im Falle $C_k = \square$ sprechen wir von einer *linearen Widerlegung* von X. ■

Bemerkungen (3.39)

- Jede Input-Ableitung ist insbesondere auch eine lineare Ableitung. Lineare Resolution verallgemeinert also Input-Resolution zu einem widerlegungsvollständigen Verfahren.
- Beachte, daß der Schnitt der Klausel C_{i-1} mit sich selbst erlaubt ist.
- Die neben den Center-Clauses an der Ableitung beteiligten Klauseln werden oft auch *Side-Clauses* genannt. ■

Die Einschränkung auf lineare Ableitungen bewahrt glücklicherweise die Widerlegungsvollständigkeit. Allerdings wird man nicht erwarten können, daß jede beliebige Klausel einer vorliegenden Formelmenge als Start-Center-Clause einer Widerlegung geeignet ist; selbst wenn die Menge widersprüchlich ist, so kann sie doch Formeln enthalten, die zu einem Widerspruch nichts beitragen. Die Auswahl der Start-Center-Clause bedarf also im allgemeinen geeigneter Heuristiken oder bestimmter Einschränkungen der Ausgangsformelmenge. Immerhin gilt aber, daß jede (!) Formel aus einer minimal widersprüchlichen[8] Teilmenge der Ausgangsmenge Start-Center-Clause einer Widerlegung werden kann.

Beispiel (3.40) (Lineare Resolution)
Die Formelmenge X_2 aus dem Beweis zu (3.32) läßt sich mit linearer Resolution widerlegen; wir wählen dabei willkürlich die Formel $P \wedge Q \rightarrow F$ als Startklausel:

[8] Eine Formelmenge X heißt *minimal widersprüchlich*, wenn sie selbst widersprüchlich, jede echte Teilmenge aber erfüllbar ist.

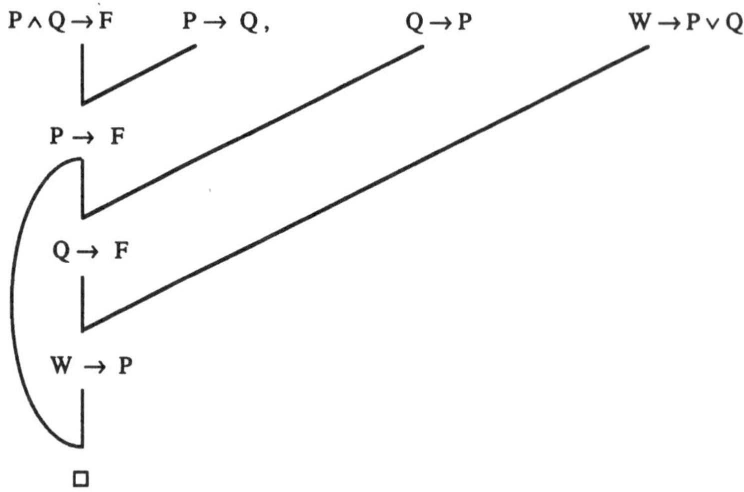

■

Satz (3.41)

Jede widersprüchliche Klauselmenge ist linear widerlegbar.

Beweis

Sei D eine Widerlegung von X mit unbeschränkter Resolution. Wir transformieren nun D in eine lineare Ableitung, wobei jedes (!) Blatt in D mögliche Start-Center-Clause sein kann. Dazu beweisen wir ein lokales Vertauschbarkeitslemma (3.42); diese lokale Umordnung kann man mit Hilfe von Lemma (3.26) per Induktion auf den gesamten Ableitungsbaum D fortsetzen und erhält eine lineare Ableitung. ■

Lemma (3.42) (Vertauschbarkeit von Resolutionsschritten)

Seien C_0, B_1 und B_2 variablenfreie Klauseln, B Resolvente von B_1 und B_2, C Resolvente von B und C_0. Dabei stamme o.B.d.A. das Literal in B, über das C_0 mit B geschnitten wird aus B_1.

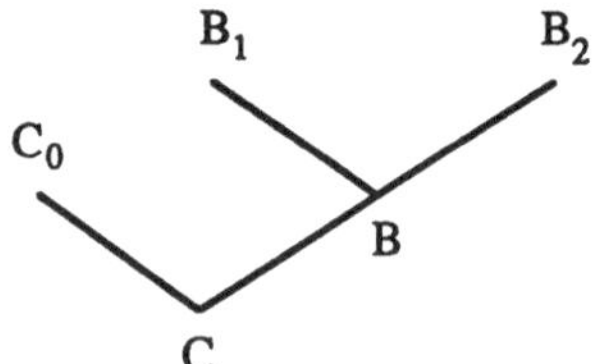

Dann läßt sich diese Ableitung in eine lineare Ableitung mit Start-Center-Clause C_0 transformieren, die eine der beiden folgenden Gestalten hat, wobei $G \subseteq C$ gilt:

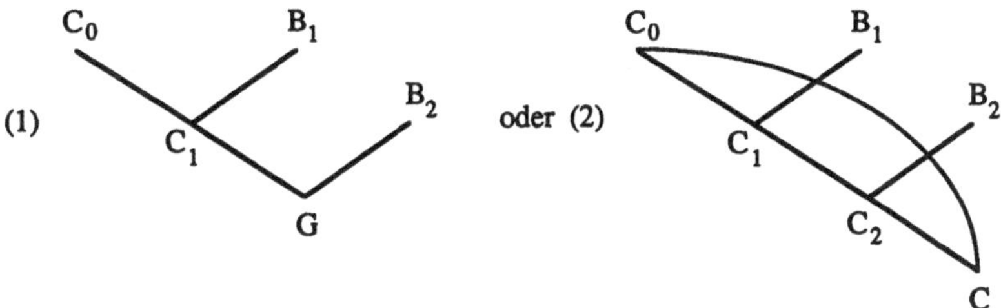

Beweis

Der Beweis wird nur dadurch aufwendig, daß die Literale, über die geschnitten wird, in mehreren beteiligten Klauseln vorkommen können; betrachten wir also alle möglichen Situationen: Sei $L_B \in B_1$ das Literal, über das B_1 mit B_2 zu $B = (B_1 \setminus \{L_B\}) \cup (B_2 \setminus \{\neg L_B\})$ geschnitten wird und $L_C \in B$ das Literal, über das B mit C_0 zu $C = (C_0 \setminus \{\neg L_C\}) \cup (B \setminus \{L_C\}) = (C_0 \setminus \{\neg L_C\}) \cup (B_1 \setminus \{L_B, L_C\}) \cup (B_2 \setminus \{\neg L_B, L_C\})$ geschnitten wird.
Also läßt sich wegen $L_C \in B_1$ sicher C_0 mit B_1 direkt zu $C_1 = (C_0 \setminus \{\neg L_C\}) \cup (B_1 \setminus \{L_C\})$ schneiden. Da L_C nach Voraussetzung aus B_1 stammt und damit nicht das aus B_1 herausgeschnittene L_B sein kann, ist L_B auch in $B_1 \setminus \{L_C\}$ enthalten, also in C_1. Deshalb ist sicher ein Schnitt von C_1 mit B_2 über L_B zu
$C_2 = (C_1 \setminus \{L_B\}) \cup (B_2 \setminus \{\neg L_B\}) = (C_0 \setminus \{L_B, \neg L_C\}) \cup (B_1 \setminus \{L_B, L_C\}) \cup (B_2 \setminus \{\neg L_B\})$ möglich.

<u>Fall 1</u> $L_C \notin B_2$ oder $L_C = \neg L_B$: Wir wählen $G := C_2$; offensichtlich ist dann $G \subseteq C$.

<u>Fall 2</u> $L_C \in B_2$ und $L_C \neq \neg L_B$: Hier schneiden wir C_2 noch über L_C mit C_0 zu $(C_0 \setminus \{\neg L_C\}) \cup (C_2 \setminus \{L_C\}) = C$. ∎

3.3.3 Exkurs: Logisches Programmieren

Wir wollen hier kurz auf die Beziehungen zwischen linearer Resolution und den Grundprinzipien des *logischen Programmierens* hinweisen, wie sie beispielsweise der Programmiersprache PROLOG zugrundeliegen. Dort geht man von einem *logischen Programm* als einer Menge von nichtnegativen Hornformeln aus und versucht dann, eine existentielle Formel damit zu beweisen.

Genauer: Sei P eine Menge von nichtnegativen Hornformeln[9], seien $A_1, \dots, A_n$ Atome; dann wird hier die Frage " $P \models \exists\bar{x}\,(A_1 \wedge \dots \wedge A_n)$? " gestellt[10]. Bekanntlich gilt:

$$
\begin{array}{ll}
 & P \models \exists\bar{x}\,(A_1 \wedge \dots \wedge A_n) \\
\text{gdw.} & P \cup \{\, \forall\bar{x}\, \neg(A_1 \wedge \dots \wedge A_n) \,\} \models \square \\
\text{gdw.} & P \cup \{\, A_1 \wedge \dots \wedge A_n \rightarrow F \,\} \vdash_{LinRes} \square
\end{array}
$$

9 PROLOG-Syntax notiert Hornformeln $A_1 \wedge \dots \wedge A_n \rightarrow B$ umgedreht als $B \leftarrow A_1 \wedge \dots \wedge A_n$.

10 dabei stehe $\bar{x}$ für alle in $A_1 \wedge \dots \wedge A_n$ vorkommenden Variablen

Bei einer linearen Widerlegung von $P \cup \{ A_1 \wedge ... \wedge A_n \rightarrow F \}$ kann $A_1 \wedge ... \wedge A_n \rightarrow F$ als Start-Center-Clause fungieren, da diese Formel die einzige vorkommende negative Klausel ist, in einem minimal widersprüchlichen Teil der Menge also sicherlich enthalten ist (Mengen, die ausschließlich nichtnegative Hornformeln enthalten, können nicht widersprüchlich sein.). Diese Formel wird als *Zielklausel* oder *Goal* bezeichnet.
In einer solchen Ableitung sind alle Center-Clauses negativ und alle Side-Clauses aus P, da die Konklusion eines Schnittes, bei dem eine negative Hornformel beteiligt ist, wieder negativ wird und da nie zwei negative Hornformeln miteinander geschnitten werden können. Es liegt also sogar eine Input-Widerlegung vor. (Hier erkennt man die (BD)-Regel aus Kapitel 1 wieder, daher auch die Bezeichnung *PROLOG-Regel.*)

Betrachten wir als Beispiel das Programm P, das aus den beiden folgenden Hornformeln besteht: (Die Signatur geht aus den Formeln hervor; "PLUS(k, m, n)" steht für " k + m = n ", "s" für die einstellige Nachfolgeroperation (*successor*) auf natürlichen Zahlen.)

$$W \rightarrow PLUS(0, y, y)$$
$$PLUS(x, y, z) \rightarrow PLUS(s(x), y, s(z))$$

Uns interessiert, ob $P \models \exists z\, PLUS(s(s(0)), s(0), z)$ zutrifft (d.h. die Frage: "Existiert eine natürliche Zahl, die die Summe von 2 und 1 ist?"), wir suchen also eine Widerlegung von P zusammen mit $PLUS(s(s(0)), s(0), z) \rightarrow F$:

$PLUS(s(s(0)), s(0), z) \rightarrow F$ $\qquad$ $PLUS(x, y, z) \rightarrow PLUS(s(x), y, s(z))$

$\sigma_1 = \begin{bmatrix} z \\ s(z_1) \end{bmatrix}$

$PLUS(s(0), s(0), z_1) \rightarrow F$ $\qquad$ $PLUS(x, y, z) \rightarrow PLUS(s(x), y, s(z))$

$\sigma_2 = \begin{bmatrix} z_1 \\ s(z_2) \end{bmatrix}$

$PLUS(0, s(0), z_2) \rightarrow F$ $\qquad$ $W \rightarrow PLUS(0, y, y)$

$\sigma_3 = \begin{bmatrix} z_2 \\ s(0) \end{bmatrix}$

$\square$

Die gefundene Input-Widerlegung[11] liefert nun aber mehr als nur eine positive Antwort auf die gestellte Frage; wir können aus der Ableitung sogar konstruktiv einen Term bestimmen, der für die Summe von 2 und 1 steht: s(s(s(0))) , also 3 . Dabei bestimmt man die bei den einzelnen Schnitten benutzten allgemeinsten Unifikatoren, schränkt sie auf die in den entsprechenden Center-Clauses vorkommenden Variablen ein (das sind die σ_i im Beispiel), komponiert diese Substitutionen von oben nach unten und schränkt zuletzt noch auf die Variablen des Goals ein. Diesen Prozeß nennt man auch *Antwortextraktion.* Im Beispiel erhält man

[11] die neuen Variablen z_i sind durch Umbenennungen entstanden

$$\sigma = \sigma_1 \sigma_2 \sigma_3 |_{\{z\}} = \begin{bmatrix} z \\ s(s(s(0))) \end{bmatrix}$$

als sogenannte *Antwortsubstitution*. Wir haben damit sogar $P \models$ PLUS(s(s(0)), s(0), s(s(s(0)))) bewiesen, da die oben gefundene Widerlegung sofort dadurch zu einer Widerlegung von P zusammen mit PLUS(s(s(0)), s(0), s(s(s(0)))) $\rightarrow$ F wird, daß man die entsprechenden Substitutionen auf den Center-Clauses spezialisiert. Als Beispiel für eine Anfrage, die eine Antwortsubstitution mit Variablen liefert, betrachte man

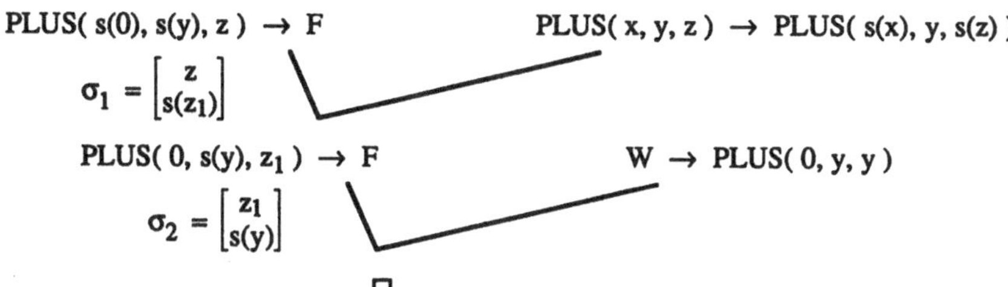

Der Leser überlege selbst, wie hierbei die Anwortsubstitution $\sigma = \sigma_1 \sigma_2 |_{\{z\}} = \begin{bmatrix} z \\ s(s(y)) \end{bmatrix}$ entsteht.

Wir wollen hier weder auf SLD-Resolution, eine weitere Verfeinerung der Input-Resolution durch ein Ordnungskonzept, vgl. Abschnitt 3.4.1, noch auf die in PROLOG verwendete (unvollständige) Suchstrategie eingehen. Eine ausführliche Darstellung der Theorie der logischen Programmierung findet man bei Lloyd [Llo84/87], gute Beschreibungen der Programmiersprache PROLOG mit Ausblicken in die Theorie bei Clocksin und Mellish [CM81] und Sterling und Shapiro [SS86].

Zum Schluß konstatieren wir nur noch zwei Ergebnisse:

Satz (3.43) (*Korrektheit* der extrahierten Antworten)

Sei σ die aus einer Widerlegung des Goals $A_1 \wedge ... \wedge A_n \rightarrow F$ mit dem logischen Programm P extrahierte Antwortsubstitution.

Dann gilt $P \models \sigma(A_1 \wedge ... \wedge A_n)$. ∎

Satz (3.44) (*Vollständigkeit* der Antwortextraktion)

Seien σ eine Substitution, P ein logisches Programm und $A_1 ,..., A_n$ Atome, so daß $P \models \sigma(A_1 \wedge ... \wedge A_n)$.

Dann existiert eine Input-Widerlegung von $P \cup \{ A_1 \wedge ... \wedge A_n \rightarrow F \}$, so daß für die daraus extrahierte Antwortsubstitution τ gilt $\tau \leq \sigma$. ∎

3.4 Ordnungskonzepte

Ein wichtiges Konzept zur Verfeinerung der Resolutionsregel basiert auf der Idee, den Klauseln mittels einer Ordnung *mehr* Struktur zuzuordnen, als sie als Mengen besitzen. Mit dieser zusätzlichen Struktur kann man weitere potentielle Resolventen ausschließen. Denkbare Realisierungen dieser Idee sind etwa Ordnungen auf der Menge aller Prädikatensymbole, auf den Literalen jeder einzelnen Klausel oder auch auf den Klauseln der gesamten Formelmenge.
Allgemein werden Ordnungskonzepte etwa bei Loveland [Lov78] diskutiert. Um den Begriff einer Ordnung im Kontext der Resolution sinnvoll einzuschränken, wird dort gefordert, daß in jedem Zustand des Suchraums die Ordnung für jede vorliegende Formel berechenbar und eindeutig bestimmt ist sowie invariant unter Substitutionen (speziell unter Umbenennungen) bleibt. Explizit erlaubt soll es aber sein, identische Klauseln aus unterschiedlichen Zuständen der Suche auch unterschiedlich zu ordnen.

Wir wollen uns in diesem Abschnitt auf den Fall konzentrieren, wo die Literale innerhalb der Klauseln geordnet werden. Dazu führen wir zunächst *Resolution mit geordneten Klauseln* ein, danach *Lock-Resolution*, die Boyer 1971 in seiner Dissertation vorgestellt hat. Als ein Beispiel für die globale Ordnung von Prädikatensymbolen lernen wir *semantische Clashes mit Ordnung* später in Abschnitt 3.6.2 kennen.

3.4.1 Resolution mit geordneten Klauseln

Um die Ordnung auf den Literalen einer Klausel bequem notieren und manipulieren zu können, wird diese Menge als *Liste* behandelt. Wir folgen der Konvention, *kleinere* Elemente weiter *links* in die Liste einzutragen.

Definition (3.45)
Sei $C = \{L_1, L_2, \dots, L_n\}$ eine Klausel, $<$ eine totale Ordnung auf der Menge der in ihr vorkommenden Literale mit $L_1 < L_2 < \dots < L_n$. Dann heißt die dadurch eindeutig festgelegte Liste von Literalen $(L_1, L_2, \dots, L_n)$ *geordnete Klausel* (*zu* C). ■

In einer *Ableitung mit geordneten Klauseln* finden nur solche Resolutionsschritte statt, bei denen das resolvierte Literal in mindestens einer Elternklausel das dort größte war. Das Ergebnis entsteht, indem die verbleibenden Listen konkateniert werden und bei mehrfach auftretenden Literalen die jeweils größeren gestrichen werden (*merging left*). Genauer:

Definition (3.46) (Resolution mit geordneten Klauseln)
Unter der Bezeichnung *Resolution mit geordneten Klauseln* fassen wir die folgenden beiden Regeln zusammen:
(RO1) Seien $(L_1, \dots, L_n)$ und $(N_1, \dots, N_i, \dots, N_m)$ geordnete Klauseln und die Literale L_n und N_i mit dem mgu σ unifizierbar. *Resolution mit geordneten Klauseln* erlaubt dann den

Schritt zu der geordneten Klausel, die aus $(L_1\sigma, \ldots , L_{n-1}\sigma, N_1\sigma, \ldots , N_{i-1}\sigma, N_{i+1}\sigma, \ldots , N_m\sigma)$ dadurch entsteht, daß alle Listenelemente gestrichen werden, die weiter links noch einmal auftreten.

(RO2) Ist σ eine faktorisierende Substitution einer Klausel und $(L_1, \ldots , L_n)$ die zugehörige geordnete Klausel, so erlaubt *Faktorisierung mit geordneten Klauseln* analog den Schritt zu der geordneten Klausel, die aus $(L_1\sigma, \ldots , L_n\sigma)$ durch Streichen größerer Einträge entsteht. ■

Satz (3.47) (Widerlegungsvollständigkeit von Resolution mit geordneten Klauseln)

Eine Klauselmenge X ist genau dann widersprüchlich, wenn es für jede Menge von geordneten Klauseln zu X eine Widerlegung durch Resolution und Faktorisierung mit geordneten Klauseln gibt. ■

Resolution mit geordneten Klauseln wird in Abschnitt 3.6.3 um weitere Konzepte angereichert; der Vollständigkeitsbeweis dafür findet sich bei Chang & Lee [CL73].

Beispiel (3.48) (Resolution mit geordneten Klauseln)

Wir transformieren die Formelmenge aus Beispiel (3.3) in eine Menge von geordneten Klauseln (die Ordnung ist willkürlich gewählt)

(1)	(P)	(4)	$(\neg P, \neg S, R)$
(2)	$(\neg P, Q)$	(5)	$(\neg P, \neg Q, R, S)$
(3)	$(\neg P, \neg R, S)$	(6)	$(\neg P, \neg Q, \neg R, \neg S)$

und widerlegen sie wie folgt:

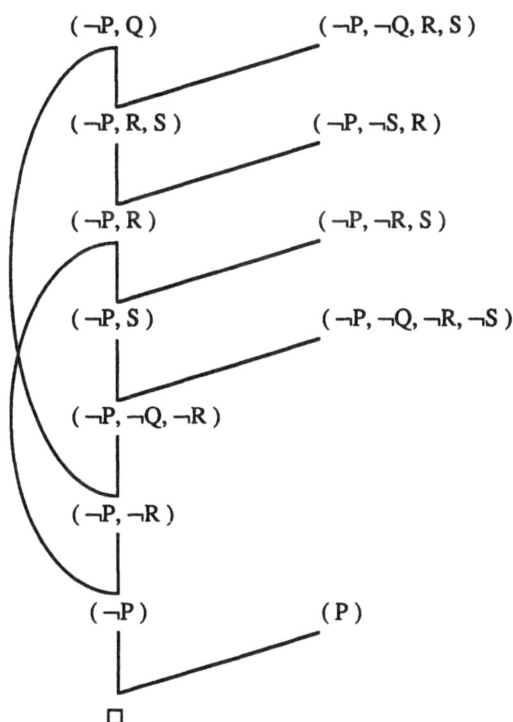

■

3.4.2 Lock-Resolution

Diese Resolutionsvariante schränkt die möglichen Ableitungsschritte drastisch ein und bewahrt zudem die Widerlegungsvollständigkeit. Lock-Resolution setzt eine Funktion voraus, die jedem Literalvorkommnis aus der aktuell vorliegenden Formelmenge eine natürliche Zahl zuordnet - den *Index* des Literals - und zwar in Abhängigkeit von der Klausel, in der es vorkommt. Schnitte sind dann nur noch erlaubt, wenn die wegfallenden komplementären Literale jeweils in ihrer Klausel den niedrigsten dort vorkommenden Index haben.
(Hat das Literal L in einer Klausel den Index i, so schreiben wir dafür im Kontext der entsprechenden Klausel kurz ${}_iL$.)

Definition (3.49) (Lock-Resolution)

- *Lock-Resolution* erlaubt einen Schnitt zwischen zwei Klauseln $A \to B \vee {}_iP$ und ${}_jP \wedge C \to D$ (nach einer eventuellen Unifikation) genau dann, wenn i der kleinste in $A \to B \vee {}_iP$, j der kleinste in ${}_jP \wedge C \to D$ vorkommende Index ist.

Dabei erhält ein Literal in der entstehenden Konklusion $A \wedge C \to B \vee D$ den Index, den es in der Prämisse hatte, aus der es stammt; Literale, die in beiden Prämissen vorgekommen sind, erhalten den kleineren der beiden ursprünglichen Indizes zugeordnet (*merging low*).

- Für die *Lock-Faktorisierung* fordern wir analog, daß merging-low auf den entstehenden Faktor angewendet werden muß. ∎

Beispiel (3.50) (Lock-Resolution)

Wir widerlegen die Menge X_2 mit einer Lock-Ableitung; die Indizierung wählen wir dabei wie angegeben:

(1) $W \to {}_3P \vee {}_4Q$

(2) ${}_2P \wedge {}_1Q \to F$

(3) ${}_1P \to {}_2Q$

(4) ${}_3Q \to {}_4P$

Auf dem ersten Level entsteht aus (1) und (3) die Formel (5) $W \to {}_2Q$, ansonsten ist kein Schnitt möglich. Auf dem zweiten Level sind zwei Schnitte erlaubt; wir erhalten (6) ${}_2P \to F$ aus (2) und (5) sowie (7) $W \to {}_4P$ aus (4) und (5). Auf dem dritten Level erhalten wir dann damit schließlich den Widerspruch. ∎

Satz (3.51) (Widerlegungsvollständigkeit von Lock-Resolution)

Sei X eine widersprüchliche Klauselmenge mit einer beliebigen Indizierung. Dann existiert eine Widerlegung von X mit Lock-Resolution und Lock-Faktorisierung.

Beweis

Wir zeigen $X \vdash_{Lock} \square$ für widersprüchliche Mengen X von variablenfreien Klauseln durch Induktion über $size(X) := (\sum_{C \in X} |C|) - |X|$.

size(X) = 0 Also besteht X nur aus Units. Da X widersprüchlich ist, existieren Klauseln $W \rightarrow {}_iP$ und ${}_jP \rightarrow F$ in X. Ein Lock-Schnitt liefert □.

size(X) > 0 Also existiert mindestens eine Klausel in X, die mehr als ein Literal enthält. Sei max der höchste Index, der in irgendeiner Klausel vorkommt, die mindestens zwei Literale enthält und C eine solche Klausel, in der L_{max} vorkomme. Wir definieren

$$X_1 := (X \setminus \{C\}) \cup \{C \setminus \{L_{max}\}\} \qquad \text{und} \qquad X_2 := (X \setminus \{C\}) \cup \{\{L_{max}\}\} .$$

Da X widersprüchlich war, sind es X_1 und X_2 ebenfalls (Aufgabe).
Wegen $size(X_1) < size(X)$ und $size(X_2) < size(X)$ existieren Lock-Ableitungen D_1 und D_2 des Widerspruchs aus X_1 bzw. X_2. Fügen wir überall in D_1 das herausgenommene L_{max} wieder ein und modifizieren die Ableitung entsprechend, so erhalten wir eine Ableitung von □ oder $\{L_{max}\}$; das ist sogar eine Lock-Ableitung, denn max ist der größte vorkommende Index, die Anwesenheit von L_{max} verhindert also keinen Schnitt. Haben wir □ erhalten, sind wir fertig. Falls $\{L_{max}\}$ abgeleitet wurde, können wir aber D_2 benutzen und ebenfalls □ ableiten. ■

3.5 Semantische Konzepte

In diesem Abschnitt beschäftigen wir uns damit, wie man *semantische* Information über eine insgesamt widersprüchliche Formelmenge dazu benutzen kann, den Suchaufwand zu verringern. Zur Motivation erinnern wir noch einmal kurz an die Hornformel-Welt: hier kann an sich auf lineare Widerlegungen beschränken, bei denen in jedem Schnitt eine negative mit einer nicht-negativen Hornformel geschnitten wird. Eine zielorientierte Suche wird Schnitte zwischen zwei nichtnegativen Hornformeln also gar nicht vornehmen und dabei trotzdem widerlegungsvollständig bleiben. Bei allgemeinen Klauseln sehen Ableitungen nicht ganz so einfach aus, dennoch liegt die Idee nahe, etwa anhand einer *Interpretation* die Formelmenge in einen "*positiven*" und einen "*negativen*" Anteil zu spalten, so daß beispielsweise innerhalb des positiven Anteils nicht resolviert zu werden braucht. Wir präsentieren hier neben diesem Grundkonzept *semantische Resolution* noch zwei eng damit verwandte Vertreter dieser Klasse von Verfahren, *Set-of-Support* und *semantische Clashes.*

3.5.1 Semantische Resolution

Definition (3.52) (Semantische Resolution[12])

Sei $\mathcal{M}$ eine Struktur über einer Signatur Σ. *Semantische Resolution unter* $\mathcal{M}$ erlaubt eine Resolution zweier Σ-Klauseln genau dann, wenn mindestens eine ihrer Prämissen in $\mathcal{M}$ nicht gültig ist. ∎

Satz (3.53) (Widerlegungsvollständigkeit semantischer Resolution)

Sei X eine widersprüchliche Klauselmenge, $\mathcal{M}$ eine Struktur über der zugehörigen Signatur. Dann ist X mit semantischer Resolution unter $\mathcal{M}$ und Faktorisierung widerlegbar.

Beweis

Für variablenfreie Klauselmengen X zeigen wir die Behauptung durch Induktion über die Mächtigkeit der Menge A der in X vorkommenden Atome.

$|A|=0$ Da X widersprüchlich ist, muß $X = \{\square\}$ sein.

$|A|>0$ Wir wählen ein Atom P in A und dasjenige Literal $L \in \{P,\neg P\}$, das in $\mathcal{M}$ wahr ist. Nach Lemma (3.12) sind die Mengen $\Delta(X, L)$ und $\Delta(X, \neg L)$ auch widersprüchlich und besitzen somit nach Induktionsvoraussetzung Widerlegungen, die die obige Einschränkung erfüllen. Die Widerlegung von $\Delta(X, L)$ modifizieren wir, indem wir das Literal $\neg L$ überall wieder einsetzen, wo es gestrichen wurde. Genau wie im Beweis von Lemma (3.36) erhält man eine Ableitung von $\square$ (dann sind wir fertig) oder von $\{\neg L\}$, die auch unserer Bedingung genügt: Da $\neg L$ falsch ist, kann dieses Literal eine falsche Klausel nicht wahr machen, wenn es (disjunktiv) hinzugefügt wird. Haben wir $\{\neg L\}$ erhalten, so bauen wir damit die Widerlegung von $\Delta(X, \neg L)$ zu einer Widerlegung von X um: Alle Formeln aus $\Delta(X, \neg L)$, die nicht schon

[12] Beachte, daß andernorts, etwa in [CL73], die in Abschnitt 3.5.2 vorgestellten *semantischen Clashes mit Ordnung* als *semantische Resolution* bezeichnet werden.

in X sind, können wir durch einen Schnitt zwischen der entsprechenden Klausel in X und $\{\neg L\}$ generieren; diese Schnitte enthalten mindestens eine falsche Prämisse, nämlich $\{\neg L\}$, und wir haben unser Ziel erreicht.
Um nun das Ergebnis in die Prädikatenlogik zu liften, benötigt man noch die folgende Tatsache: Sei C eine Klausel, σ eine Substitution; dann gilt C in $\mathcal{M}$ nicht, falls $C\sigma$ in $\mathcal{M}$ nicht gilt. (Details als Aufgabe) ∎

Bemerkungen (3.54)
(i) Satz (3.53) liefert also insbesondere einen alternativen Beweis für die Widerlegungsvollständigkeit der *positiven Resolution* bzw. der *negativen Resolution* (jeweils zusammen mit Faktorisierung), die dem positiven bzw. dem negativen Schnitt entsprechen; bei positiver Resolution muß also mindestens eine Prämisse nur aus positiven Literalen, bei negativer Resolution entsprechend nur aus negativen bestehen. Wähle dazu eine Struktur, in der alle Prädikate konstant *wahr* liefern, alle gültigen Klauseln also nur aus positiven Literalen bestehen können bzw. eine Struktur, in der die Prädikate konstant *falsch* sind.

(ii) Im aussagenlogischen Fall spezialisiert sich die Bedingung in Definition (3.52) dadurch, daß "nicht gültig" durch "falsch" zu ersetzen ist. Hier kann also sogar gefordert werden, daß in jedem Schnitt *genau eine* wahre und *genau eine* falsche Prämisse beteiligt ist: Da das Literal, über das geschnitten wird, in der falschen Klausel falsch sein muß, so ist sein Komplement in der anderen Klausel sicherlich wahr - damit diese ganze Klausel. ∎

3.5.2 Set-of-Support

Das *Set-of-Support-Verfahren* verbietet Schnitte innerhalb einer zuvor gekennzeichneten *erfüllbaren* Teilmenge der zu widerlegenden Formelmenge.

Definition (3.55) (Set-of-Support)
Sei X eine Klauselmenge, S eine Teilmenge von X derart, daß $X \setminus S$ erfüllbar ist. Eine Ableitung mit dem Resolutionskalkül heißt *Set-of-Support-Ableitung* mit *Support* S, wenn bei jedem Resolutionsschritt höchstens eine der Prämissen aus $X \setminus S$ ist. ∎

Die Set-of-Support-Variante trifft keine Aussage darüber, wie man die erfüllbare Teilmenge von X aussondert. Im variablenfreien Fall kann man etwa eine Interpretation I der atomaren Formeln angeben und als Support S die Formeln wählen, die unter I falsch werden; I definiert dadurch mit Sicherheit ein Modell von $X \setminus S$. Entsprechend kann man im prädikatenlogischen Fall die in einer beliebig gewählten Struktur gültigen Formeln in $X \setminus S$ aufnehmen. Will man zeigen, daß aus einer großen erfüllbaren Formelmenge - etwa einem gegebenen Axiomensystem - eine oder wenige Formeln logisch folgen, so eignet sich sicher gerade die Menge der durch Negation der Behauptung(en) entstandenen Formeln als Set-of-Support. Für eine weitere Erörterung des Problems, geeignete Support-Mengen auszuwählen, verweisen wir auf [Wos88]. Ursprünglich stammt dieses Verfahren von Wos, G.A. Robinson & Carson, 1964.

Beispiel (3.56) (Set-of-Support)

Sei $X := \{ P, P \to Q, P \wedge Q \to R, R \to F \}$ und bestehe der Support S nur aus der letzten Formel $R \to F$ (die übrigen drei positiven Formeln sind offensichtlich erfüllbar). Wir stellen Set-of-Support zum Vergleich der uneingeschränkten Resolution gegenüber und rechnen im Sinne der Level-Saturation-Strategie:

	Set-of-Support	**Ohne Einschränkung**
Level 1	$P \wedge Q \to F$	zusätzlich Q, $Q \to R$ und $P \to R$
Level 2	$Q \to F$ und $P \to F$	zusätzlich R
Level 3	□ (über P)	□ entsteht hier auch über Q sowie über R

■

Schon bei solch kleinen Beispielen kann durch Vermeiden der Schnitte in geeignet gewählten erfüllbaren Formelmengen ein Gewinn erzielt werden, erst recht natürlich bei großen erfüllbaren Axiomenmengen und vergleichsweise wenigen Behauptungen. Darüber hinaus ist Set-of-Support widerlegungsvollständig; dies ergibt sich direkt als Korollar aus der Widerlegungsvollständigkeit semantischer Resolution.

Satz (3.57) (Widerlegungsvollständigkeit von Set-of-Support)

Sei X eine widersprüchliche Klauselmenge, S eine Teilmenge von X, so daß $X \setminus S$ erfüllbar ist. Dann existiert eine Set-of-Support-Widerlegung von X mit Set-of-Support S.

Beweis

Wähle ein Modell von $X \setminus S$ und wende Satz (3.53) an. ■

3.5.3 Semantische Clashes

Die Idee zur Bildung sogenannter *Clashes* aus mehreren Klauseln resultiert aus folgender Beobachtung überflüssigen Aufwandes beim Generieren abgeleiteter Klauseln:

Beispiel (3.58)

Die Klauseln (1) P, (2) Q und (3) $P \wedge Q \wedge R \to F$ mögen Bestandteil einer zu widerlegenden Formelmenge sein. Wir führen alle möglichen Schnitte aus:

Level 1	(4)	$Q \wedge R \to F$	aus (1) und (3)
	(5)	$P \wedge R \to F$	aus (2) und (3)

Level 2 Hier entsteht (6) $R \to F$ sowohl aus (2) und (4) als auch aus (1) und (5).

Unnötig war dabei, einmal erst P und danach Q, und zum zweiten erst Q und dann P aus der Formel (3) zu schneiden. Geschickt wäre es, beide Schritte "simultan" zu machen:

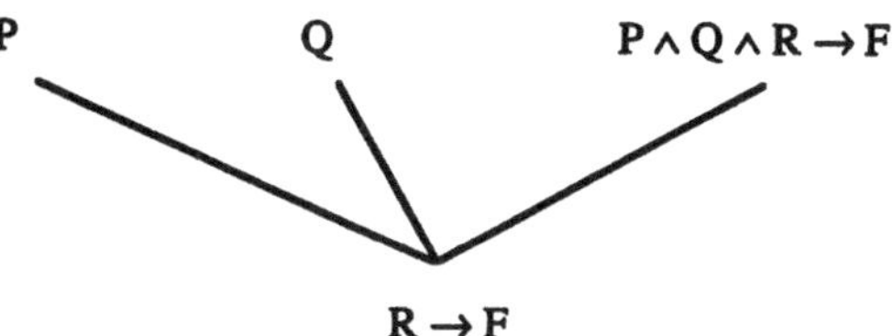

■

So etwas nennen wir einen *Clash*. *Semantische Clashes* fassen nun Schritte mit semantischer Resolution zusammen; zusätzlich fordert man, daß auch das Ergebnis des Clashes in der Struktur nicht gilt.

Definition (3.59) (Semantische Clashes)

Sei $\mathcal{M}$ eine Struktur über der zugrundeliegenden Signatur. Die Klauselfolge $(E_1,\ldots, E_n, N)$ mit $n \geq 1$ heißt dann *semantischer Clash unter* $\mathcal{M}$, falls eine Klauselfolge $(R_0, R_1,\ldots, R_n)$ existiert, so daß

(1) $R_0 = N$ und R_i Resolvente von E_i und R_{i-1} (bzw. deren Faktoren) für alle $1 \leq i \leq n$ ist,

(2) E_i in $\mathcal{M}$ nicht gültig ist für alle $1 \leq i \leq n$,

(3) R_n in $\mathcal{M}$ nicht gültig ist.

R_n ist dann die Konklusion des Clashes; die E_i werden auch als *Elektronen*, N als *Nukleus* bezeichnet.

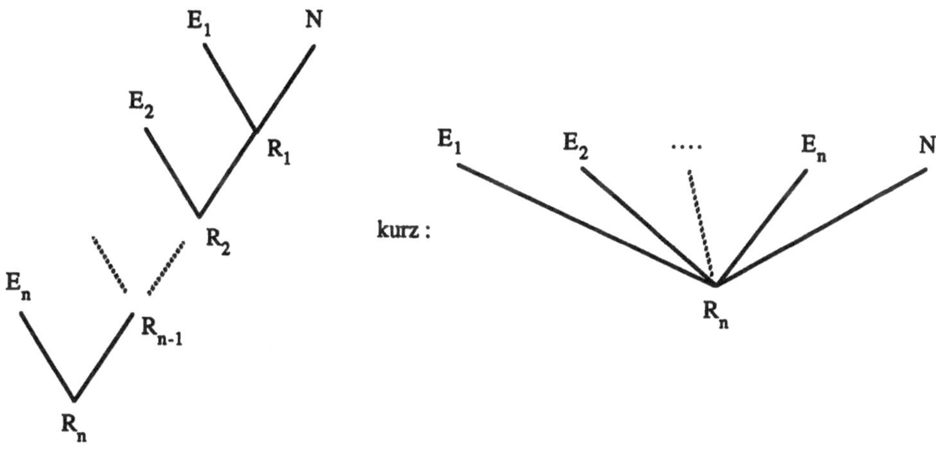

■

Beispiel (3.60) (Semantischer Clash)

Sei $\mathcal{M}$ eine Struktur, in der das Prädikatensymbol S zu wahr interpretiert wird, die Symbole P, Q, R und T zu falsch. Dann ist

$$(W \to P,\ W \to R,\ W \to Q \vee T,\ P \wedge Q \wedge R \wedge S \to F)$$

ein semantischer Clash mit Konklusion $S \to T$.

■

Satz (3.61)

Sei X eine widersprüchliche Klauselmenge, $\mathcal{M}$ eine Struktur über der zugehörigen Signatur. Dann existiert eine Widerlegung von X mit semantischen Clashes unter $\mathcal{M}$.

Beweis

Dieser Satz ist ein einfaches Korollar zu Satz (3.53). Dazu zeigt man etwa per Induktion, daß sich jede Ableitung einer in $\mathcal{M}$ nicht gültigen Klausel mit semantischer Resolution in semantische Clashes unter $\mathcal{M}$ zerlegen läßt; dies gilt dann insbesondere auch für die leere Klausel. ■

Bemerkungen (3.62)

(i) Bei allem Gewinn, den semantische Clashes versprechen, sollte der kritische Leser aber nicht übersehen, daß das Auffinden solcher Clashes recht aufwendig sein kann. Immerhin gilt, daß durch jede Permutation der Elektronen eines Clashes wiederum ein semantischer Clash unter derselben Struktur und mit derselben Konklusion entsteht. (Beweis als Aufgabe; spezialisiere dazu Lemma (3.42) geeignet.) Ein Clash mit n Elektronen repräsentiert also n! verschiedene Ableitungen seiner Konklusion.

(ii) Wählt man spezielle Strukturen wie in Bemerkung (3.54.i), so erhält man die sogenannte *positive* (bzw. *negative*) *Hyperresolution* von J.A. Robinson 1965.

(iii) Mit der in Bemerkung (3.54.ii) angestellten Überlegung sieht man, daß im aussagenlogischen Falle der Nukleus stets wahr sein muß; im prädikatenlogischen Fall ist der Nukleus dagegen nicht zwangsläufig gültig in der gewählten Struktur. ■

3.6 Kombination von Konzepten

Nachdem wir in den vorigen Abschnitten eine Reihe von Ideen kennengelernt haben, wie man den Widerlegungs-Suchraum beschränken kann - oftmals sogar unter Erhalt der Widerlegungs-vollständigkeit - liegt nun die Frage nahe, inwieweit man diese Konzepte miteinander kombinieren kann, um diesen positiven Effekt noch zu verstärken. Warum sollte man nicht gleichzeitig Tautologien und subsumierte Klauseln eliminieren, eine lineare Ableitung erzwingen, dabei nur Schnitte über die im Sinne irgendeiner Ordnung größten Literale erlauben und das auch nur dann, wenn höchstens eine der beiden jeweils zu resolvierenden Formeln zu einer vorher bestimmten erfüllbaren Teilmenge der zu widerlegenden Formelmenge gehört. Nun, selbst wenn man auf Widerlegungsvollständigkeit zu verzichten bereit wäre, wird die entstehende Ableitungsrelation schlicht zu schwach und damit unbrauchbar sein: In vielen Fällen ist dann nicht einmal mehr ein einziger Schnitt zulässig.

Wir wollen in diesem Abschnitt eine kleine Auswahl von naheliegenden Mischkonzepten präsentieren. Einige davon sind tatsächlich widerlegungsvollständig, bei anderen werden wir durch Beispiele das Gegenteil nachweisen können.

Beginnen wir zunächst mit dem illustrativen Beispiel (3.3), wobei wir die dort gewählte Unit-Präferenz-Strategie nun mit den Vereinfachungskonzepten (ET) und (ES) überlagern.

Beispiel (3.63) (Unit-Präferenz mit Elimination von Tautologien und subsumierten Klauseln)
Die Formelmenge aus Beispiel (3.3) soll widerlegt werden:

(1)	P	(4)	$P \wedge S \rightarrow R$
(2)	$P \rightarrow Q$	(5)	$P \wedge Q \rightarrow R \vee S$
(3)	$P \wedge R \rightarrow S$	(6)	$P \wedge Q \wedge R \wedge S \rightarrow F$

Wir wählen wie zuvor k=3 für die Unit-Präferenz-Strategie, erlauben aber zusätzlich die Elimination von Tautologien (ET) und subsumierten Klauseln (ES) nach jedem Level:

Level 1 (Unit-Resolution)

(7)	Q	(subsumiert Formel (2))
(8)	$R \rightarrow S$	(subsumiert Formel (3))
(9)	$S \rightarrow R$	(subsumiert Formel (4))
(10)	$Q \rightarrow R \vee S$	(subsumiert Formel (5))
(11)	$Q \wedge R \wedge S \rightarrow F$	(subsumiert Formel (6))

Somit haben wir nach Level 1 und der erstmaligen Anwendung von (ES) nur noch die Formeln (1) und (7) - (11) übrig.

Level 2 (Unit-Resolution)

(14)	$W \rightarrow R \vee S$	(subsumiert Formel (10))
(15)	$R \wedge S \rightarrow F$	(subsumiert Formel (11))

Übrig bleiben also nun die Formeln (1), (7) - (9), (14) und (15). (Zu bemerken wäre hierbei noch, daß die beiden Unit-Klauseln (1) und (7) ebenfalls überflüssig geworden sind und etwa mit der Pure-Literal-Rule entfernt werden könnten.)
Der aufmerksame Leser erkennt sofort, daß es sich bei der Formelmenge { (8), (9), (14), (15) } um die Menge X_2 aus (3.32) handelt, die bekanntlich nicht Unit-widerlegbar ist. Wegen $3 \equiv 0$ (mod 3) dürfen wir jetzt aber auch beliebig schneiden:

Level 3 (volle Resolution)

(T1)	$S \rightarrow S$	(Tautologie)
(20)	$W \rightarrow S$	(subsumiert die Formeln (8) und (14))
(T2)	$R \rightarrow R$	(Tautologie)
(21)	$R \rightarrow F$	(subsumiert die Formeln (8) und (15))
(22)	$W \rightarrow R$	(subsumiert die Formeln (9) und (14))
(23)	$S \rightarrow F$	(subsumiert die Formeln (9) und (15))

Übrig bleiben also, neben (1) und (7), nur (20), (21), (22) und (23) nach dem dritten Level.

Level 4 (Unit-Resolution)

Es entsteht sofort □ (auf zwei Arten) und sonst keine Klausel. ■

Bemerkungen (3.64)

- Die Leistungsfähigkeit dieser Kombination gegenüber dem einfachen Unit-Präferenz-Verfahren aus Abschnitt 3.1.2 (oder etwa gegenüber unbeschränkter Resolution) wirkt erdrückend. Der kritische Leser möge sich jedoch Beispiele überlegen, wo kein so auffälliger Unterschied besteht.
- Im Zusammenhang mit *Unit-Resolution* besonders hervorzuheben ist die Eigenschaft, daß im variablenfreien Fall stets die Resolvente eine Eltern-Klausel subsumiert: im Falle zweier Units subsumiert □ beide Units, im allgemeinen Fall die Resolvente die beteiligte Nicht-Unit-Klausel. Der aufwendige Test auf Subsumtion kann hierbei also entfallen. ■

3.6.1 Nicht widerlegungsvollständige Kombinationen

Beispiel (3.65) (Lock-Resolution und Elimination von Tautologien)

Dieses Beispiel zeigt, daß man nicht einmal die simple Elimination von Tautologien gefahrlos mit irgendwelchen Resolutions-Verfeinerungen kombinieren kann. Die Menge X_2 liefert uns hier ein passendes Gegenbeispiel mit der folgenden "geeigneten" Lock-Indizierung:

(1) $W \rightarrow {}_1P \vee {}_2Q$

(2) ${}_3P \wedge {}_4Q \rightarrow F$

(3) ${}_6P \rightarrow {}_5Q$

(4) ${}_7Q \rightarrow {}_8P$

Genau zwei Lock-Schnitte sind möglich, nämlich (1) mit (2) über P und (3) mit (4) über Q; beide ergeben allerdings Tautologien, die folglich sofort eliminiert werden: Die Widerlegung scheitert. (Die Schnitte (1)-(2) über Q, (1)-(3), (1)-(4), (2)-(3), (2)-(4) sowie (3)-(4) über P sind wegen der Wahl der Indizierung unzulässig.) Hier hätten Tautologien also wirklich weitergeholfen - Lock-Resolution ist schließlich widerlegungsvollständig -, nämlich um geeignete Indizes in andere Klauseln zu transportieren, die dann weitere Lock-Schnitte erlaubt hätten. ■

Beispiel (3.66) (Lock-Resolution und Set-of-Support)

Auch hier kann X_2 als Gegenbeispiel dienen. Mit einer neuen Lock-Indizierung und einer Set-of-Support-Interpretation, die P und Q wahr macht, erhalten wir

(1) $W \rightarrow {}_3P \vee {}_4Q$

(2) ${}_2P \wedge {}_1Q \rightarrow F$

(3) ${}_1P \rightarrow {}_2Q$

(4) ${}_3Q \rightarrow {}_4P$

und nur (2) ist im Support. Unglücklicherweise ist der einzig mögliche Lock-Schnitt aber zwischen (1) und (3), so daß hier überhaupt nicht geschnitten werden kann, wenn beide Restriktionen kombiniert werden. ■

Beispiel (3.67) (Unit Resolution und Set-of-Support für Hornformeln)

Leider verhindert die Set-of-Support-Strategie auch die Vollständigkeit der Unit-Resolution für Hornformeln. Betrachte die Menge $\{ P, P \rightarrow Q, Q \rightarrow F \}$ und wähle die beiden nicht-negativen Hornformeln als sicherlich erfüllbare Teilmenge, also $Q \rightarrow F$ als Formel im Support; damit wird gerade der einzig mögliche Unit-Schnitt verhindert. ■

Die Liste unvollständiger Kombinationen ließe sich noch weiter fortsetzen; wir wollten hier nur die Intuition und die Vorsicht unserer Leser dafür schärfen, daß auch schon elementare Kombinationen den Verlust der Widerlegungsvollständigkeit bewirken können.

3.6.2 Semantische Clashes mit Ordnung

Hier werden semantische Clashes um ein Ordnungskonzept angereichert. Wir haben dieses in der Literatur (etwa [CL73]) auch unter der Bezeichnung *PI-Clashes* bekannte Verfahren in Abschnitt 3.5 ohne Ordnung als *semantische Clashes* vorgestellt, um die zugrundeliegenden einzelnen Konzepte systematischer zu erschließen.

Definition (3.68) (Semantische Resolution und semantische Clashes mit Ordnung)

Sei $\mathcal{M}$ eine Struktur über einer Signatur Σ, $<$ eine Ordnung auf den in Σ vorkommenden Prädikatensymbolen. *Semantische Resolution unter $\mathcal{M}$ mit Ordnung* $<$ erlaubt einen Resolutionsschritt zwischen zwei Σ-Klauseln genau dann, wenn mindestens eine seiner Prämissen

(1) in $\mathcal{M}$ nicht gültig ist und

(2) kein Prädikatensymbol enthält, das (bezüglich $<$) größer ist als das Prädikatensymbol des Literals, über das geschnitten wird[13].

Ein semantischer Clash unter $\mathcal{M}$ heißt *semantischer Clash unter $\mathcal{M}$ mit Ordnung* $<$, falls auf alle seine Elektronen die Bedingungen (1) und (2) zutreffen. ∎

Beispiel (3.69)

In der Struktur $\mathcal{M}$ sei nur S wahr (beachte, daß ein aussagenlogisches Beispiel vorliegt), nicht aber P, Q, R und T. Dann ist

$$(W \to P ,\ W \to R ,\ W \to Q \vee T ,\ P \wedge Q \wedge R \wedge S \to F)$$

ein semantischer Clash mit Konklusion $S \to T$. Hier liegt ein semantischer Clash mit einer Ordnung $<$ immer genau dann vor, wenn nicht $Q < T$ zutrifft. ∎

Satz (3.70) (Widerlegungsvollständigkeit semantischer Resolution mit Ordnung)

Sei X eine widersprüchliche Klauselmenge, $\mathcal{M}$ eine Struktur über der zugehörigen Signatur und $<$ eine Ordnung auf den vorkommenden Prädikatsymbolen. Dann ist X durch semantische Resolution unter $\mathcal{M}$ mit Ordnung $<$ und Faktorisierung widerlegbar.

Beweis

Wir modifizieren den Beweis von Satz (3.53) dadurch, daß wir im Induktionsschritt die Wahl des Atoms P aus A nicht beliebig vornehmen, sondern zusätzlich fordern, daß sein Prädikatensymbol unter allen in A vorkommenden Prädikatensymbolen minimal bzgl. $<$ ist. An allen Stellen, wo dann in die Widerlegung von $\Delta(X, L)$ das Literal $\neg L$ wieder eingesetzt wird, gilt nun zusätzlich, daß das Prädikatensymbol von $\neg L$ sicherlich nicht größer ist als das desjenigen Literals , über das dort geschnitten wird; der Schnitt bleibt also auch unter unserer zusätzlichen Bedingung möglich. Ebenso leicht sieht man, daß Schnitte zwischen $\{\neg L\}$ und einer beliebigen Klausel erlaubt sind: $\neg L$ ist falsch und $\{\neg L\}$ enthält nur *ein* Prädikatensymbol, das dann in dieser Klausel natürlich maximal ist. ∎

Analog zum Beweis von Satz (3.61) durch Satz (3.53) beweist man:

---

13 Die Definition ließe sich damit auch für *partielle* Ordnungen verwenden.

Korollar (3.71) (Widerlegungsvollständigkeit semantischer Clashes mit Ordnung)
Sei X eine widersprüchliche Klauselmenge, $\mathcal{M}$ eine Struktur über der zugehörigen Signatur und < eine Ordnung auf den vorkommenden Prädikatensymbolen. Dann existiert eine Widerlegung von X durch semantische Clashes unter $\mathcal{M}$ mit Ordnung <. ∎

3.6.3 Lineare Resolution mit markierten geordneten Klauseln

Resolution mit geordneten Klauseln läßt sich mit linearer Resolution zu einer sehr leistungsfähigen Restriktion kombinieren, wenn in geordneten Klauseln neben eigentlichen Literalen noch *markierte Literale* stehen können; sie sind aus der Klausel bereits herausgeschnitten, repräsentieren aber noch Information über die bisherige Ableitung. Ein markiertes Literal L stellen wir durch [L] dar und sprechen im folgenden von *markierten geordneten Klauseln*, wenn wir Listen von Literalen und markierten Literalen meinen.

Definition (3.72) (Resolution mit markierten geordneten Klauseln)
Unter der Bezeichnung *Resolution mit markierten geordneten Klauseln* fassen wir die folgenden Regeln zusammen:

(LRO1) Seien $(L_1, \dots, L_n)$ und $(N_1, \dots, N_i, \dots, N_m)$ markierte geordnete Klauseln und die Literale L_n und $\neg N_i$ mit dem mgu σ unifizierbar; dabei seien L_n und N_i unmarkiert, die anderen Literale beliebig markiert oder unmarkiert.
Resolution mit markierten geordneten Klauseln erlaubt dann den Schritt zu der geordneten Klausel, die aus $(L_1\sigma, \dots, L_{n-1}\sigma, [L_n\sigma], N_1\sigma, \dots, N_{i-1}\sigma, N_{i+1}\sigma, \dots, N_m\sigma)$ dadurch entsteht, daß alle Listenelemente gestrichen werden, die weiter links noch einmal auftreten.

(LRO2) Ist σ eine faktorisierende Substitution unmarkierter Literale einer Klausel und $(L_1, \dots, L_n)$ die zugehörige geordnete Klausel, so erlaubt *Faktorisierung mit markierten geordneten Klauseln* analog den Schritt zu der geordneten Klausel, die aus $(L_1\sigma, \dots, L_n\sigma)$ durch Streichen größerer Einträge entsteht; dabei sind die L_i beliebig markiert oder unmarkiert.

(LRO3) Ist $(L_1, \dots, [\neg L_i], \dots, L_n)$ eine markierte geordnete Klausel und σ mgu von L_i und L_n, so erlaubt *Reduzieren* den Schritt zu der aus $(L_1\sigma, \dots, [\neg L_i\sigma], \dots, L_{n-1}\sigma)$ durch Streichen größerer Einträge entstandenen Liste; dabei muß das Literal L_n unmarkiert sein.

(LRO4) Ist $(L_1, \dots, [L_n])$ eine markierte geordnete Klausel, so erlaubt *Löschen* den Schritt zu $(L_1, \dots, L_{n-1})$. ∎

Definition (3.73) (Lineare Resolution mit markierten geordneten Klauseln)
Eine lineare Ableitung mit diesen vier Regeln (LRO1) - (LRO4) nennen wir *lineare Resolution mit markierten geordneten Klauseln*, wenn jede Center-Clause die Rolle von $(L_1, \dots, L_n)$ bzw. $(L_1, \dots, [L_n])$ in Definition (3.72) übernimmt und jede Side-Clause aus der ursprünglichen Formelmenge stammt; es liegt also insbesondere eine Input-Ableitung vor. ∎

Das Reduzieren und das Löschen ersetzen hierbei also die eventuell ja nötigen Schnitte mir bereits abgeleiteten Center-Clauses; dies läßt sich gut nachvollziehen, wenn man das unten stehende Beispiel mit Beispiel (3.48) vergleicht.

Satz (3.74)

Eine Klauselmenge X ist genau dann widersprüchlich, wenn es für jede Menge von geordneten Klauseln zu X eine Widerlegung durch lineare Resolution mit markierten geordneten Klauseln gibt. ■

Wir verzichten hier auf einen Beweis der Widerlegungsvollständigkeit und verweisen dazu auf Chang & Lee [CL73].

Beispiel (3.75) (Lineare Resolution mit markierten geordneten Klauseln)

Erneut widerlegen wir die folgende Menge geordneter Klauseln aus Beispiel (3.48):

(1)	(P)	(4)	(¬P, ¬S, R)
(2)	(¬P, Q)	(5)	(¬P, ¬Q, R, S)
(3)	(¬P, ¬R, S)	(6)	(¬P, ¬Q, ¬R, ¬S)

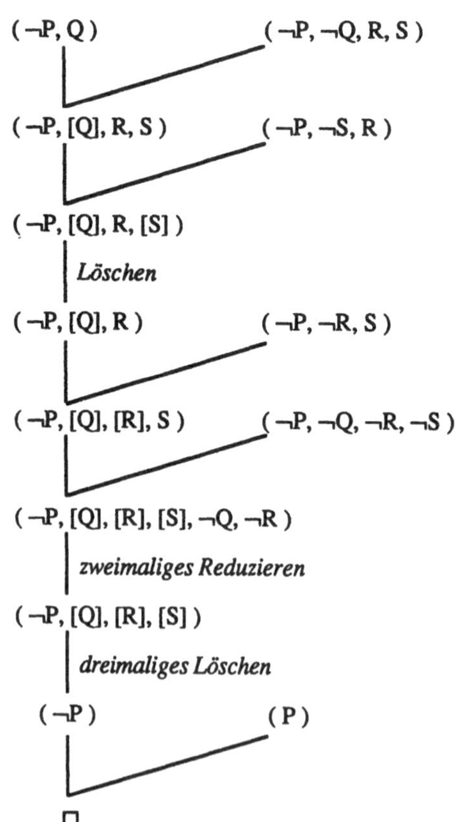

■

Die hier vorgestellte lineare Resolution mit markierten geordneten Klauseln ist im wesentlichen identisch mit der 1968 von Loveland entwickelten Modell-Elimination. Darüber hinaus kann man sie als Spezialfall von Kowalskis und Kuehners SL-Resolution auffassen, die - auf Hornformeln definiert - gerade die SLD-Resolution und damit die Grundlage des logischen Programmierens bildet.

Wir beschließen diesen Abschnitt über die Kombination von Konzepten mit einer Übersicht über alle in Kapitel 3 behandelten Verfahren.

Anhang: Überblick über die Verfahren zur Einschränkung des Suchraums

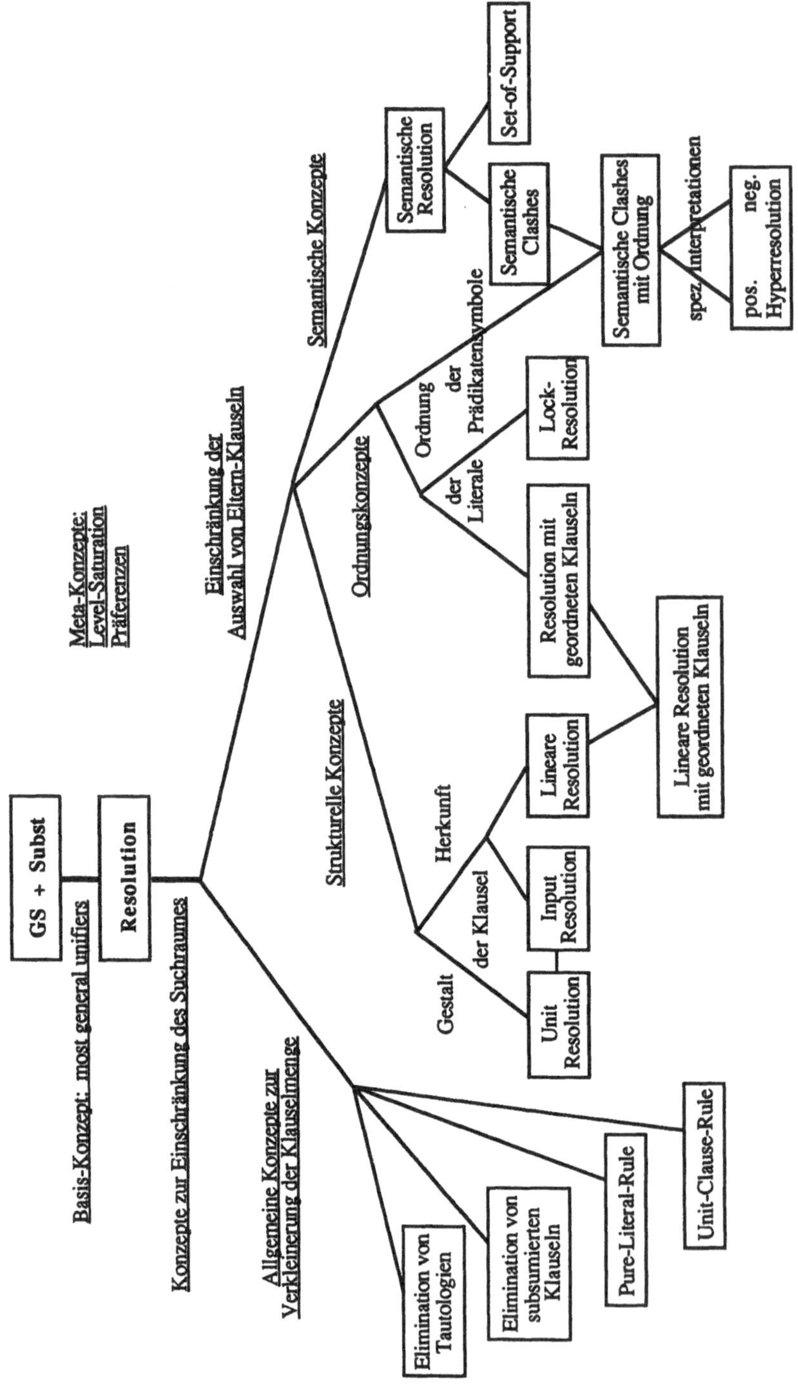

Kapitel 4

Repräsentation des Suchraums

In den vorigen Kapiteln, speziell bei den Konzepten zur Verkleinerung des Suchraums in Kapitel 3, haben wir stets die Formelmengen während des Ableitungsvorgang als Mengen verwaltet und diese Mengen als Zustände des Suchraums interpretiert. Die Zustandsveränderung erfolgte dann pro Ableitungsschritt oder pro Ableitungslevel durch Erweiterung der Formelmenge im vorhergehenden Zustand um die neue(n) Resolvente(n) und ggf. Verminderung um - in ausführlich im 3. Kapitel diskutiertem Sinne - überflüssige Formeln: die neue Formelmenge als neuer Zustand. Daß es andere Möglichkeiten gibt, sowohl Formeln als auch den Suchraum zu repräsentieren, wollen wir in diesem Kapitel darstellen. Dazu werden wir die Grundideen dreier wichtiger Theorembeweiser-Verfahren vorstellen:

Kowalski's *Connection-Graph-Resolution* ist eine direkt auf dem Resolutionskalkül basierende Methode und benutzt als zugrundeliegende Datenstruktur einen Graphen, in dem komplementäre Literalpaare der Formelmenge miteinander verbunden werden. Durch Resolution entlang dieser Kanten und bestimmte Vereinfachungsregeln wird dann der Graph manipuliert.

Beim *Matrix-Verfahren* von Andrews bzw. *Konnektionsverfahren* von Bibel wird die Formelmenge in Gestalt einer Matrix repräsentiert und die Suche nach einer Widerlegung (bzw. bei Bibel dual der Nachweis der Allgemeingültigkeit) über Pfade in dieser Matrix durchgeführt.

Schließlich gibt es das *Tableau-Verfahren*, das als Ursprung Gentzen's sog. Kalküle des natürlichen Schließens hat, vollständige Ableitungskalküle ganz anderer Zielsetzung. Hier wird durch fortgesetzte Zerlegung von Formeln ein spezieller Baum (Tableau) konstruiert, dessen Pfade wiederum Aufschluß über Allgemeingültigkeit bzw. Unerfüllbarkeit geben. Wir behandeln diese Methode für sich als ein wichtiges Beispiel einer ganz anderen Beweiser-Klasse; darüber hinaus lassen sich Querbezüge speziell zu den Matrix-Verfahren herstellen.

4.1 Connection-Graph-Resolution

Das erste der in diesem Kapitel vorgestellten Theorembeweiser-Verfahren knüpft unmittelbar an das vorige Kapitel an, da als Ableitungsregel auch hier die Resolutionsregel verwendet wird und zudem bereits bekannte allgemeine Konzepte wie etwa Elimination von Tautologien benutzt werden, die Pure-Literal-Regel sogar ganz zentral. Der Grund für die Einordnung der Connection-Graph-Resolution in dieses Kapitel ist die Einführung einer neuen Repräsentations-Struktur, nämlich *Graphen*, wodurch auch bereits bekannte Vorgehensweisen eine andere Qualität erhalten.
Das Grundkonzept ist, potentielle Schnitte der Klauseln und deren mgu's schon vor dem eigentlichen Ableitungsbeginn in einem Graphen (*Connection Graph*, auch: *Clause Interconnectivity Graph*, *Clause Graph*) zu kennzeichnen. Robert Kowalski hat die *Connection-Graph-Resolution* zuerst in [Kow75] vorgestellt, eine einfache Darstellung mit Betonung eher pragmatisch-heuristischer Aspekte des Theorembeweisens (*top down*, *bottom up*, ...) findet sich in [Kow79].

Definition (4.1) (Konnektionsgraph, Link, gelöster Konnektionsgraph)

Für eine Klauselmenge X ist der zugehörige *Konnektionsgraph* gegeben durch die Menge der Literalvorkommnisse[1] in X als Knoten und mit Substitutionen markierte Kanten, wobei ein Paar von Literalen genau dann mit einer Kante verbunden wird, wenn die Literale unterschiedliches Vorzeichen besitzen, als Atome aber unifizierbar sind. Eine solche Kante wird mit dem mgu der beiden Literale markiert und heißt *Link*. Werden zwei Klauseln über die durch ein Link verknüpften Literalvorkommnisse resolviert, so sprechen wir von der Resolvente *über* dieses Link (oder: *seiner* Resolvente). Ein Konnektionsgraph heißt *gelöst*, wenn er die leere Klausel enthält. ∎

Beispiel (4.2)

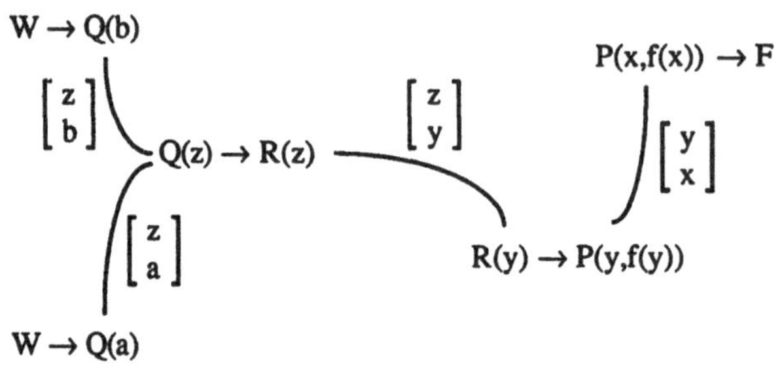

W → Q(b)

P(x,f(x)) → F

$\begin{bmatrix} z \\ b \end{bmatrix}$ Q(z) → R(z) $\begin{bmatrix} z \\ y \end{bmatrix}$ $\begin{bmatrix} y \\ x \end{bmatrix}$

$\begin{bmatrix} z \\ a \end{bmatrix}$ R(y) → P(y,f(y))

W → Q(a)

repräsentiert den Konnektionsgraphen zur Formelmenge

{ P(x,f(x)) → F , R(y) → P(y,f(y)) , Q(z) → R(z) , W → Q(a) , W → Q(b) } . ∎

---

[1] Die Verwendung von Literal*vorkommnissen* gestattet es, in einem Graphen zwei Informationen zu haben : zum ersten, welche Klausel aus welchen Literalen besteht, und zum anderen als Grundlage des Connection-Graph-Verfahrens, welche Paare von Literalen mit welchem mgu komplementär gemacht werden können.

Definition (4.3) (Connection-Graph-Resolution)

Sei $\mathcal{G}$ ein Konnektionsgraph. Die folgenden drei Regeln fassen wir unter der Bezeichnung *Connection-Graph-Resolution* zusammen:

(CG1) Lösche ein Link aus $\mathcal{G}$, dessen Resolvente eine Tautologie ist.

(CG2) Lösche eine Formel aus $\mathcal{G}$, die ein Literal ohne Link enthält, zusammen mit allen ihren weiteren Links.

(CG3) Wähle ein Link aus $\mathcal{G}$, lösche es, und füge - falls noch nicht vorhanden - die Resolvente darüber und beliebige Faktoren davon mit allen neu entstehenden Links in $\mathcal{G}$ ein. ■

Dem aufmerksamen Leser wird nicht entgangen sein, daß die Regeln (CG1) und (CG2) gerade der Elimination von Tautologien (ET) und der Pure-Literal-Regel (PL) entsprechen, und (CG3) gerade der Resolution und Faktorisierung (Res+Fak). Entscheidend ist aber, daß alle Ableitungsschritte hier als *Manipulationen des Graphen* formuliert sind.

Der zunächst sehr aufwendig erscheinende Schritt, die mgu's aller neuen Links zu berechnen, wird dadurch gemildert, daß in vielen Fällen der neue mgu durch *Vererbung*, d.h. Komposition mit den mgu's der Elternklausel-Links, bestimmt werden kann.

Satz (4.4) (Korrektheit und Vollständigkeit der Connection-Graph-Resolution)

Eine Klauselmenge X ist genau dann widersprüchlich,wenn aus dem X (incl. aller Faktoren) zugehörigen Konnektionsgraphen mit den Regeln (CG1), (CG2) und (CG3) ein gelöster Konnektionsgraph ableitbar ist.

Beweis

Nach der vorhergehenden Bemerkung können wir uns darauf beschränken, hier noch einmal zu konstatieren, daß die im 2. bzw. 3. Kapitel definierten Regeln (Res+Fak), (ET) und (PL) korrekt und zusammen vollständig sind. Die Korrektheit wurde dort jeweils nachgewiesen, die Vollständigkeit ergibt sich allein schon aus der Vollständigkeit von (Res+Fak). ■

Unsere Vorgehensweise, den Beweis speziell der Vollständigkeit auf die vorigen Kapitel zurückzuführen, sei kurz erläutert: Um in diesem Kapitel die Grundideen einer Reihe unterschiedlicher Verfahren knapp und leicht lesbar vermitteln zu können, haben wir uns auf die Darstellung der reinen Connection-Graph-*Regeln* beschränkt. Mehr Feinarbeit und Mühe in eine weitere Präzisierung der Definitionen von Konnektionsgraphen, Links etc. muß man erst dann stecken, wenn man versucht, durch die Vorgabe spezieller Strategien den Suchraum einzuschränken. Wie wir zu Beginn von Kapitel 3 gesehen haben, ist die Verwendung der Regeln (ET) und (PL) unkritisch, solange man die Breitensuche nicht durch weitere Konzepte einschränkt. Dann aber wird man auch hier beispielsweise *Fairness* fordern müssen, d.h. jedes Link muß mit Sicherheit nach endlich vielen Schritten ausgewählt werden, oder beim äußerst wünschenswerten Einsparen von Faktoren Sorgfalt walten lassen müssen. Vollständigkeitsbeweise unter derartigen Einschränkungen werden dann sehr schwierig, insbesondere wegen der Graph-Struktur.

Beispiel (4.5)

Wir widerlegen die Formelmenge aus Beispiel (4.2); ihr Konnektionsgraph ist bereits dort dargestellt. Wir wählen ein Link aus (fett), löschen es und resolvieren gleichzeitig darüber:

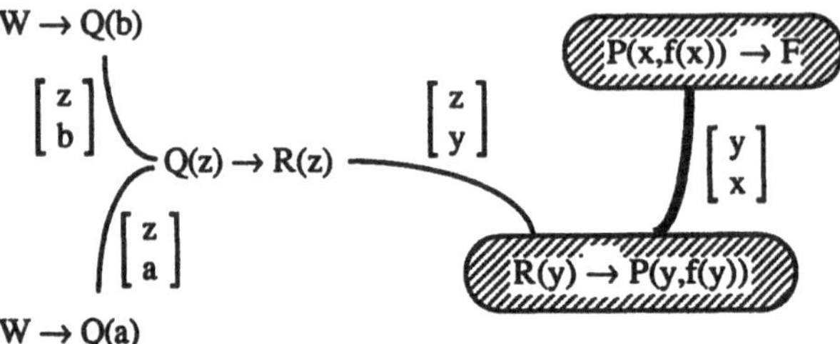

Die Resolvente R(x) → F muß jetzt neu in den Graphen eingefügt werden. (Beachte die Vererbung des mgu!) Die beiden am Schnitt beteiligten Klauseln (schraffiert) enthalten aber jeweils ein Literal ohne Link, können also mitsamt ihren noch verbliebenen Links aus dem Graphen entfernt werden. Nach diesen drei Ableitungs-Schritten wird nun das nächste Link ausgewählt (fett), gelöscht und darüber resolviert:

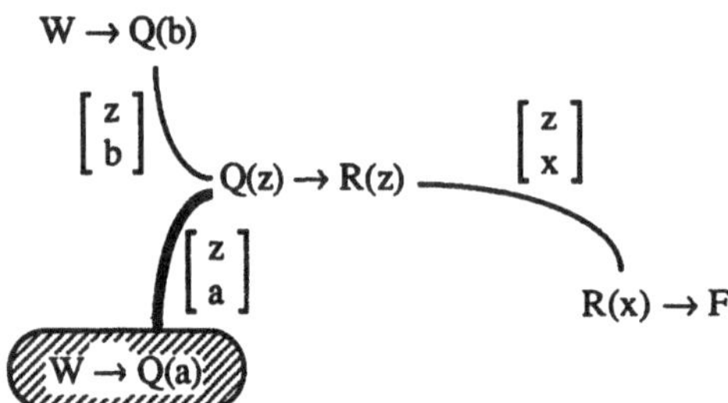

Neu hinzu kommt die Resolvente W → R(a). Die Elternklausel W → Q(a) enthält nun ein linkfreies Literal und kann somit gelöscht werden. Wir wählen erneut ein Link und resolvieren:

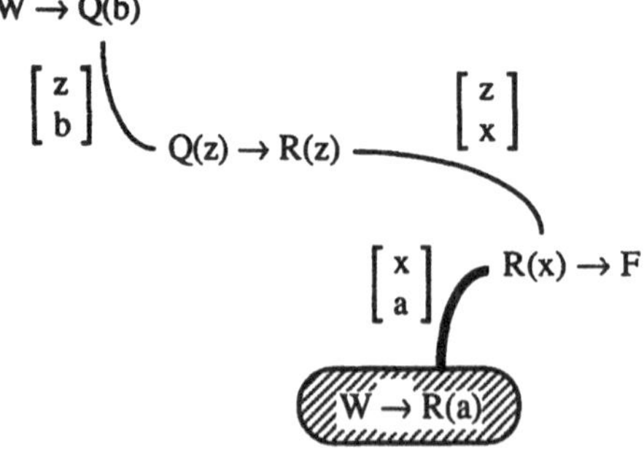

Der zugehörige Resolutionsschritt ergibt jetzt den Widerspruch! Zu bemerken ist dabei, daß neben der leeren Klausel noch ein Restgraph übrig bleibt. ■

Bemerkung (4.6) (Selbstresolvierende Klauseln, Pseudolinks)

In Kowalski's Definition der Connection-Graph-Resolution werden noch die beiden Begriffe *selbstresolvierende Klausel* und *Pseudo-Link* problematisiert. Ein einfaches Beispiel zeigt, daß manchmal Resolventen einer Klausel mit sich selbst für eine Widerlegung benutzt werden können: Die Formelmenge { (1) P(0) , (2) P(x) → P(s(x)) , (3) ¬P(s(s(s(0)))) } ist sicherlich unerfüllbar. Man kann nun beispielsweise durch zweimaliges Resolvieren von (2) mit sich selbst die Formel P(x) → P(s(s(s(x)))) ableiten und durch zwei weitere Resolutionsschritte mit (1) und (3) den Widerspruch erhalten.

Um nun nicht unnötig Formel-Kopien innerhalb eines Klauselgraphen speichern zu müssen, dürfen auch Links innerhalb von Klauseln gebildet werden. Diese *Pseudo*-Links müssen aber im Ablauf des Connection Graph Algorithmus nie explizit ausgewählt zu werden, sie werden lediglich als "Verwaltungsinformation" für die Vererbung von mgu's benutzt. Enthält während des Ableitungsprozesses eine solche selbstresolvierende Klausel irgendwann einmal ein Literal mit keinem anderen als einem Pseudo-Link, so kann sie auch eliminiert werden. ∎

4.2 Matrix-Verfahren

Wir stellen nun eine Theorembeweiser-Methode vor, die vordergründig - ähnlich den Konnektionsgraphen - auch auf einer anderen Repräsentation der zu widerlegenden Formelmenge beruht: Die Formeln werden als zweidimensionale Schemata - *Matrizen* - dargestellt, die im Grunde nichts anderes als eine andere Schreibweise für Formeln in Negations-Normalform (NNF) sind, wobei Konjunktionen vertikal und Disjunktionen horizontal notiert werden und dabei Junktoren sowie - gemäß Konvention - Klammern weggelassen werden.
Der eigentliche Gewinn dieser Darstellung liegt jedoch in der weiteren Verfahrenweise. Erinnern wir uns an Widerlegungen im Resolutionskalkül: Durch die Ableitungsschritte wurden zu der zu widerlegenden Formelmenge successive - etwa im Sinne der Level-Saturation-Strategie - neue Formeln hinzugefügt, bis schließlich der Widerspruch, d.h. die leere Klausel, abgeleitet wurde. Beim (aussagenlogischen) Matrix-Verfahren wird die Formel-Matrix einmal zu Beginn festgelegt und dann nur noch um "Verwaltungsinformation" angereichert, genauer gesagt wird notiert, welche *Pfade* durch die Matrix *komplementär* sind. Der "Ableitungs"prozeß besteht also im Generieren neuer Pfade statt neuer Formelmengen als Zustände des Suchraums. Im prädikatenlogischen Fall müssen die Matrizen zwar während des Verfahrens ggf. um geeignete Instanzen bereits vorhandener Matrixteile erweitert werden, aber auch hier spielt sich die wesentliche Arbeit in der Pfadsuche ab.
Selbstverständlich lassen sich ausgehend von dem Grundprinzip des Matrix-Verfahrens wieder Verfeinerungen, Strategien und Heuristiken in punkto Effizienzsteigerung formulieren. Darauf gehen wir hier aber nicht weiter ein, nachdem wir uns im 3. Kapitel eingehend mit derartigen Techniken beschäftigt haben. Wer die Details genau verstehen möchte, sei auf die Arbeiten von Peter B. Andrews [And76] und [And81] über *refutation matings* verwiesen bzw. auf die sehr ausführliche Darstellung der *Konnektionsmethode* in Wolfgang Bibels Monographie [Bib82/87]. Bei Bibel wird die Methode vollständig dualisiert dargestellt, d.h. als Test auf Allgemeingültigkeit von disjunktiven Formeln, worauf der Leser insbesondere beim Umgang mit den Quantoren achten möge. Unsere Darstellung orientiert sich eher an [And 81].

Definition (4.7) (Matrixrepräsentation einer Formel bzw. Formelmenge)
Die *Matrix zu* einer Formel G in Negations-Normalform definieren wir induktiv durch:

(i) Ist G ein Literal, so ist [G] die Matrix zu G.

(ii) Ist G eine Disjunktion $(K_1 \vee ... \vee K_n)$ mit $n \geq 2$, wobei alle K_i Konjunktionen oder Literale sind, so ist $[\ M_1 \ \cdots \ M_n\ ]$ die Matrix zu G, wenn jeweils M_i die Matrix zu K_i bezeichnet.

(iii) Ist G eine Konjunktion $(D_1 \wedge ... \wedge D_n)$ mit $n \geq 2$, wobei alle D_i Disjunktionen oder Literale sind, so ist $\begin{bmatrix} M_1 \\ \vdots \\ M_n \end{bmatrix}$ die Matrix zu G, wenn jeweils M_i die Matrix zu D_i bezeichnet.

Ist X eine endliche Menge von Formeln in NNF, so ist die *Matrix zu* X durch die Matrix der Konjunktion aller Formeln aus X definiert. ∎

Durch die zweidimensionale Darstellung und durch die Verabredung, daß wir die horizontale (disjunktive) Bindung stärker als die vertikale (konjunktive) interpretieren, erlauben wir uns, alle Matrixklammern einzusparen, solange die Formeln eindeutig interpretierbar sind.

Beispiel (4.8)

Die Matrix zu der Formel $P \wedge (Q \vee S) \wedge (\neg P \vee (\neg Q \wedge R)) \wedge (Q \vee \neg S)$ sieht folgendermaßen aus:

$$\begin{bmatrix} & P & \\ Q & & S \\ \neg P & & \begin{bmatrix} \neg Q \\ R \end{bmatrix} \\ Q & & \neg S \end{bmatrix}$$

■

Definition (4.9) (Pfad durch eine Matrix)

Sei $\mathcal{M}$ eine Matrix. Dann ist ein *(vollständiger) Pfad* durch $\mathcal{M}$ eine Liste von Literalen, die entsteht, wenn man aus jeder Zeile der Matrix eine Untermatrix auswählt und damit wie folgt verfährt:

- enthält diese Untermatrix nur ein Literal, so füge es der bereits gebildeten Liste hinzu;
- steht dort eine Matrix $\mathcal{M}'$ mit einer Konjunktion oder Disjunktion, so wähle (rekursiv!) einen vollständigen Pfad durch $\mathcal{M}'$ und füge alle Literale dieses Pfades der bereits gebildeten Liste hinzu. ■

Soweit keine Unklarheiten entstehen, bezeichnen wir ein Anfangsstück eines vollständigen Pfades auch als Pfad (*Teilpfad*).

Beispiel (4.10)

Sowohl $(P, Q, \neg P, Q)$ als auch $(P, Q, \neg Q, R, \neg S)$ sind Pfade durch obige Beispielmatrix, nicht aber $(P, Q, \neg Q, \neg S)$. Insgesamt besitzt die Matrix acht vollständige Pfade. ■

Definition (4.11) (komplementärer Pfad, komplementäre Matrix)

Ein Pfad heiß *komplementär*, wenn er ein komplementäres Literalpaar (auch *Konnektion* genannt) enthält. Eine Matrix heißt *komplementär*, wenn alle ihre vollständigen Pfade komplementär sind. ■

Satz (4.12)

Eine Menge X von Formeln in Negations-Normalform ist genau dann unerfüllbar, wenn die Matrix zu X komplementär ist.

Beweis

Sei G die Formel, die durch Konjunktion aller Formeln aus X entsteht. Nach Definition besitzt G dieselbe Matrix wie X, sagen wir $\mathcal{M}$. Sei $\mathcal{P}$ die Menge aller Pfade durch $\mathcal{M}$. Wir konstruieren jetzt die Formel $D := \bigvee_{P \in \mathcal{P}} \bigwedge_{L \in P} L$, die Disjunktion über alle Pfade, die (als Formelmengen) als Konjunktionen verstanden werden.

<u>Behauptung</u>. D ist disjunktive Normalform von G.
<u>Beweis</u> Durch Induktion über den Formel-/Matrix-Aufbau (als Übung!).
Bekanntlich ist eine Formel genau dann unerfüllbar, wenn jede der Konjunktionen ihrer DNF unerfüllbar ist, d.h. ein komplementäres Literalpaar enthält. In unserem Fall ist also G genau dann unerfüllbar, wenn jeder Pfad ein komplementäres Literalpaar enthält, d.h. die Matrix komplementär ist. ∎

Beispiel (4.13)

Betrachte die Matrix aus Beispiel (4.8). Offensichtlich ist die zugehörige Formel unerfüllbar. Wir betrachten die acht Pfade im Detail:

$$\begin{array}{cccccccc}
P & P & P & P & P & P & P & P \\
Q & Q & Q & Q & S & S & S & S \\
\neg P & \neg P & \neg Q & \neg Q & \neg P & \neg P & \neg Q & \neg Q \\
Q & \neg S & R & R & Q & \neg S & R & R \\
 & & Q & \neg S & & & Q & \neg S
\end{array}$$

Jeder Pfad enthält ein komplementäres Literalpaar. Somit ist die Matrix komplementär.

Offensichtlich ist es sehr aufwendig, alle Pfade vollständig zu untersuchen. Wir können aber beim Lesen von oben nach unten die Komplementarität schon viel früher entdecken. Beispielsweise werden die ersten sechs Pfade durch nur drei (komplementäre) Anfangsstücke repräsentiert, die jeweils zwei Pfade zusammenfassen,

$$\begin{array}{ccc}
P & P & P \\
Q & Q & S \\
\neg P & \neg Q & \neg P
\end{array},$$

und an denen wir bereits sehen, daß die zugehörigen (vollständigen) Pfade komplementär sind.

Ordnet man die Matrix nun noch bzgl. der Konjunktionen um, beispielsweise durch Vertauschen der 2. und 3. Zeile zu folgender Matrix

$$\begin{bmatrix}
 & P \\
\neg P & \begin{bmatrix} \neg Q \\ R \end{bmatrix} \\
Q & S \\
Q & \neg S
\end{bmatrix},$$

so sind bereits insgesamt vier Teilpfade ausreichend, um auf die Komplementarität der Matrix schließen zu können, nämlich

$$\begin{array}{cccc}
P & P & P & P \\
\neg P & \neg Q & \neg Q & \neg Q \\
 & R & R & R \\
 & Q & S & S \\
 & & Q & \neg S
\end{array}$$

∎

Beobachtungen wie diese führen nun zur eigentlichen Definition von (verschiedenen) Matrix-*Verfahren*, d.h. Matrix-*Strategien* auf der zugrundeliegenden Matrix-*Repräsentation*. Da es uns

aber im wesentlichen um die Grundideen einer Theorembeweiser-Methode auf der Basis einer anderen Formelrepräsentation geht und eine umfassende Darstellung den Rahmen dieses Buches sprengen würde, stellen wir hier nur eine triviale Strategie vor. Vor der eigentlichen Suche werden dann zumeist noch einige strategische Vorbereitungen getroffen:
Bei Andrews [And81] wird zu Beginn des Verfahren der vollständige initiale Konnektionsgraph (inclusive der Markierung mit Unifikatoren, vgl. Abschnitt 4.1) aufgebaut und ausgehend von dieser Struktur mit der Suche nach nicht komplementären Pfaden begonnen.
Bibel [Bib87] wird die Matrix zunächst einem Preprocessing unterworfen mit Regeln, die wir zu Beginn des 3. Kapitels als allgemeine Theorembeweiser-Konzepte kennengelernt haben: Sowohl Elimination von Tautologien und subsumierten Formeln als auch die Pure-Literal- und die Unit-Clause-Regel werden zunächst auf die Matrix angewendet, bevor dann die eigentliche Suche entlang der Konnektionen beginnt.
Präzise Definitionen und Algorithmen der wirklich verwendeten Suchstrategien und Heuristiken sowie die entsprechenden Korrektheits- und Vollständigkeitsbeweise sind in den zitierten Arbeiten von Andrews und Bibel zu finden.

Definition (4.14) (naive Matrix-Strategie)

Sei G eine variablenfreie Formel in Negations-Normalform, $\mathcal{M}$ die zugehörige Matrix. Den folgenden Algorithmus kann man als *naives Matrix-Verfahren* auffassen:

- Zähle alle Pfade durch die Matrix auf; verfahre dabei systematisch von links oben nach rechts unten. Brich dabei einen Pfad ab (und gleichzeitig alle weiteren Pfade mit demselben Anfangsstück), sobald er ein komplementäres Literalpaar enthält.
- Beende das Verfahren, wenn ein vollständiger nicht komplementärer Pfad gefunden wurde: G ist dann erfüllbar, die erfüllende Belegung kann man direkt an diesem Pfad ablesen.
- Anderenfalls beende das Verfahren, wenn alle Pfade als komplementär entlarvt wurden. G ist dann unerfüllbar. ∎

Wir wenden uns jetzt den Problemen zu, die beim Übergang zu Formeln mit Variablen auftreten. Wir setzen voraus, daß die Formeln wie bei der Resolution in skolemisierter Form und zudem hier natürlich in NNF vorliegen. Die Begriffe und Definitionen bleiben grundsätzlich diesselben wie bei variablenfreien Formeln, zusätzlich muß aber erlaubt werden, daß eine Matrix vor oder während der Suche nach komplementären Pfaden erweitert wird.

Definition (4.15) (Matrix für Formeln mit Variablen)

Sei X eine Menge von quantorenfreien Formeln in Negations-Normalform, $\mathcal{M}$ die Matrix zu X nach Definition (4.7). Dann heißt eine Matrix $\mathcal{M}'$ *Instanz* von $\mathcal{M}$, wenn sie aus $\mathcal{M}$ durch Hinzufügen endlich vieler Zeilen entsteht, die jeweils Instanzen von Zeilen aus $\mathcal{M}$ sind. Dabei dürfen die Ausgangsformeln der Instanzen eliminiert werden. ∎

Satz (4.16)

Sei X eine Menge von Formeln in Skolem- und Negations-Normalform, $\mathcal{M}$ die Matrix zu X. X ist genau dann unerfüllbar, wenn eine Instanz von $\mathcal{M}$ komplementär ist.

Beweis

ergibt sich unmittelbar aus Satz (4.12) und dem Satz von Herbrand. ∎

Beispiel (4.17)

Die Formelmenge X := { ¬P(x,f(x)) , ¬R(y) ∨ P(y,f(y)) , ¬Q(z) ∨ R(z) , Q(a) ∨ Q(b) } transformieren wir in die zugehörige Matrix $\mathcal{M}$:

$$\begin{bmatrix} \multicolumn{2}{c}{\neg P(x,f(x))} \\ \neg R(y) & P(y,f(y)) \\ \neg Q(z) & R(z) \\ Q(a) & Q(b) \end{bmatrix}$$

Wir bilden nun eine geeignete Instanz $\mathcal{M}'$ von $\mathcal{M}$ dadurch, daß wir je zwei Instanzen der ersten drei Zeilen zur Matrix hinzufügen und dafür die entsprechenden drei Originalzeilen eliminieren:

$$\begin{bmatrix} \multicolumn{2}{c}{\neg P(a,f(a))} \\ \multicolumn{2}{c}{\neg P(b,f(b))} \\ \neg R(a) & P(a,f(a)) \\ \neg R(b) & P(b,f(b)) \\ \neg Q(a) & R(a) \\ \neg Q(b) & R(b) \\ Q(a) & Q(b) \end{bmatrix}$$

Der geneigte Leser überzeuge sich selbst, daß alle Pfade durch $\mathcal{M}'$ komplementär sind, also X unerfüllbar ist. Bemerkenswert ist hier, daß es nicht möglich ist, mit weniger Kopien der ersten drei Formeln auszukommen.
(Aufgabe: Vergleiche den Kopiervorgang, der in obigem Beispiel komplementäre Pfade erzeugt, mit der entsprechenden Ableitung des Widerspruchs im Resolutionskalkül.) ■

Wir haben in der Definition (4.15) beliebige Substitutionen für Instanzen einer Matrix zugelassen, korrespondierend zum Ableitungskalkül mit Schnitt- und Substitutionsregel. Wie in Kapitel 2 dann der Übergang zur Resolution mit *allgemeinsten Unifikatoren* erfolgte, so werden im eigentlichen Matrix-Verfahren nur solche Instanzen zugelassen, die durch Unifikation komplementärer Literalpaare (*Konnektionen*) entstanden sind. Ein entsprechendes Lifting-Lemma kann dann auch für den Matrix-Kalkül bewiesen werden.

Ein grundsätzliches Problem ergibt sich bei der Instanzbildung noch durch die Frage, welche Formel(n) im Verlauf der Pfadsuche unter welchen Substitutionen (mgu's) - da es typischerweise viele Alternativen gibt - kopiert werden sollen. Wir verweisen hier nochmals auf die Arbeiten von Andrews und Bibel.

4.3 Tableau-Verfahren

In diesem Abschnitt lernen wir noch ein weiteres Theorembeweiser-Verfahren kennen, das nicht auf dem Resolutionskalkül basiert und dessen Ursprung gerade eine nicht maschinenorientierte Sichtweise von Widerlegungskalkülen ist. Der historische Ausgangspunkt für Tableau-Verfahren findet sich nämlich in der Arbeit von Gerhard Gentzen [Gen34], wo mit einem Regelsystem, das die menschliche Vorgehensweise bei mathematischen Beweisen imitieren soll, ein vollständiger Ableitungskalkül für ***Sequenzen*** aufgebaut wird, der sog. ***Kalkül des natürlichen Schließens***. Sequenzen sind dabei Paare von prädikatenlogischen Formelmengen, meist geschrieben in der Form

$$A_1, \dots, A_n \rightarrow B_1, \dots, B_m \quad ,$$

wobei die Kommata links vom Implikationspfeil wie bei unseren *Gentzenformeln* Konjunktionen, die rechts vom Pfeil Disjunktionen bedeuten, im Gegensatz dazu aber jede Formel A_i im *Antecedent* bzw. B_j im *Succedent* statt eines Atoms eine beliebige Formel sein darf.

Ausgehend von Gentzens Kalkül wurden dann von Hintikka [Hin55] und Beth [Beth59] weitere Beweiskalküle entwickelt. Eine Variante dieser Methoden wurde von Raymond M. Smullyan unter dem Namen *analytische Tableaus* vorgestellt. Mit diesem Verfahren möchten wir wenigstens einen kleinen Einblick in diese interessante und wichtige Klasse von Beweisern geben, die in den letzten Jahren bisweilen - z. T. in speziellem Rahmen wie etwa der *intuitionistischen Logik* - in die Phalanx der Resolutionsbeweiser einbrechen. Die wesentlichen Ideen lassen sich schon im variablenfreien Fall vermitteln, wir behandeln daher Tableaus zunächst nur aussagenlogisch und gehen dann noch kurz auf den Umgang mit Variablen und Quantoren ein. Unsere Darstellung folgt dabei dem Logik-Buch von Smullyan [Smu68], das wir als weiterführende Lektüre (vor allem über den Blickwinkel des Automatischen Theorembeweisens hinaus) sehr empfehlen möchten.

4.3.1 Analytische Tableaus im variablenfreien Fall

Die den analytischen Tableaus zugrundeliegende Idee besteht darin, eine Formel auf Allgemeingültigkeit dadurch zu untersuchen, daß die Unerfüllbarkeit ihrer Negation in einem fortgesetzten Zerlegungsvorgang (daher der Name *analytisch*) nachgewiesen wird. Da wir bisher ohnehin eher mit dem Begriff "unerfüllbar" als mit "allgemeingültig" gearbeitet haben, verzichten wir auf diese historisch bedingte Anbindung und sprechen in Zukunft immer davon, daß wir mit einem Tableau die Unerfüllbarkeit einer Formel(menge) nachweisen.

Als Formeln im Tableau-Verfahren (kurz: Tableau-Formeln) sind beliebige variablenfreie Formeln über den Junktoren $\neg, \wedge, \vee$ und $\rightarrow$ zugelassen, d.h. es wird explizit auf eine vorgezogene Normalformbildung verzichtet. Die Abkürzung $A \leftrightarrow B$ für $(A \rightarrow B) \wedge (B \rightarrow A)$ möge der Leser selbst auflösen. Ausgehend von einer Formel, deren Unerfüllbarkeit nachgewiesen werden soll, wird mit den nachfolgenden Regeln ein *Tableau* für diese Formel aufgebaut.

Definition (4.18) (Tableau-Regeln)
Seien A und B Tableau-Formeln. Dann heißen die folgenden Regeln *Tableau-Regeln*:

$$(\text{NEG})\quad \frac{\neg\neg A}{A}$$

$$(\text{AND}_\alpha)\quad \frac{A \wedge B}{\begin{matrix} A \\ B \end{matrix}} \qquad\qquad (\text{AND}_\beta)\quad \frac{\neg(A \wedge B)}{\neg A \mid \neg B}$$

$$(\text{OR}_\beta)\quad \frac{A \vee B}{A \mid B} \qquad\qquad (\text{OR}_\alpha)\quad \frac{\neg(A \vee B)}{\begin{matrix} \neg A \\ \neg B \end{matrix}}$$

$$(\text{IMPL}_\beta)\quad \frac{A \rightarrow B}{\neg A \mid B} \qquad\qquad (\text{IMPL}_\alpha)\quad \frac{\neg(A \rightarrow B)}{\begin{matrix} A \\ \neg B \end{matrix}}$$

Die mit α markierten Regeln heißen *Regeln konjunktiven Typs* (kurz: α-Regeln), die mit β markierten *Regeln disjunktiven Typs* (auch: β-Regeln) und haben jeweils die Gestalt

$$\frac{\alpha}{\begin{matrix} \alpha_1 \\ \alpha_2 \end{matrix}} \quad \text{bzw.} \quad \frac{\beta}{\beta_1 \mid \beta_2}\,.$$

■

Bevor wir den Begriff eines Tableaus präzisieren, wollen wir die Arbeitsweise der Regeln intuitiv erklären: Um die Unerfüllbarkeit einer Formel nachzuweisen, prüfen wir zuerst, ob die Formel von *konjunktivem* oder *disjunktivem Typ*, d.h. Prämisse einer α- oder einer β- Regel ist : im α-Fall ist die Formel (unter irgendeiner Belegung) falsch, wenn mindestens eines der beiden Teile α_1 oder α_2 falsch ist, im β- Fall, wenn beider Teilformeln β_1 und β_2 falsch sind.

Definition (4.19) (Tableau)
Sei G eine Tableau-Formel. Ein *Tableau für* G ist ein Baum, dessen Knoten mit Tableau-Formeln markiert sind und höchstens zwei Nachfolger besitzen, und wird induktiv definiert durch:

(i) Ein mit G markierter Knoten ist ein Tableau für G .

(ii) Ist $\mathcal{T}$ ein Tableau für G , so ebenfalls $\mathcal{T}'$, falls $\mathcal{T}'$ aus $\mathcal{T}$ durch eine der folgenden Erweiterungen entstanden ist:

- Sei P ein Pfad[2] in $\mathcal{T}$ mit Blatt K , der eine Formel enthält, auf die eine α-Regel anwendbar ist. Dann darf an K jede der Formeln α_1 oder α_2 als (einziger) Nachfolger angehängt werden.
- Sei P ein Pfad in $\mathcal{T}$ mit Blatt K , der eine Formel enthält, auf die eine β-Regel anwendbar ist. Dann dürfen an K simultan beide Formeln β_1 und β_2 als linker und rechter Nachfolger angehängt werden.
- Sei P ein Pfad in $\mathcal{T}$ mit Blatt K , der eine Formel der Gestalt $\neg\neg$ A enthält. Dann darf an K die Formel A als (einziger) Nachfolger angehängt werden.

Definition (4.20) (geschlossene und vollständige Pfade bzw. Tableaus)

Ein Pfad in einem Tableau heißt *geschlossen*, wenn er ein komplementäres Formelpaar enthält. Ein Tableau heißt *geschlossen*, wenn alle Pfade in ihm geschlossen sind.
Ein Pfad in einem Tableau heißt *vollständig*, wenn er für alle α-Formeln, die auf ihm liegen, α_1 und α_2 enthält, für alle β-Formeln, die auf ihm liegen, mindestens β_1 oder β_2 enthält, sowie für jede Formel der Gestalt $\neg\neg$ A auch A enthält. Ein Tableau heißt *vollständig*, wenn alle Pfade in ihm geschlossen oder vollständig sind. ■

Nach dieser Fülle von Definitionen können wir nun den Korrektheits- und Widerlegungsvollständigkeitssatz für das Tableau-Verfahren formulieren. Dazu konstatieren wir zunächst zwei einfache Lemmata, deren Beweise sich unmittelbar aus der Definition (4.20) bzw. aus der Definition der Junktoren ergeben:

Lemma (4.21)

Ist ein Wurzelpfad geschlossen, so ist die Menge der seine Knoten markierenden Formeln unerfüllbar. ■

Lemma (4.22)

Sei G eine Tableau-Formel. Ist G eine Formel von konjunktivem Typ, so ist G genau dann unerfüllbar, wenn die Menge $\{ \alpha_1 , \alpha_2 \}$ unerfüllbar ist; ist G von disjunktivem Typ, so ist G genau dann unerfüllbar, wenn beide Nachfolger β_1 und β_2 unerfüllbar sind. ■

Satz (4.23) (Korrektheit und Widerlegungsvollständigkeit des Tableau-Verfahrens)

Eine variablenfreie Tableau-Formel G ist genau dann unerfüllbar, wenn ein geschlossenes Tableau für G existiert.

Insbesondere ist jedes vollständige Tableau für G genau dann geschlossen, wenn G unerfüllbar ist.

Beweis

Dieser Beweis ist zwar nicht sehr schwierig, aber so umfangreich, daß wir hier auf seine Darstellung verzichten. Zunächst muß nachgewiesen werden, daß der Analysevorgang mit den Tableauregeln stets nach endlich vielen Schritten zu einem vollständigen Tableau geführt werden

2 Unter einem *Pfad* (in einem Baum bzw. hier Tableau) verstehen wir stets einen *Wurzelpfad*, d.h. eine Liste von Knoten beginnend mit der Wurzel des Baumes und endend mit einem Blatt. (Nicht zu verwechseln mit den Pfaden in einer Matrix, vgl. den vorigen Abschnitt 4.2)

kann. Dann kann man mit Induktion über den Aufbau des Tableaus mit Hilfe der obigen Lemmata (4.21) und (4.22) sowohl Korrektheit als auch die Widerlegungsvollständigkeit zeigen. Wir weisen hiermit nochmals auf die schöne Darstellung bei Smullyan [Smu68] hin. ■

Definition (4.24) (Tableau für eine Formelmenge)

Ein *Tableau für* eine Menge X von Tableau-Formeln ist definiert wie in (4.19), mit der Modifikation, daß

(i) im Wurzelknoten des Tableaus die ganze Formelmenge X steht und

(ii) die Tableau-Regeln auf jede der Formeln in der Wurzel angewendet werden dürfen. ■

Korollar (4.25) (Korrektheit und Widerlegungsvollständigkeit für Formelmengen)

Sei X eine Menge von variablenfreien Tableau-Formeln. X ist genau dann unerfüllbar, wenn ein geschlossenes Tableau für X existiert.

Insbesondere ist jedes vollständige Tableau für X genau dann geschlossen, wenn X unerfüllbar ist. ■

Die obige Beweisskizze zusammen mit dem Korollar offenbart noch ein wichtiges - wenn auch nicht unerwartetes - Resultat: Die Methode der analytische Tableaus stellt ein Entscheidungsverfahren für die logische Folgerung in der Aussagenlogik dar: Um $X \models A$ zu zeigen, baue ein vollständiges Tableau $\mathcal{T}$ für $X \cup \{ \neg A \}$ auf. Dies gelingt nach endlich vielen Schritten. Ist $\mathcal{T}$ geschlossen, so trifft die Folgerung zu, anderenfalls nicht.

Beispiele (4.26)

(i) Wir wenden das Tableau-Verfahren auf die unerfüllbare Formelmenge X_2 aus Abschnitt 3.3.1 an, d.h. wir bauen ein (geschlossenes) Tableau für X_2 auf. (Dabei bezeichnen wir die Kanten stets mit dem Formel-/Regel-Paar, durch das sie entstanden sind).

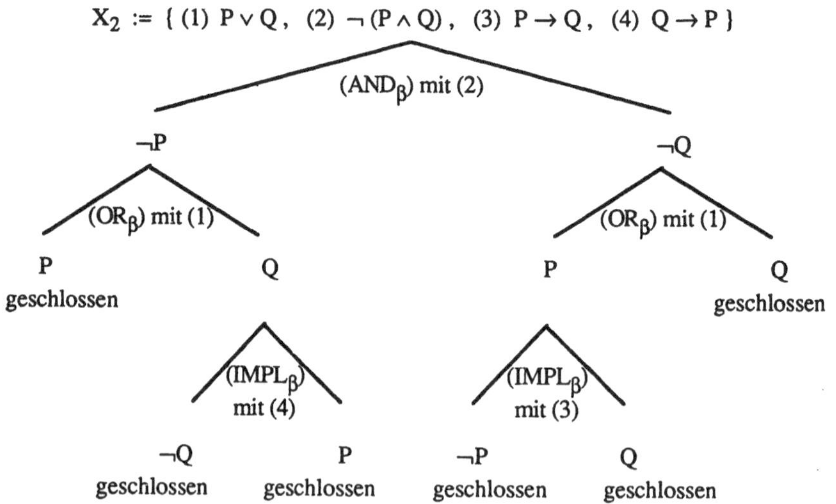

(Dieses geschlossene Tableau ist übrigens nicht vollständig!)

(ii) Die folgende Ableitung zeigt, daß die Formel $(P \vee Q) \rightarrow (P \wedge Q)$ keine Tautologie ist, d.h. ihre Negation eine erfüllende Belegung besitzt.

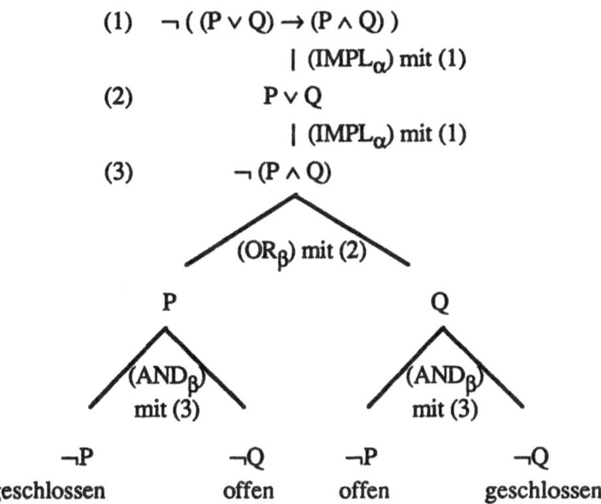

Das Tableau ist jetzt vollständig, aber nicht geschlossen; eine erfüllende Belegung ergibt sich beispielsweise entlang des linken offenen Pfades durch Wert(P) = W , Wert(Q) = F .

(iii) Einn erheblicher Vorteil von Tableaus gegenüber klauselorientiertem Beweisen besteht darin, daß das Tableau-Verfahren den Abschluß von Pfaden über beliebige komplementäre Formeln und nicht nur über komplementäre Literale erlaubt. Dadurch kann man bisweilen viel Aufwand sparen. Ein kleines Beispiel verdeutlicht das Prinzip:

$\{$ (1) $\neg (P \wedge Q) \vee R$, (2) $(P \wedge Q) \wedge \neg R$ $\}$

| (AND_α) mit (2)

$P \wedge Q$

(OR_β) mit (1)

$\neg (P \wedge Q)$ — geschlossen

R

| (AND_α) mit (2)

$\neg R$

geschlossen ∎

Wie schon beim Matrix-Verfahren verzichten wir auch hier darauf, Strategien und Heuristiken vorzustellen, die das Tableau-Verfahren zu einer konkurrenzfähigen Theorembeweiser-Methode machen. Globale Konzepte wie etwa Elimination von Tautologien oder Davis' & Putnam's "Pure-Literal-rule" sind hier ebenso anwendbar wie bei Resolutions-Beweisern oder beim Matrix-

Verfahren. Auch kann man durch eine geschickte Verwaltung der verwendeten Formeln die Ineffizienz durch mehrfaches Kopieren von Formeln vermeiden, oder durch eine geeignete Reihenfolge bei der Formelbearbeitung die Suche nach geschlossenen Pfaden beschleunigen.

Bemerkung (4.27) (Beziehungen zwischen Tableau- und Matrixverfahren)

Im Zusammenhang mit den beiden letztgenannten Punkten möchten wir noch auf eine augenfällige Beziehung zwischen Matrix- und Tableau-Verfahren hinweisen: Zu jedem komplementären (Anfangsstück eines) Pfad(es) in der Matrix zu einer *Klausel*menge X korrespondiert ein geschlossener Pfad in einem Tableau für X, wenn die Formeln dort in derselben Reihenfolge bearbeitet werden. In diesem Sinn kann man das Matrix-Verfahren mit systematischer Pfaderzeugung als eine geschickte Repräsentation des Tableau-Verfahrens auffassen. Wir illustrieren dies kurz durch ein Beispiel:

$$\begin{bmatrix} \neg P & \neg Q \\ P & Q \\ \neg P & Q \\ \neg Q & P \end{bmatrix}$$ ist die Matrix zur Formelmenge X_2 aus dem Beispiel (4.26.i).

Durch die Pfade bzw. Pfadanfangsstücke $(\neg P, P)$, $(\neg P, Q, \neg P, \neg Q)$, $(\neg P, Q, \neg P, P)$, $(\neg P, Q, Q, \neg Q)$, $(\neg P, Q, Q, P)$, $(\neg Q, P, \neg P)$, $(\neg Q, P, Q)$ und $(\neg Q, Q)$ läßt sich die Komplementarität dieser Matrix zeigen. Ebenso sehen aber die geschlossenen Pfade in der Matrix zu X aus, wenn man im linken Teilbaum auch systematisch erst ($IMPL_\beta$) mit (3) und dann zweimal ($IMPL_\beta$) mit (4) anwendet. ■

4.3.2 Analytische Tableaus für die volle Prädikatenlogik

Wir stellen nun die Tableau-Regeln für Formeln mit Variablen und Quantoren vor. Wir setzen voraus, daß die Formeln keine freien Variablen enthalten und daß wie bei den Tableau-Formeln in der Aussagenlogik nur die Junktoren $\neg$, $\wedge$, $\vee$ und $\rightarrow$ verwendet werden.

Als ersten gravierenden Unterschied zu allen bisherigen Verfahren möchten wir herausstellen, daß die Formel(menge), deren Unerfüllbarkeit gezeigt werden soll, nicht vorher in irgendeiner Weise "aufbereitet" wird, d.h. es ist keine pränexe, skolemisierte oder sonstige Normalform erforderlich. Die Regeln selbst sorgen dafür, daß mit den All- und Existenzquantoren an jeder Stelle korrekt verfahren wird, und zwar durch Substitution mit beliebigen Termen bzw. Skolemkonstanten.

Definition (4.28) (Tableau-Regeln für prädikatenlogische Formeln)

Die folgenden Regeln heißen *Tableau-Regeln für prädikatenlogische Formeln*:

(i) die Regeln (NEG), (AND_α), (AND_β), (OR_α), (OR_β), ($IMPL_\alpha$) und ($IMPL_\beta$) genau wie in Definition (4.18), wobei A und B hier geschlossene prädikatenlogische Formeln über den Junktoren $\neg$, $\wedge$, $\vee$ und $\rightarrow$ bezeichnen;

(ii) die Regeln zur Behandlung von Quantoren:

$$(\text{ALL}_\gamma)\quad \frac{\forall x\, A}{A\begin{bmatrix} x \\ t \end{bmatrix}} \qquad (\text{ALL}_\delta)\quad \frac{\neg(\forall x\, A)}{\neg A\begin{bmatrix} x \\ c \end{bmatrix}}$$

$$(\text{EXIST}_\delta)\quad \frac{\exists x\, A}{A\begin{bmatrix} x \\ c \end{bmatrix}} \qquad (\text{EXIST}_\gamma)\quad \frac{\neg(\exists x\, A)}{\neg A\begin{bmatrix} x \\ t \end{bmatrix}} \quad .$$

Dabei verwenden wir folgende Bezeichnungen:

- x bezeichnet eine Variable, die in A als einzige frei vorkommt,
- in den γ-Regeln bezeichnet t einen beliebigen Grundterm zur Sorte von x,
- in den δ-Regeln bezeichnet c eine stets neue Konstante zur Sorte von x (d.h. hier wird die Signatur erweitert). ∎

Satz (4.29) (Korrektheit und Widerlegungsvollständigkeit des Tableau-Verfahrens)
Eine geschlossene prädikatenlogische Tableau-Formel G ist genau dann unerfüllbar, wenn ein geschlossenes Tableau für G existiert.

Beweis
siehe erneut Smullyan [Smu68]. ∎

Beispiel (4.30)
Bekanntlich ist die Formel $\exists y\,\forall x\; P(x,y) \rightarrow \forall x\,\exists y\, P(x,y)$ eine Tautologie, d.h. ihre Negation unerfüllbar. Wir konstruieren ein geschlossenes Tableau wie folgt:

(1)	$\neg(\exists y\,\forall x\; P(x,y) \rightarrow \forall x\,\exists y\, P(x,y))$	
	|	(IMPL_α) mit (1)
(2)	$\exists y\,\forall x\; P(x,y)$	
	|	(IMPL_α) mit (1)
(3)	$\neg(\forall x\,\exists y\, P(x,y))$	
	|	(EXIST_δ) mit (2)
(4)	$\forall x\; P(x,c_1)$	
	|	(ALL_δ) mit (3)
(5)	$\neg(\exists y\, P(c_2,y))$	
	|	(ALL_γ) mit (4)
(6)	$P(c_2,c_1)$	
	|	(EXIST_γ) mit (5)
(7)	$\neg P(c_2,c_1))$	
	geschlossen	

∎

Die beiden letzten Schritte auf diesem (einzigen) Tableau-Pfad bedürfen noch einer Erläuterung: Da eine All- bzw. negierte Existenz-Aussage (kurz: eine δ-Formel) die Substitution aller Terme für die entsprechend quantifizierte Variable erlaubt, dürfen wir natürlich auch speziell die gerade durch Signaturerweiterung eingeführten neuen Konstanten c_1 und c_2 dafür verwenden, womit wir dann ein komplementäres Formelpaar erreichen. Es ist strategisch vorteilhaft, die Instantiierung allquantifizierter Variablen möglichst spät durchzuführen. (Hier erkennt man eine Parallele zum Konzept "allgemeinster Unifikator".)

Kapitel 5

Paramodulation

Dieses und die folgenden Kapitel beschäftigen sich mit der *Gleichheit*, einer Relation, die in der Logik und in vielen Anwendungen eine zentrale Rolle spielt. Für eine Menge M ist die Gleichheit (oder: die Identität) auf M bekanntlich die Relation $\{ (m, m) \mid m \in M \}$. Strukturen, in denen das Prädikatensymbol $\equiv$ als die Gleichheit auf den entsprechenden Datenmengen interpretiert wird, nennen wir *Gleichheitsmodelle* bzw. *Gleichheitsstrukturen.*

Nun zeigt es sich, daß man mit Formeln der Prädikatenlogik erster Stufe nicht erzwingen kann, daß alle Modelle einer Formelmenge Gleichheitsmodelle sind. Die Leibnizsche Charakterisierung der Gleichheit, daß zwei Elemente gleich sind, wenn alle Eigenschaften des einen auch dem anderen zukommen und umgekehrt, läßt sich erst mit der Logik zweiter Stufe adäquat formulieren, in der auch über Prädikate quantifiziert werden kann. Da unser Interesse der Unerfüllbarkeit von Formelmengen gilt, wäre es nicht so schlimm, wenn wir außer Gleichheitsmodellen auch noch andere Modelle für unsere Formeln zuließen; wichtig ist es dann aber, auszuschließen, daß es irgendwelche Modelle gibt, obwohl kein Gleichheitsmodell existiert. So ist etwa die Formelmenge $\{ a \equiv b , P(a) , \neg P(b) \}$ erfüllbar, hat aber kein Gleichheitsmodell. Daß eine Formelmenge genau dann erfüllbar ist, wenn sie ein Gleichheitsmodell besitzt, erreicht man gerade dadurch, daß man ihr noch weitere Formeln hinzufügt, die *Gleichheitsaxiome.*

5.1 Gleichheit

Definition (5.1) (Gleichheitsaxiome)

Sei Σ eine Signatur, die für jedes Sortensymbol s ein zweistelliges Prädikatensymbol $\equiv$ enthält. Die *Gleichheitsaxiome für* Σ (kurz: GAX_Σ) sind dann alle Σ-Formeln, die nach den folgenden Schemata gebildet werden können: $(x, y, z, x_i \in V\ (1 \leq i \leq n))$

(1) $x \equiv x$ *(Reflexivität)*

(2) $x \equiv y \rightarrow y \equiv x$ *(Symmetrie)*

(3) $x \equiv y \wedge y \equiv z \rightarrow x \equiv z$ *(Transitivität)*

(4) für alle n-stelligen $(n \geq 1)$ Operationssymbole f aus Σ und jede Argumentstelle $1 \leq i \leq n$:
$x_i \equiv y \rightarrow f(x_1, ..., x_i, ..., x_n) \equiv f(x_1, ..., y, ..., x_n)$,
$c \equiv c$ für alle Konstantensymbole c aus Σ
(Kongruenz bzgl. der Operationssymbole)

(5) für alle n-stelligen $(n \geq 1)$ Prädikatensymbole P aus Σ und jede Argumentstelle $1 \leq i \leq n$:
$x_i \equiv y \wedge P(x_1, ..., x_i, ..., x_n) \rightarrow P(x_1, ..., y, ..., x_n)$
(Kongruenz bzgl. der Prädikatensymbole) ■

Bemerkungen (5.2)

- Diese Axiome sind also für alle möglichen Sorten bzw. Kombinationen von Sorten in GAX enthalten; so gibt es ein Reflexivitätsaxiom für jede Sorte. In Axiomen vom Typ (4) stehen eventuell auch Gleichheitssymbole unterschiedlicher Sorten, je nach der i-ten Argumentsorte und Zielsorte von f.
- Wir schreiben im folgenden nur GAX statt GAX_Σ, wenn die zugrundeliegende Signatur klar ist; ist X eine Formelmenge über Σ, so steht $X \cup GAX$ also für $X \cup GAX_\Sigma$.
- Da in Axiomen vom Typ (5) für das Prädikatensymbol P speziell auch $\equiv$ stehen kann, sind die Gleichheitssaxiome so wie angegeben redundant: Aus (1) und (5) lassen sich (2) und (3) folgern. (Aufgabe!)
- Alle GAX-Formeln sind nicht nur Gentzen-, sondern sogar Hornformeln. ■

Satz (5.3) (Existenz von Gleichheitsmodellen)

Zu jedem Modell der Gleichheitsaxiome existiert ein Gleichheitsmodell, in dem dieselben Formeln gelten.

Beweis

Sei $\mathcal{M} = (\mathcal{D}, \mathcal{F}, \mathcal{P})$ ein Modell von GAX. Wir konstruieren daraus wie folgt ein Gleichheitsmodell $\mathcal{G}$:

Als Daten in $\mathcal{G}$ zur Sorte s wählen wir alle Äquivalenzklassen

$$[\,d\,] := \{\, d_0 \in \mathcal{D}_s \mid d_0 \approx d \text{ in } \mathcal{M} \,\}$$

für Daten d aus $\mathcal{D}_s$, wobei $\approx$ die Interpretation des Prädikatensymbols $\equiv$ in $\mathcal{M}$ ist; wir faktorisieren also die alten Trägermengen nach $\approx$.

(Aufgabe: Zeige dazu, daß $\approx$ eine Äquivalenzrelation ist, ja sogar eine Kongruenzrelation bezüglich der Operationen und Prädikate in $\mathcal{M}$; dafür sorgen gerade die Gleichheitsaxiome.) Damit ist $[\, d\,] = [\, d_0\,]$ genau dann, wenn $d \approx d_0$ in $\mathcal{M}$ zutrifft. Die Operationen und Prädikate für $\mathcal{G}$ erhalten wir nun dadurch, daß wir die aus $\mathcal{M}$ auf diese Äquivalenzklassen fortsetzen:
Ein Operationssymbol f, das in $\mathcal{M}$ durch f interpretiert wird, interpretieren wir in $\mathcal{G}$ durch $f_{\mathcal{G}}$ mit $f_{\mathcal{G}}([d_1], \dots, [d_n]) := [f(d_1, \dots, d_n)]$.
Ein Prädikatensymbol P, das in $\mathcal{M}$ durch p interpretiert wird, interpretieren wir in $\mathcal{G}$ durch $p_{\mathcal{G}}$, wobei $p_{\mathcal{G}}$ auf $([d_1], \dots, [d_n])$ in $\mathcal{G}$ genau dann zutreffe, wenn p in $\mathcal{M}$ auf $(d_1, \dots, d_n)$ zutrifft.
Für das entstandene Modell kann man nun leicht die Behauptung durch Induktion über den Formelaufbau zeigen. ∎

Korollar (5.4)

Für eine Gentzenformelmenge X gilt:

$X \cup GAX$ ist genau dann erfüllbar, wenn ein Gleichheitsmodell für X existiert. ∎

Korollar (5.5)

X hat kein Gleichheitsmodell genau dann, wenn $X \cup GAX \vdash_{\mathcal{R}} \square$

wobei $\mathcal{R}$ für (Res+Fak) oder (Rob) steht. ∎

Prinzipiell ist die Gleichheit damit also unseren bisherigen Methoden zugänglich geworden. Leider sind die Gleichheitsaxiome für eine Handhabung mit reinen Resolutionskalkülen schlecht geeignet. Das liegt zum einen daran, daß diese Formeln untereinander schneidbar sind, wir an solchen Schnitten meist aber nicht interessiert sind. Zum anderen benötigt man meist viele Schnitte, um das zu simulieren, was man bei einem natürlichen Umgang mit der Gleichheit ständig verwendet: das *Ersetzen* von *Gleichem* durch *Gleiches*. Deshalb liegt es nahe, für *Gleichungen* (also für Atome mit dem Prädikatensymbol $\equiv$) spezielle Regeln zu verwenden. Eine solche Regel ist die *Paramodulation*, die wir im folgenden Abschnitt behandeln wollen.

5.2 Paramodulation

Der *Paramodulationskalkül* erlaubt Resolution und Faktorisierung wie bisher, die Gleichheitsaxiome werden aber durch eine andere Menge ersetzt, die *Axiome der Reflexivität;* dafür ergänzen wir unsere Regelmenge um die *Paramodulationsregel* von Robinson & Wos [RW69]. Sie erlaubt, Teilterme eines Literals, die mit der linken Seite einer Gleichung unifizierbar sind, durch deren rechte Seite zu ersetzen. Die restlichen Literale der beteiligten Klauseln werden dann mit dem modifizierten Literal zu einer neuen Klausel zusammengefaßt. Wie schon bei der Resolution sind nur allgemeinste Unifikatoren erlaubt.

Definition (5.6) (Axiome der Reflexivität)

Sei Σ eine Signatur, die für jedes Sortensymbol s eine zweistelliges Prädikatensymbol $\equiv$ enthält. Die *Axiome der Reflexivität für* Σ (kurz: REF_Σ) sind dann alle Σ-Formeln, die nach folgenden Schemata gebildet werden können: $(x, x_i \in V\ ,\ n \geq 0\ ,\ i \leq n)$

(1) $x \equiv x$ (*Reflexivität*)

(2) $f(x_1, ..., x_n) \equiv f(x_1, ..., x_n)$ (*Funktionale Reflexivität*) ■

Bemerkungen (5.7)

- Bemerkung (5.2) zu GAX gilt entsprechend für REF.
- Die REF-Axiome vom Typ (2) sind Instanzen der Axiome vom Typ (1), folgen also insbesondere logisch daraus. Da wir aber die Substitutionsregel nicht frei verwenden, sondern stattdessen mit allgemeinsten Unifikatoren arbeiten, können wir aus (1) nicht direkt (2) ableiten. Inwieweit diese Gleichungen für unsere Kalküle nötig sind, diskutieren wir am Ende des Abschnitts 5.2 und in 6.1. ■

Definition (5.8) (Paramodulation)

Seien A, C Konjunktionen, B, D Disjunktionen von Atomen, $l \equiv r$ und P Atome, und u ein Stelle in P. Die Ableitungsregeln

$$\text{(Para)}\quad \frac{A \rightarrow B \vee P \qquad C \rightarrow D \vee l \equiv r}{(A \wedge C\pi \rightarrow B \vee P[u \leftarrow r\pi] \vee D\pi)\sigma} \quad \text{und} \quad \frac{A \wedge P \rightarrow B \qquad C \rightarrow D \vee l \equiv r}{(A \wedge P[u \leftarrow r\pi] \wedge C\pi \rightarrow B \vee D\pi)\sigma}$$

heißen *Paramodulationsregeln*[1],

wobei (1) π eine Umbenennung von $C \rightarrow D \vee l \equiv r$ ist, so daß $A \rightarrow B \vee P$ und $(C \rightarrow D \vee l \equiv r)\pi$ keine gemeinsamen Variablen enthalten

und (2) σ ein mgu von P/u und $l\pi$ ist.

Wir nennen eine solchen Schritt kurz *Paramodulation von* $l \equiv r$ *in* P. ■

[1] Ebenso wie die Faktorisierung läßt sich Paramodulation in Klauselschreibweise als *eine* Regel formulieren.

Bemerkung (5.9)

Man zeigt leicht, daß eine Gleichung in einer Klausel durch einen Paramodulationsschritt unter Verwendung von REF(1) umgedreht werden kann:

$$\{\ W \rightarrow x \equiv x\ ,\ \ C \rightarrow D \vee l \equiv r\ \} \vdash_{\text{Para}} C \rightarrow D \vee r \equiv l$$

(dabei komme die Variable x in der Klausel nicht vor). Aus diesem Grund können wir gleichwertig ***Links-Rechts-*** und ***Rechts-Links-Paramodulationen*** (kurz: (*lr*) bzw. (*rl*)) erlauben, ohne die Mächtigkeit des Kalküls zu verändern. Bei der Rechts-Links-Paramodulation entsteht also eine Klausel mit dem Literal $P[u \leftarrow l\pi]\sigma$, wobei σ ein mgu von P/u und $r\pi$ ist. ■

Beispiel (5.10)

Mit einem Paramodulationsschritt an der Stelle $1.2.1.\lambda$ entsteht aus

der Klausel	(1)	P(f(g(a), g(g(y)), f(a,y,z)))
und der Gleichung	(2)	g(a) ≡ g(g(a))
die Klausel	(3)	P(f(g(a), g(g(g(a)), f(a,a,z))) .

Um dasselbe Resultat durch Resolution mit Hilfe der Gleichheitsaxiome zu erhalten, wären folgende Schritte nötig gewesen:

Aus (2) und $x_1 \equiv y \rightarrow g(x_1) \equiv g(y)$ (GAX(4)) erhalten wir

$g(g(a)) \equiv g(g(g(a)))$.

Damit und aus $x_2 \equiv y \rightarrow f(x_1, x_2, x_3) \equiv f(x_1, y, x_3)$ (GAX(4)) entsteht

$f(x_1, g(g(a)), x_3) \equiv f(x_1, g(g(g(a))), x_3)$.

Mit $x_1 \equiv y \wedge P(x_1) \rightarrow P(y)$ (GAX(5)) wird daraus

$P(\ f(x_1, g(g(a)), x_3)\ ) \rightarrow P(\ f(x_1, g(g(g(a))), x_3)\ )$.

Nun erst bekommen wir mit Hilfe von (1) das Ergebnis (3)

P(f(g(a), g(g(g(a)), f(a,a,z)) .

Insgesamt waren *vier* Resolutionsschritte nötig, um *einen* Paramodulationsschritt zu simulieren. Je größer die im Literal bzw. in der Gleichung auftretenden Terme sind, desto drastischer kann dieser Unterschied ausfallen. ■

Beispiel (5.11)

Die folgenden Formeln (1) bis (7) formalisieren Aussagen über natürliche Zahlen und implizieren $\forall x$ Ungerade(2∗x + 1) ; wir widerlegen also die Menge[2]

(1)	Gerade(x) ∨ Ungerade(x)	(5)	2 ∗ x ≡ x + x
(2)	Gerade(x) ∧ Ungerade(y) → Ungerade(x + y)	(6)	Gerade(x) → Ungerade(x + 1)
(3)	Ungerade(x) ∧ Gerade(y) → Ungerade(x + y)	(7)	Ungerade(x) → Gerade(x + 1)
(4)	(x + y) + z ≡ x + (y + z)	(8)	Ungerade((2 ∗ c) + 1) → F

[2] + und ∗ sind zweistellige Infix-Operationssymbole, 1, 2 und c Konstanten, wobei c durch Skolemisieren entstanden ist.

Eine Paramodulation von (5) in (8) liefert		Ungerade((c + c) + 1) $\to$ F ,
ein weiterer Paramodulationsschritt mit (4)	(9)	Ungerade(c + (c + 1)) $\to$ F .
Durch Resolution zwischen (9) und (2) erhalten wir	(10)	Gerade(c) $\wedge$ Ungerade(c+1) $\to$ F ,
entsprechend zwischen (9) und (3)	(11)	Ungerade(c) $\wedge$ Gerade(c+1) $\to$ F .
Nun schneiden wir (10) mit (6) zu	(12)	Gerade(c) $\to$ F ,
und (11) mit (7) zu	(13)	Ungerade(c) $\to$ F .

Aus (12) und (13) erhalten wir nach zwei weiteren Schnitten mit Hilfe von (1) schließlich $\square$. ■

Beispiel (5.12)

Wir zeigen für Gruppen[3], daß aus der Assoziativität, der Linksneutralität von e und der Existenz von Linksinversen die Rechtsneutralität von e folgt. Wir negieren also die Behauptung, skolemisieren (dabei entsteht die Konstante c) und widerlegen die Menge

(1) $x \circ (y \circ z) \equiv (x \circ y) \circ z$

(2) $e \circ x \equiv x$

(3) $x^{-1} \circ x \equiv e$

(4) $\neg (c \circ e \equiv c)$

Die Widerlegung ist hier als Ableitungsbaum dargestellt; u und v sind durch Umbenennung entstandene Variablen.

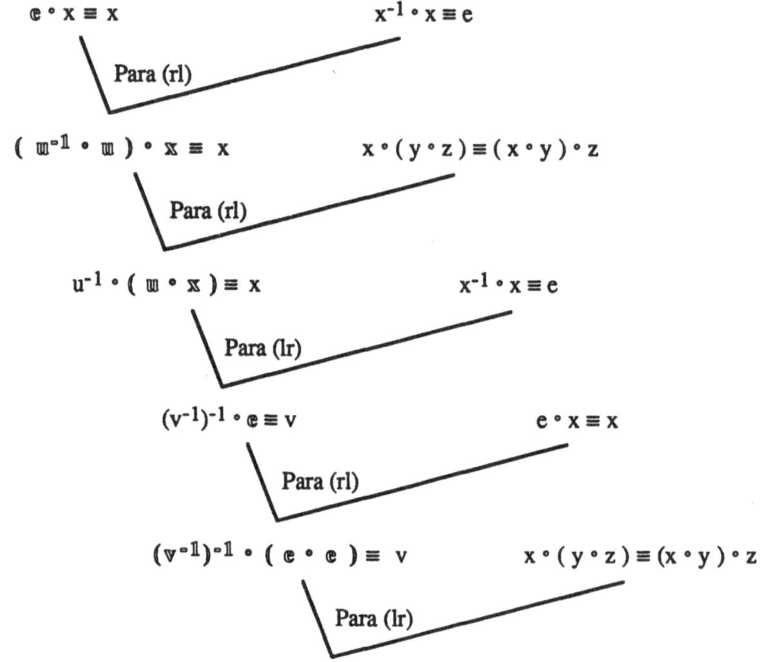

3 vgl. Beispiel (1.26)

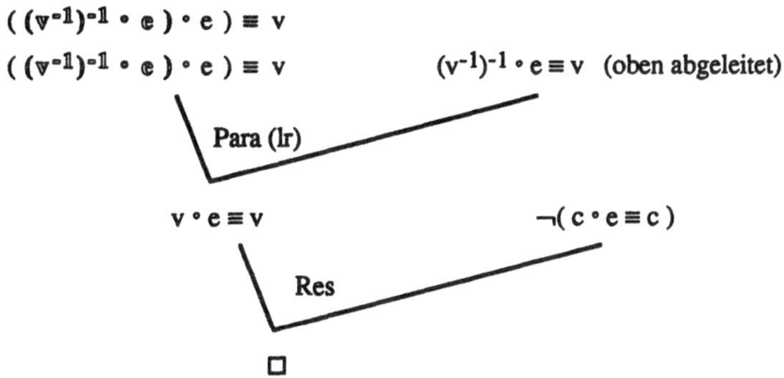

Wir man sieht, hätten wir auch direkt die zu folgernde Formel (bzw. eine Variante) ableiten können, statt mit Widerlegungen zu arbeiten. Diese Überlegungen werden für den Gleichungsfall in Kapitel 6 weitergeführt. ∎

Zum Abschluß des Kapitels zeigen wir nun die Widerlegungsadäquatheit des Paramodulationskalküls bzgl. Gleichheitsstrukturen dadurch, daß wir Widerlegungen im (Res+Fak)-Kalkül schrittweise in solche (Res+Para+Fak)-Widerlegungen transformieren, die ohne GAX auskommen.

Satz (5.13) (Äquivalenz des Resolutions- und Paramodulationskalküls)
Sei X eine Menge von Gentzenformeln. Dann gilt:

$X \cup GAX \vdash_{Res+Fak} \square$ gdw. $X \cup REF \vdash_{Res+Para+Fak} \square$.

Beweis

"⇒" Aus einer gegebenen Widerlegung von $X \cup GAX$ mit (Res+Fak) konstruieren wir eine Widerlegung von $X \cup REF$ mit (Res+Para+Fak) dadurch, daß wir jeden einzelnen Ableitungsschritt in dem anderen Kalkül simulieren. Dabei nutzen wir aus, daß bereits *positiver Schnitt* widerlegungsvollständig ist; o.B.d.A. haben also alle Resolutionsschritte in der Ableitung eine Prämisse der Form $W \rightarrow Q_1 \vee \dots \vee Q_m$. Wegen Bemerkung (5.2) reicht es zudem aus, nur die GAX-Formeln der Typen (1), (4) und (5) zu betrachten.
Um den Beweis zu entfrachten, setzen wir voraus, daß alle Prämissen von Regelanwendungen bereits variablendisjunkt sind; die fehlenden Umbenennungen möge der Leser ergänzen.

Fall 1 Es liege ein (Res)- oder ein (Fak)-Schritt vor, bei dem die Prämisse(n) aus X sind. Dieser Schritt ist weiterhin möglich.

Fall 2 Ein Faktor einer GAX-Formel (Faktorisierung ist nur bei Formeln vom Typ (3) oder (5) möglich) wird immer von einer entsprechenden GAX(1)-Formel subsumiert, ist also überflüssig.

Fall 3 Eine Resolution mit einer GAX-Formel vom Typ (1) - Reflexivität - ist als Resolution mit der entsprechenden REF-Formel vom Typ (1) machbar.

Fall 4 Eine Resolution mit einer GAX-Formel vom Typ (4) hat folgende Form:

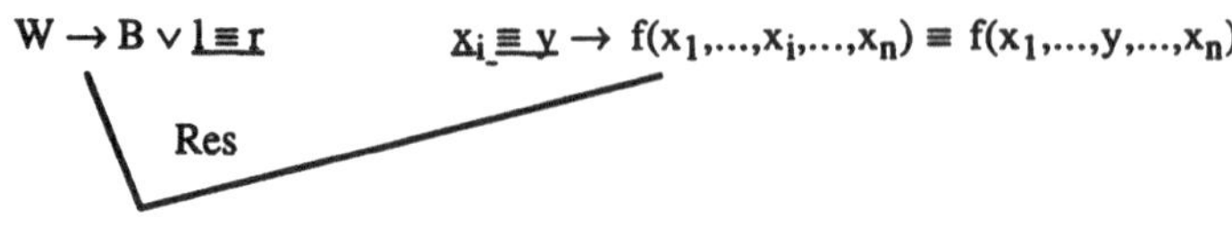

$$W \to B \vee f(x_1,\dots,l,\dots,x_n) \equiv f(x_1,\dots,r,\dots,x_n)$$

Hier paramodulieren wir mit einem REF-Axiom vom Typ (2):

$$f(x_1,\dots,x_i,\dots,x_n) \equiv f(x_1,\dots,x_i,\dots,x_n) \qquad W \to B \vee l \equiv r$$

Para (lr)

$$W \to B \vee f(x_1,\dots,l,\dots,x_n) \equiv f(x_1,\dots,r,\dots,x_n)$$

Fall 5 Eine Resolution mit einer GAX-Formel vom Typ (5) wird in einer Ableitung mit positivem Schnitt sofort von einem weiteren Schnitt mit einer positiven Formel gefolgt (evtl. nach geeigneter Faktorisierung), es liegt also einer der folgenden Teilbäume vor (je nachdem, ob in der GAX-Formel zuerst über $x_i \equiv y$ oder über $P(x_1,\dots,x_i,\dots,x_n)$ geschnitten wurde):

(a)

$$W \to B_1 \vee \underline{l \equiv r} \qquad \underline{x_i \equiv y} \wedge P(x_1,\dots,x_i,\dots,x_n) \to P(x_1,\dots,y,\dots,x_n)$$

Res

$$\underline{P(x_1,\dots,l,\dots,x_n)} \to B_1 \vee P(x_1,\dots,r,\dots,x_n) \qquad W \to B_2 \vee \underline{P(t_1,\dots,t_i,\dots,t_n)}$$

Res

$$(\, W \to B_1 \vee B_2 \vee P(t_1,\dots,r,\dots,t_n)\,)\,\sigma \qquad \text{wobei } \sigma \text{ mgu von } l \text{ und } t_i \text{ ist}$$

(Dabei entsteht σ aus dem mgu der Literale $P(x_1,\dots,l,\dots,x_n)$ und $P(t_1,\dots,t_i,\dots,t_n)$ dadurch, daß die Variablen $x_1,\dots, x_n$ unberücksichtigt bleiben; sie kommen nämlich in B_1, B_2, $t_1,\dots, t_n$, l und r wegen der Variablendisjunktheit der Prämissen gar nicht vor.)

(b)

$$W \to B_2 \vee \underline{P(t_1,\dots,t_i,\dots,t_n)} \qquad x_i \equiv y \wedge \underline{P(x_1,\dots,x_i,\dots,x_n)} \to P(x_1,\dots,y,\dots,x_n)$$

Res

$$\underline{t_i \equiv y} \to B_2 \vee P(t_1,\dots,y,\dots,t_n) \qquad W \to B_1 \vee \underline{l \equiv r}$$

Res

$$(\, W \to B_1 \vee B_2 \vee P(t_1,\dots,r,\dots,t_n)\,)\,\sigma \qquad \text{wobei } \sigma \text{ mgu von } l \text{ und } t_i \text{ ist}$$

(Die obige Bemerkung zu σ gilt analog.)

Im Paramodulationskalkül simulieren wir beide Fälle in *einem* Schritt so:

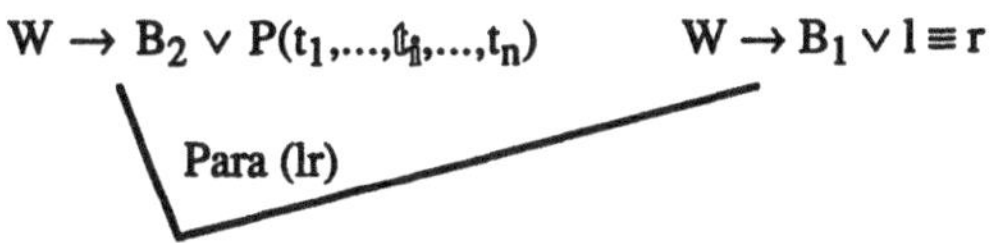

$(W \rightarrow B_1 \vee B_2 \vee P(t_1,\ldots,r,\ldots,t_n))\,\sigma$ wobei σ mgu von l und t_i ist

Eine Faktorisierung zwischen den Resolutionsschritten kann nach dem entsprechenden Para-Schritt geschehen (Aufgabe!).

"$\Leftarrow$" Hier reicht es wegen Korollar (5.5) zu zeigen, daß für alle Klauseln C gilt: Wenn $X \cup REF \vdash_{Res+Para+Fak} C$, dann gilt C in allen Gleichheitsmodellen von X. (Dies sei dem Leser als Übung überlassen.) Das ist der zur Korrektheit analoge Begriff, wenn man sich auf Gleichheitsmodelle beschränkt. Aus $X \cup REF \vdash_{Res+Para+Fak} \square$ folgt damit, daß X kein Gleichheitsmodell besitzt.[4] ∎

Korollar (5.14)

X hat kein Gleichheitsmodell genau dann, wenn $X \cup REF \vdash_{Res+Para+Fak} \square$. ∎

Bemerkung (5.15) (Positive Paramodulation)

Betrachtet man die Verwendung der Paramodulationsregel im Beweis von Satz (5.13) genauer, so sieht man, daß der Kalkül selbst dann widerlegungsvollständig bleibt, wenn man die erlaubten (Para)-Schritte durch die Forderung einschränkt, daß *beide* Prämissen einer solchen Regelanwendung *positiv* sein müssen: *positive Paramodulation.* Besteht X nur aus Hornformeln, so reicht es also aus, neben Resolution und Faktorisierung nur solche Paramodulationen durchzuführen, bei denen eine positive Unit-Clause $W \rightarrow l \equiv r$ in eine positive Unit-Clause $W \rightarrow P$ paramoduliert wird. Weitere Verfeinerungen der Paramodulation findet man bei [CL73]. ∎

Bemerkungen (5.16) (REF-Axiome)

• An Fall 4 im Beweis zu Satz (5.13) sieht man, daß in REF-Axiome vom Typ (2) nur an solchen Stellen paramoduliert zu werden braucht, an denen eine Variable steht.

• Auf die Axiome der Reflexivität vom Typ (1) kann man nicht verzichten, da sonst etwa die Menge $\{\neg(c \equiv c)\}$ im Paramodulationskalkül nicht widerlegt werden könnte, obwohl sie natürlich kein Gleichheitsmodell besitzt.

• Die Axiome der funktionalen Reflexivität sind dagegen überflüssig, wenn man nur an Widerlegungen interessiert ist (siehe D. Brand [Bra75] und G.E. Peterson [Pet83]). Wir haben sie hier dennoch benutzt, da sie zum einen den Beweis von Satz (5.13) vereinfachen, zum anderen in Kapitel 6 ohnehin benötigt werden: Dort leiten wir Gleichungen aus Gleichungsmengen direkt ab, ohne über Widerlegungen zu gehen. Für die in Bemerkung (5.15) erwähnte Einschränkung auf positive Paramodulation kann man ebenfalls nicht auf die REF-Axiome vom Typ (2) verzichten; betrachte dazu etwa die (widersprüchliche) Menge $\{a \equiv b, \neg f(a) \equiv f(b)\}$. ∎

4 Ein alternativer Beweis könnte den zweiten Teil des Satzes analog zum ersten Teil dadurch zeigen, daß einzelne Para-Schritte durch Resolutionen mit GAX-Formeln simuliert werden; vgl. dazu Beispiel (5.10).

Kapitel 6

Termersetzung: Grundlagen

Im vorigen Kapitel haben wir begonnen, die Gleichheit als ausgezeichnetes Prädikatensymbol innerhalb des Prädikatenkalküls zu studieren: zunächst in klassischer Weise mit den Gleichheitsaxiomen und normaler Resolution, dann mit Paramodulation. Jetzt wollen wir einen Schritt weiter gehen und unseren Kalkül so weit spezialisieren, daß die Gleichheit das *einzige* Prädikatensymbol ist. Tatsächlich liegen bei vielen Anwendungen Formelmengen vor, die ausschließlich aus Gleichungen bestehen. Hier ergeben sich Querbezüge zu verschiedenen anderen Gebieten der Informatik, etwa zur *Funktionalen Programmierung*, wo - abweichend von zustandsorientierten imperativen Sprachkonzepten - einzelne Ausdrücke durch Regelanwendungen in andere umgeformt werden, oder zur *Algebraischen Spezifikation*, wo mit Gleichungen *Abstrakte Datentypen* definiert werden, siehe Ehrig & Mahr [EM85].

Termersetzungssysteme betonen eine operationale Sichtweise von Gleichungsspezifikationen: Die Gleichungen werden hier von links nach rechts orientiert, *Regeln* genannt und entsprechend mit $\rightarrow$ statt $\equiv$ geschrieben. Statt jedoch wie bei der Paramodulation ganze *Gleichungen* zu manipulieren, werden jetzt bei der Termersetzung nur noch einzelne *Terme* in andere umgeformt.

Wir behandeln *Termersetzung* als adäquates Mittel, innerhalb dieses reinen Gleichungskalküls Theoreme zu beweisen. Zunächst interessiert uns dabei nur die Frage, ob zwei Terme (in einem noch zu präzisierenden Sinne) *äquivalent* sind; das wird genau dann der Fall sein, wenn ihre Gleichheit aus der zugrundeliegenden Gleichungsmenge folgt. Dann geben wir einfache Kriterien an, die garantieren, daß die Folgerung hier sogar entscheidbar wird. Zusammenfassende Darstellungen dieses Themas finden sich etwa bei Huet & Oppen [HO80], Klop [Klop87] und Dershowitz & Jouannaud [DJ89].

6.1 Termersetzungssysteme

Im folgenden sei stets eine Signatur Σ und eine passende Variablenmenge V als gegeben vorausgesetzt.

Definition (6.1) (Termersetzungssystem)

Ein *Termersetzungssystem* ist eine Menge $R \subseteq \{ (l, r) \mid l, r \in T_\Sigma(V) \}$ von Termpaaren. Statt $(l, r) \in R$ schreiben wir auch $l \to r \in R$ und nennen $l \to r$ *Regel* aus R mit *linker Seite* l und *rechter Seite* r. ∎

Definition (6.2) (Termersetzung)

Sei R ein Termersetzungssystem und seien $t_1, t_2 \in T_\Sigma(V)$ Terme. Dann heißt t_1 *in einem Schritt mit* R *zu* t_2 *reduzierbar* (oder *ableitbar*), falls eine Stelle u in t_1, eine Regel $l \to r$ aus R und eine Substitution σ existieren, so daß

(1) $t_1 / u = l\sigma$

und (2) $t_2 = t_1[\, u \leftarrow r\sigma \,]$.

Wir schreiben dann $t_1 \longrightarrow_R t_2$ (oder auch nur $t_1 \longrightarrow t_2$, wenn R aus dem Kontext klar wird).

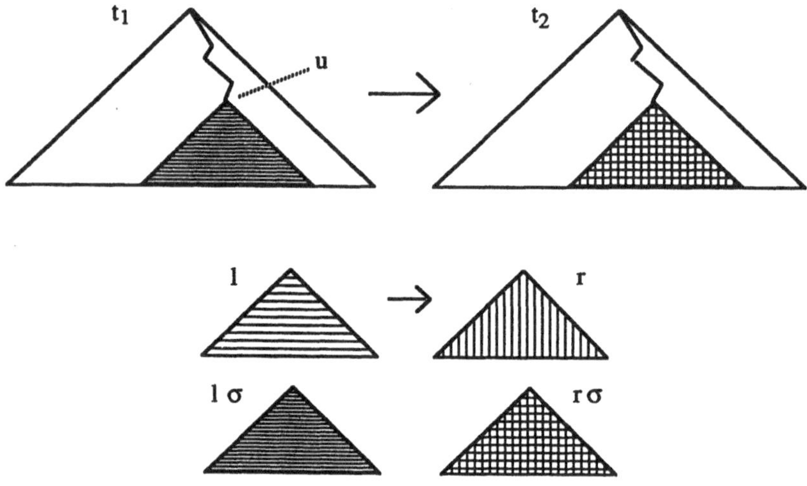

∎

Hier wird also der Teilterm t_1 / u in t_1 nicht mit der linken Seite der Regel l *unifiziert*, wie das bei der Paramodulation der Fall war, sondern es findet lediglich ein *Match* statt: nur Variablen aus l werden substituiert, nicht aber Variablen aus t_1. Auf den Variablen, die in l vorkommen, ist σ dann eindeutig bestimmt; für Variablen in r, die nicht in l vorkommen, ist σ dagegen beliebig.

Beispiele (6.3) (Termersetzungssysteme, Reduktion)

(i) Das folgende Termersetzungssystem beschreibt einen Ausschnitt aus der Arithmetik natürlicher Zahlen:

(1)	x + 0	→	x
(2)	x + s(y)	→	s(x+y)
(3)	x * 0	→	0
(4)	x * s(y)	→	x + (x*y)

Damit läßt sich nun beispielsweise der Term t_1 = s((x+0) * s(s(x+y))) in einem Schritt zu t_2 = s((x+0) + ((x+0) * s(x+y))) reduzieren: Wir wählen dazu in t_1 die Stelle $u = 1.\lambda$ und die Regel (4) unter der Substitution $\sigma = \begin{bmatrix} x & y \\ (x+0) & s(x+y) \end{bmatrix}$.

(ii) Wir definieren verschiedene Operationen auf Listen über {0, 1} , wobei wir die Listen - wie üblich - durch die leere Liste nil und die • -Operation (oft "leftadd" genannt: hänge ein Element x links an die Liste u ; Ergebnis x•u) aufbauen. Zusätzlich definieren wir die "rightadd"-Operation, die Konkatenation zweier Listen und das Reversieren einer Liste und notieren dafür u_x bzw. u ∘ v bzw. reverse(u) . (Dabei bezeichnen x und y Variablen für {0, 1} , u, v und w Variablen für Listen.)

(1)	nil _ y	→	y • nil
(2)	(x • u) _ y	→	x • (u _ y)
(3)	nil ∘ v	→	v
(4)	(x • u) ∘ v	→	x • (u ∘ v)
(5)	reverse(nil)	→	nil
(6)	reverse(x • u)	→	reverse(u) _ x

Eine Folge von Reduktionen mit diesem Termersetzungssystem erreicht dann etwa vom Term reverse(1 • (0 • nil)) ausgehend den Term 0 • (1 • nil) , von dem aus dann kein Reduktionsschritt mehr möglich ist:

reverse(1 • (0 • nil)) ⟶ reverse(0 • nil) _ 1 ⟶ (reverse(nil) _ 0) _ 1 ⟶
(nil _ 0) _ 1 ⟶ (0 • nil) _ 1 ⟶ 0 • (nil _ 1) ⟶ 0 • (1 • nil) ■

Die Relation $\longrightarrow_R$ auf Termen benutzen wir nun, um andere Relationen zu definieren:

Definition (6.4) (Termersetzungsrelationen)

$\overset{+}{\longrightarrow}_R$ ist der *transitive Abschluß* von $\longrightarrow_R$.

(Also $t_1 \overset{+}{\longrightarrow}_R t_2$ gdw. für ein $n \geq 1$ und Terme $s_0, s_1, \ldots, s_n$ gilt:
$t_1 = s_0 \longrightarrow_R s_1 \longrightarrow_R \cdots \longrightarrow_R s_n = t_2$.)

$\xrightarrow{*}_R$ ist der *transitive und reflexive Abschluß* von $\longrightarrow_R$.

(Also $t_1 \xrightarrow{*}_R t_2$ gdw. $t_1 \xrightarrow{+}_R t_2$ oder $t_1 = t_2$.)

$\longleftrightarrow_R$ ist der *symmetrische Abschluß* von $\longrightarrow_R$.

(Also $t_1 \longleftrightarrow_R t_2$ gdw. $t_1 \longrightarrow_R t_2$ oder $t_2 \longrightarrow_R t_1$.)

$\xleftrightarrow{*}_R$ ist der *Äquivalenzabschluß* von $\longrightarrow_R$.

($\xleftrightarrow{*}_R$ ist also der transitive und reflexive Abschluß von $\longleftrightarrow_R$.) ■

Das folgende Lemma gibt noch zwei wichtige Verträglichkeits-Eigenschaften der Termersetzungs-Relationen an, bevor wir sie durch ein ausführliches Beispiel illustrieren (die Beweise empfehlen wir als Übung):

Lemma (6.5) (Verträglichkeiten von $\longrightarrow_R$)

Alle Relationen aus (6.4) sind verträglich mit Substitutionen und mit den termaufbauenden Operationen, d.h. es gilt für alle Terme t_1, t_2, Substitutionen σ und Operationssymbole f:

(i) wenn $t_1 \longrightarrow_R t_2$, dann $t_1\sigma \longrightarrow_R t_2\sigma$

(ii) wenn $t_1 \longrightarrow_R t_2$, dann $f(\ldots,t_1,\ldots) \longrightarrow_R f(\ldots,t_2,\ldots)$

(Für $\longleftrightarrow_R$, $\xrightarrow{+}_R$, $\xrightarrow{*}_R$ und $\xleftrightarrow{*}_R$ gelten (i) und (ii) analog.) ■

Beispiel (6.6) (Gruppentheorie)

Wir greifen das Beispiel (5.12) aus Kapitel 5 wieder auf und verwandeln die Gleichungsmenge der Gruppenaxiome zunächst in ein Termersetzungssystem mit den folgenden Regeln:

(1) $x \circ (y \circ z) \rightarrow (x \circ y) \circ z$

(2) $e \circ x \rightarrow x$

(3) $x^{-1} \circ x \rightarrow e$

Wir zeigen nun mit Hilfe der soeben definierten Termersetzungsrelationen die Rechtsneutralität des linksneutralen Elements, d.h. wir zeigen $x \circ e \xleftrightarrow{*} x$.

Mit (1), (3) und (2) erhält man

$$(x^{-1})^{-1} \circ (x^{-1} \circ x) \longrightarrow ((x^{-1})^{-1} \circ x^{-1}) \circ x \longrightarrow e \circ x \longrightarrow x .$$

Andererseits ist wegen (3)

$$(x^{-1})^{-1} \circ (x^{-1} \circ x) \longrightarrow (x^{-1})^{-1} \circ e .$$

Zusammen zeigt das

(4) $(x^{-1})^{-1} \circ e \xleftrightarrow{*} x$.

Sicher ist wegen (2) und (4)

$$(x^{-1})^{-1} \circ (e \circ e) \longrightarrow (x^{-1})^{-1} \circ e \xleftrightarrow{*} x .$$

Mit (1), (4) und Lemma (6.5.ii) ist auch

$$(x^{-1})^{-1} \circ (e \circ e) \longrightarrow ((x^{-1})^{-1} \circ e) \circ e \xleftrightarrow{*} x \circ e .$$

Also $x \circ e \xleftrightarrow{*} x$.

Statt eines solchen in einzelne Häppchen mit wiederverwendbaren Teilstücken aufgespaltenen Beweises hätten wir natürlich auch eine einzige lange Kette von Ersetzungsschritten (teils von links nach rechts, teils umgekehrt) aufschreiben können:

$$x \circ e \longleftarrow (e \circ x) \circ e \longleftarrow (((x^{-1})^{-1} \circ x^{-1}) \circ x) \circ e \longleftarrow ((x^{-1})^{-1} \circ (x^{-1} \circ x)) \circ e$$
$$\longrightarrow ((x^{-1})^{-1} \circ e) \circ e \longleftarrow (x^{-1})^{-1} \circ (e \circ e) \longrightarrow (x^{-1})^{-1} \circ e \longleftarrow (x^{-1})^{-1} \circ (x^{-1} \circ x)$$
$$\longrightarrow ((x^{-1})^{-1} \circ x^{-1}) \circ x \longrightarrow e \circ x \longrightarrow x \; .$$ ∎

Statt also zu versuchen, Gleichungen, die aus einer gegebenen Gleichungsmenge logisch folgen, durch Widerlegen zu beweisen, oder sie direkt mit dem Resolutions- oder Paramodulationskalkül abzuleiten, können wir nun auch die Gleichungen in ein Termersetzungssystem umwandeln und dann bzgl. dieses Systems äquivalente Terme bestimmen. Wir interessieren uns also für die *Deduktive Theorie* eines Termersetzungssystems R, d.h. für die Menge $\{ (t_1, t_2) \mid t_1 \overset{*}{\longleftrightarrow}_R t_2 \}$. Um die Beziehungen zwischen den verschiedenen vorgestellten Kalkülen formulieren zu können, führen wir Bezeichnungen ein, die den Übergang von Gleichungsmengen zu Termersetzungssystemen und umgekehrt beschreiben.

Definition (6.7) (Übergang zwischen Gleichungsmengen und Termersetzungssystemen)

- Für eine Menge von Gleichungen E ist R_E das Termersetzungssystem, das entsteht, wenn jede Gleichung $s \equiv t$ aus E durch die Regel $s \rightarrow t$ ersetzt wird. Wir schreiben dann auch $=_E$ statt $\overset{*}{\longleftrightarrow}_{R_E}$ und nennen diese Relation die *von E induzierte Kongruenzrelation*[1].
- Für ein Termersetzungssystem R ist E_R die Gleichungsmenge, die entsteht, wenn jede Regel $l \rightarrow r$ durch die Gleichung $l \equiv r$ ersetzt wird. ∎

Nun stellt sich heraus, daß alle bisher betrachteten Kalküle gleichmächtig sind: Um eine in allen Gleichheitsmodellen einer Gleichungsmenge E gültige Gleichung zu erhalten, kann man sie

entweder	aus E zusammen mit den Gleichheitsaxiomen durch Resolution ableiten (Faktorisierung ist hier überflüssig)
oder	aus E zusammen mit den Axiomen der Reflexivität durch Paramodulation ableiten
oder	E in das korrespondierende Termersetzungssystem R_E transformieren und damit eine Äquivalenz-Kette zwischen ihrer linken und ihrer rechten Seite bilden.

Dies beweisen der folgende Satz und das Korollar:

Satz (6.8) (Äquivalenz von Paramodulation und Termersetzung für Gleichungen)

Sei E eine Menge von Gleichungen. Dann sind für Terme $t_1, t_2 \in T_\Sigma(V)$ äquivalent:

(1) $E \cup REF \vdash_{Para} t_1 \equiv t_2$

(2) $t_1 \overset{*}{\longleftrightarrow}_{R_E} t_2$

[1] $=_E$ ist damit die kleinste Kongruenzrelation, die E enthält und bezüglich Substitutionen und termaufbauenden Operationen abgeschlossen ist.

Beweis

"(1) ⇒ (2)"

Der Beweis wird durch Induktion über die Struktur des (Para)-Ableitungsbaumes geführt:

(i) $t_1 \equiv t_2$ ist aus E. Also ist $t_1 \rightarrow t_2$ eine Regel in R, damit gilt $t_1 \overset{*}{\longleftrightarrow}_{R_E} t_2$.

(ii) $t_1 \equiv t_2$ ist aus REF. Also ist $t_1 \equiv t_2$, und somit $t_1 \overset{*}{\longleftrightarrow}_{R_E} t_2$.

(iii) $t_1 \equiv t_2$ ist durch einen (Para)-Schritt entstanden. Sei also $t_1 \equiv t_2$ durch Paramodulation von $l \equiv r$ in $s \equiv t$ entstanden, o.B.d.A. an der Stelle 1.u, d.h. innerhalb der Terms s.
Wir setzen o.B.d.A. $l \equiv r$ und $s \equiv t$ als variablendisjunkt voraus. Dann ist $t_1 = s[u \leftarrow r]\sigma$ und $t_2 = t\sigma$ mit σ als dem mgu von l und s/u.
Nach Induktionsvoraussetzung gilt $s \overset{*}{\longleftrightarrow}_{R_E} t$ und $l \overset{*}{\longleftrightarrow}_{R_E} r$; zu zeigen ist $t_1 \overset{*}{\longleftrightarrow}_{R_E} t_2$.
Nun ist nach Lemma (6.5.i) $s\sigma \overset{*}{\longleftrightarrow}_{R_E} t\sigma$ und $l\sigma \overset{*}{\longleftrightarrow}_{R_E} r\sigma$. Insgesamt erhält man

$t_1 = s[u \leftarrow r]\sigma = s\sigma[u \leftarrow r\sigma] \overset{*}{\longleftrightarrow}_{R_E} s\sigma[u \leftarrow l\sigma] = s\sigma \overset{*}{\longleftrightarrow}_{R_E} t\sigma = t_2$.

"(2) ⇒ (1)"

Wir benutzen einige wichtige Eigenschaften der Paramodulation (Beweise als Aufgabe!):

Für alle Terme t, t_1, t_2 und alle Substitutionen σ gilt[2]:

(i) $\{ t_1 \equiv t_2 \} \cup \text{REF} \vdash_{Para} t_2 \equiv t_1$

(ii) $\{ t_1 \equiv t_2 , t_2 \equiv t_3 \} \vdash_{Para} t_1 \equiv t_3$

(iii) $\text{REF} \vdash_{Para} t \equiv t$

(iv) $\{ t_1 \equiv t_2 \} \cup \text{REF} \vdash_{Para} t_1\sigma \equiv t_2\sigma$

Wegen (i), (ii) und (iii) reicht es, zu zeigen, daß $E \cup \text{REF} \vdash_{Para} t_1 \equiv t_2$ aus $t_1 \longrightarrow_{R_E} t_2$ folgt.
Den Rest zeigt man dann durch Induktion über n für $t_1 (\longleftrightarrow_{R_E})^n t_2$.
Sei also u eine Stelle in t_1 mit $t_1/u = l\sigma$ und $t_2 = t_1[u \leftarrow r\sigma]$ für eine Regel $l \rightarrow r$ aus R, die o.B.d.A. variablendisjunkt zu t_1 und t_2 ist, und σ eine Substitution, die höchstens auf Variablen aus l und r von der Identität verschieden ist. Wegen (iii) haben wir

$$\text{REF} \vdash_{Para} t_1[u \leftarrow l] \equiv t_1[u \leftarrow l] .$$

In diese Gleichung paramodulieren wir $l \equiv r$ an der Stelle u der rechten Seite hinein und erhalten

$$t_1[u \leftarrow l] \equiv t_1[u \leftarrow r] .$$

Mit (iv) kann man daraus nun tatsächlich auch

$$t_1[u \leftarrow l]\sigma \equiv t_1[u \leftarrow r]\sigma$$

durch (Para)-Schritte ableiten; wegen der Variablendisjunktheit von $l \rightarrow r$ und $t_1 \equiv t_2$ und der obigen Voraussetzung an σ ist dies aber schon $t_1 \equiv t_2$. ∎

[2] Da $x \equiv x$ in REF enthalten ist, stellt (iii) einen Spezialfall von (iv) dar. Man sieht leicht, daß diese Aussagen nur gelten, weil in REF die Axiome von Typ (2) enthalten sind.

Korollar (6.9)

Unter den Voraussetzungen des obigen Satzes sind äquivalent:

(1) In allen Gleichheitsmodellen von E gilt $t_1 \equiv t_2$.

(2) $E \cup GAX \vdash_{Res} t_1 \equiv t_2$

(3) $E \cup REF \vdash_{Para} t_1 \equiv t_2$

(4) $t_1 \overset{*}{\longleftrightarrow}_{R_E} t_2$

Beweis

"(1) ⇒ (2)" Nach Korollar (5.5) existiert eine Widerlegung von $E \cup \{ \neg(t_1 \equiv t_2)\theta \} \cup GAX$, wobei θ die durch Skolemisieren entstandene Substitution ist, die jede in $t_1 \equiv t_2$ vorkommenden Variable durch ein neues Konstantensymbol ersetzt. Diese Widerlegung bauen wir zu einer Ableitung eines positiven Literals aus $E \cup GAX$ um, analog zum Beweis des Konsistenzlemmas (1.50). Dabei entsteht eine Gleichung $t'_1 \equiv t'_2$, die evtl. allgemeiner ist als $t_1 \equiv t_2$, d.h. erst unter einer geeigneten Substitution zu der gewünschten Gleichung wird.

Nun gilt aber für alle Terme t und s und für alle Substitutionen σ:

$\{ t \equiv s \} \cup GAX \vdash_{Res} t\sigma \equiv s\sigma$ (Eine nicht zu leichte Übung für den Leser!)

Damit erhalten wir aus $t'_1 \equiv t'_2$ schließlich $t_1 \equiv t_2$.

"(2) ⇒ (1)" Folgt aus der Korrektheit der Resolution.

"(2) ⇔ (3)" Die im Beweis der Äquivalenz von Resolutions- und Paramodulationskalkül im Satz (5.13) benutzten Transformationen der Ableitungen liefern auch hier den Beweis.

"(3) ⇔ (4)" ist der obige Satz. ∎

6.2 Ersetzungssysteme: Termination und Konfluenz

Unser Glück wäre in Anbetracht des Korollars (6.9) aus dem vorigen Abschnitt vollkommen, wenn wir für ein Termersetzungssystem R die Relation $\overset{*}{\longleftrightarrow}_R$ *entscheiden* könnten, d.h. ein Verfahren hätten, das uns für zwei beliebige Terme t_1, t_2 angibt, ob $t_1 \overset{*}{\longleftrightarrow}_R t_2$ ist oder nicht. Leider ist diese Relation im allgemeinen unentscheidbar. Um nun zumindest hinreichende Kriterien angeben zu können, die die Äquivalenz entscheidbar machen, leisten wir in diesem Abschnitt einige Vorarbeiten in einem etwas allgemeineren Rahmen, vgl. Huet [Huet80].

Definition (6.10) (Ersetzungssystem, terminierend, Church-Rosser)

- Sei T eine Menge, $\longrightarrow$ eine zweistellige Relation auf T. Dann nennen wir $R = (T, \longrightarrow)$ ein *Ersetzungssystem*. Den transitiven und reflexiven bzw. den Äquivalenzabschluß von $\longrightarrow$ bezeichnen wir mit $\overset{*}{\longrightarrow}$ bzw. $\overset{*}{\longleftrightarrow}$.
- R heißt *terminierend* (oder: *Noethersch*[3]), falls keine unendliche Folge $t_0, t_1, t_2, \ldots$ von Elementen aus T existiert, so daß $t_0 \longrightarrow t_1 \longrightarrow t_2 \longrightarrow \ldots$ gilt.
- R hat die *Church-Rosser-Eigenschaft* (oder: R heißt *Church-Rosser*[4]), falls für alle $t_1, t_2 \in T$ mit $t_1 \overset{*}{\longleftrightarrow} t_2$ ein $t \in T$ existiert, so daß $t_1 \overset{*}{\longrightarrow} t$ und $t_2 \overset{*}{\longrightarrow} t$ gilt.

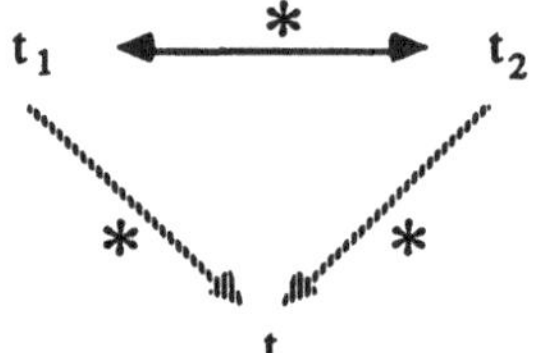

- $t \in T$ heißt *irreduzibel* bzgl. R, falls $t \longrightarrow t'$ für kein $t' \in T$ gilt.
- $t' \in T$ heißt *Normalform* von $t \in T$ bzgl. R, falls $t \overset{*}{\longrightarrow} t'$ gilt und t' irreduzibel ist. Ist die Normalform eindeutig, so bezeichnen wir sie mit $t\downarrow_R$. ■

Bevor wir einige wichtige Eigenschaften von Ersetzungssystemen, die die Terminations- bzw. die Church-Rosser-Eigenschaft besitzen, genauer untersuchen, stellen wir noch ein zentrales Beweisprinzip im Umgang mit Noetherschen Ersetzungssystemen vor: *Noethersche Induktion*. Aus ihm ergeben sich letztlich alle Spielarten der bekannten *vollständigen Induktion* als Spezialfälle. Um zu beweisen, daß jedes Element der Menge T eine Eigenschaft P hat, zeigt man dabei, daß P auf jedes t zutrifft unter der Voraussetzung, daß P auf alle t' zutrifft, die "kleiner" als t sind.[5]

Definition (6.11) (Noethersche Induktion)

Für ein Prädikat P und eine zweistellige Noethersche Relation > auf T erlaubt *Noethersche Induktion* den Schluß von $\forall t\, [\, \forall t'\, (t > t' \rightarrow P(t')) \rightarrow P(t)\,]$ zur Aussage $\forall t\ P(t)$. ■

---

[3] Emmy Noether, 1882 - 1935, Mathematikerin.

[4] Alonzo Church, J. Barkley Rosser, Mathematiker.

[5] Aufgabe: Zeige die Korrektheit der Noetherschen Induktion!

Satz (6.12) (Eindeutigkeit von Normalformen)

Sei R Church-Rosser. Dann besitzt jedes $t \in T$ höchstens eine Normalform bzgl. R.

Beweis

Seien t_1 und t_2 Normalformen von t. Also gilt $t \xrightarrow{*} t_1$ und $t \xrightarrow{*} t_2$, somit $t_1 \xleftrightarrow{*} t_2$. Die Church-Rosser-Eigenschaft liefert dann ein t' mit $t_1 \xrightarrow{*} t'$ und $t_2 \xrightarrow{*} t'$. Da t_1 eine Normalform ist, gibt es kein t'' mit $t_1 \longrightarrow t''$, also ist $t_1 = t'$; analog folgt $t_2 = t'$. Also $t_1 = t_2$. ∎

Satz (6.13) (Existenz und Eindeutigkeit von Normalformen)

Sei R terminierend und Church-Rosser. Dann existieren für alle $t_1, t_2 \in T$ eindeutige Normalformen $t_1 \downarrow_R$ bzw. $t_2 \downarrow_R$ und es gilt $t_1 \xleftrightarrow{*} t_2$ genau dann, wenn $t_1 \downarrow_R = t_2 \downarrow_R$.

Beweis

Die Existenz von Normalformen folgt aus der Termination, die Eindeutigkeit aus der Church-Rosser-Eigenschaft; $\downarrow_R$ ist dann also eine *totale Funktion* auf T.

"$\Leftarrow$" ist klar.

"$\Rightarrow$" Wegen $t_1 \downarrow_R \xleftarrow{*} t_1 \xleftrightarrow{*} t_2 \xrightarrow{*} t_2 \downarrow_R$ gilt $t_1 \downarrow_R \xleftrightarrow{*} t_2 \downarrow_R$, also folgt wie oben $t_1 \downarrow_R = t_2 \downarrow_R$. ∎

Falls R terminierend und Church-Rosser und $\downarrow_R$ zudem *berechenbar* ist, dann ist $\xleftrightarrow{*}$ also *entscheidbar*.[6]

Eine äquivalente Charakterisierung der Church-Rosser-Eigenschaft ist die *Konfluenz*, eine hinreichende Bedingung dafür ist zumindest für terminierende Systeme die *lokale Konfluenz*.

Definition (6.14) (Konfluenz, lokale Konfluenz)

- R heißt *konfluent*, falls für alle $t_0, t_1, t_2 \in T$ mit $t_0 \xrightarrow{*} t_1$ und $t_0 \xrightarrow{*} t_2$ ein $t \in T$ existiert, so daß $t_1 \xrightarrow{*} t$ und $t_2 \xrightarrow{*} t$ gilt.
- R heißt *lokal konfluent*, falls für alle $t_0, t_1, t_2 \in T$ mit $t_0 \longrightarrow t_1$ und $t_0 \longrightarrow t_2$ ein $t \in T$ existiert, so daß $t_1 \xrightarrow{*} t$ und $t_2 \xrightarrow{*} t$ gilt.

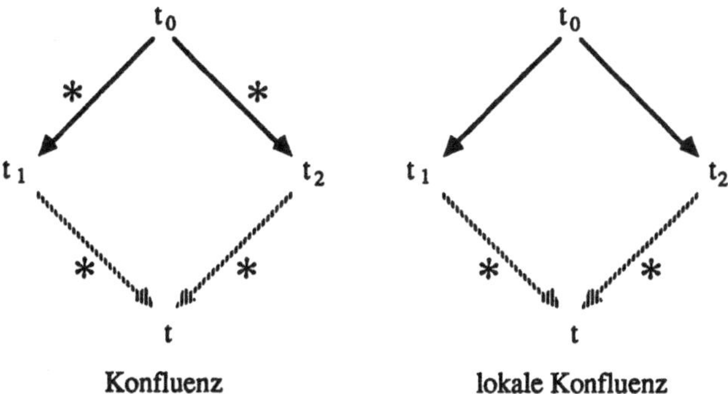

Konfluenz lokale Konfluenz ∎

[6] Für *endliche Termersetzungssysteme* ist $\downarrow_R$ unter den genannten Voraussetzungen immer berechenbar.

Bemerkung (6.15)

Lokale Konfluenz und Konfluenz sind im allgemeinen nicht äquivalent. So ist beispielsweise das Ersetzungssystem $R = (\{a, b, c, d\}, \{b \longrightarrow a, b \longrightarrow c, c \longrightarrow b, c \longrightarrow d\})$ zwar lokal konfluent, aber nicht konfluent, da zwar $b \xrightarrow{*} a$ und $b \xrightarrow{*} d$ gilt, aber für kein t ist sowohl $a \xrightarrow{*} t$ als auch $d \xrightarrow{*} t$.

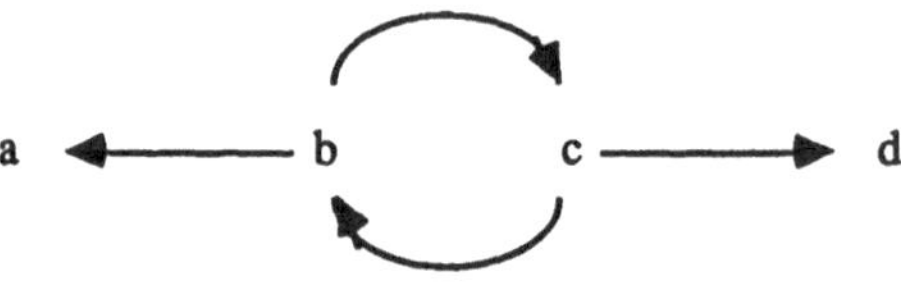

Dieses System ist nicht terminierend, da die unendliche Folge $b \longrightarrow c \longrightarrow b \longrightarrow c \longrightarrow \ldots$ möglich ist. In Satz (6.17) werden wir sehen, daß unter der zusätzlichen Voraussetzung der Termination tatsächlich lokale Konfluenz und Konfluenz zusammenfallen. ∎

Satz (6.16) (Äquivalenz der Church-Rosser- und der Konfluenz-Eigenschaft)

R ist Church-Rosser genau dann, wenn R konfluent ist.

Beweis

"⇒" Mit $t_0 \xrightarrow{*} t_1$ und $t_0 \xrightarrow{*} t_2$ gilt erst recht $t_1 \overset{*}{\longleftrightarrow} t_2$.

"⇐" Für die Umkehrung zeigen wir durch Induktion über n für $t_1 = s_0 \longleftrightarrow s_1 \longleftrightarrow \ldots \longleftrightarrow s_n = t_2$ die Existenz eines t mit $t_1 \xrightarrow{*} t$ und $t_2 \xrightarrow{*} t$.

<u>n=0</u> Wähle $t = t_1 = t_2$.

<u>n>0</u> Also ist $t_1 \overset{*}{\longleftrightarrow} s_{n-1} \longleftrightarrow s_n = t_2$. Nach Induktionsvoraussetzung gibt es ein t' mit $t_1 \xrightarrow{*} t'$ und $s_{n-1} \xrightarrow{*} t'$.

<u>Fall 1</u> $s_{n-1} \longleftarrow s_n$: Dann ist $t_2 = s_n \xrightarrow{*} t'$, und $t = t'$ zeigt die Behauptung.

<u>Fall 2</u> $s_{n-1} \longrightarrow s_n$: Also ist insbesondere $s_{n-1} \xrightarrow{*} s_n$; aus der Konfluenz folgt die Existenz eines t mit $t' \xrightarrow{*} t$ und $s_n \xrightarrow{*} t$. Also ist $t_1 \xrightarrow{*} t$ und $t_2 = s_n \xrightarrow{*} t$.

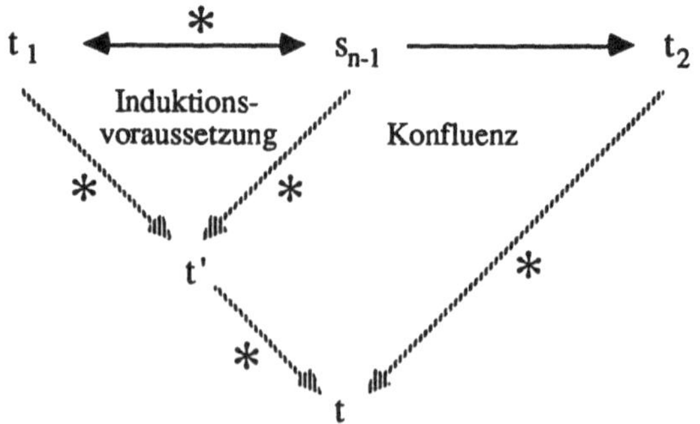

∎

Satz (6.17) (Äquivalenz von Konfluenz und lokaler Konfluenz bei Termination)

Sei R terminierend. R ist genau dann konfluent, wenn R lokal konfluent ist.

Beweis

"$\Rightarrow$" Mit $t_0 \longrightarrow t_1$ und $t_0 \longrightarrow t_2$ gilt erst recht $t_0 \xrightarrow{*} t_1$ und $t_0 \xrightarrow{*} t_2$.

"$\Leftarrow$" Daß bei terminierendem R aus der lokalen Konfluenz schon die Konfluenz folgt, zeigen wir mit Noetherscher Induktion über die (nun also Noethersche) Relation $\longrightarrow$:

Wir wählen dabei als Prädikat $P(t_0)$ folgende Aussage:

Für alle $t_1, t_2 \in T$ existiert ein $t \in T$, so daß gilt:
wenn $t_0 \xrightarrow{*} t_1$ und $t_0 \xrightarrow{*} t_2$, dann $t_1 \xrightarrow{*} t$ und $t_2 \xrightarrow{*} t$.

Sei also $t_0 \xrightarrow{*} t_1$ und $t_0 \xrightarrow{*} t_2$. Fallunterscheidung:

<u>Fall 1</u> $t_0 = t_1$: Wähle $t = t_2$.

<u>Fall 2</u> $t_0 = t_2$: Analog mit $t = t_1$.

<u>Fall 3</u> $t_0 \xrightarrow{+} t_1$ und $t_0 \xrightarrow{+} t_2$:

Also gibt es $s_1, s_2 \in T$ mit $t_0 \longrightarrow s_1 \xrightarrow{*} t_1$ und $t_0 \longrightarrow s_2 \xrightarrow{*} t_2$. Die lokale Konfluenz liefert ein s mit $s_1 \xrightarrow{*} s$ und $s_2 \xrightarrow{*} s$. Nun wenden wir die Induktionsvoraussetzung auf s_1 an (das geht, da $t_0 \longrightarrow s_1$, t_0 also "echt" größer ist als s_1) und schließen aus $s_1 \xrightarrow{*} t_1$ und $s_1 \xrightarrow{*} s$ auf die Existenz eines s' mit sowohl $t_1 \xrightarrow{*} s'$ als auch $s \xrightarrow{*} s'$. Also ist $s_2 \xrightarrow{*} s'$.

Damit und wegen $s_2 \xrightarrow{*} t_2$ liefert die Induktionsvoraussetzung, diesmal angewendet auf s_2, ein t mit $s' \xrightarrow{*} t$ und $t_2 \xrightarrow{*} t$; also ist auch $t_1 \xrightarrow{*} t$.

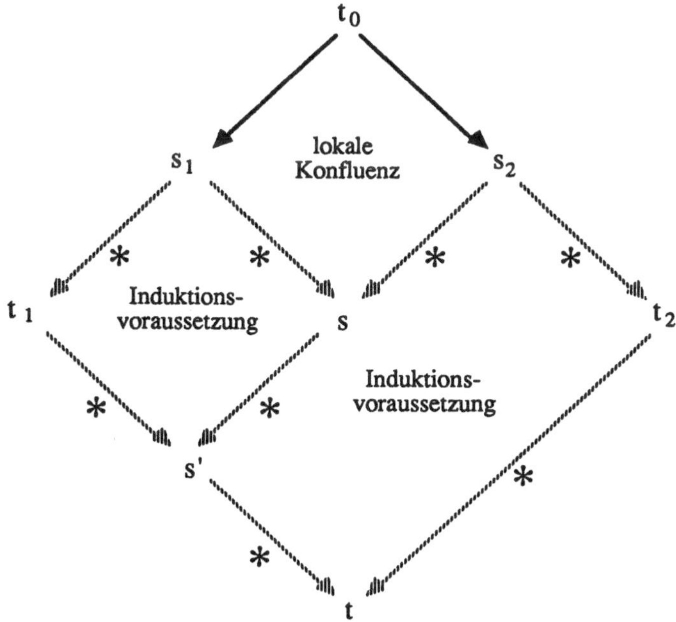

■

6.3 Lokale Konfluenz und kritische Paare

In Abschnitt 6.2 haben wir gesehen, daß sich zumindest für terminierende Ersetzungssysteme die Frage nach der Church-Rosser-Eigenschaft auf die Frage nach der lokalen Konfluenz reduzieren läßt. Ziel dieses Abschnitts ist es nun, die lokale Konfluenz speziell für *Term*ersetzungssysteme genauer zu untersuchen. Hierfür läßt sich die lokale Konfluenz so gut charakterisieren, daß diese Eigenschaft (zumindest für endliche Regelsysteme) sogar entscheidbar wird.

Wir wollen an einem Beispiel untersuchen, woran die lokale Konfluenz eines Termersetzungssystems scheitern könnte. Unser System lehnt sich an Beispiel (6.3.i) an, Arithmetik natürlicher Zahlen, und besteht aus den folgenden vier Regeln:

$$
\begin{array}{lll}
(1) & x+0 & \rightarrow x \\
(2) & x*0 & \rightarrow 0 \\
(3) & s(x)+y & \rightarrow s(x+y) \\
(4) & x*(y+x) & \rightarrow (x*y)+(x*x)
\end{array}
$$

Beispiel (6.18)

Der Term $t_0 = (x+0)*(y*0)$

wird durch Reduktion mit Regel (1) an der Stelle $1.\lambda$ zu $t_1 = x*(y*0)$,

andererseits durch Regel (2) an der Stelle $2.\lambda$ zu $t_2 = (x+0)*0$.

Wird nun in t_1 bzw. t_2 an der jeweils anderen Stelle die andere Regel angewendet, so erhält man in je einem Schritt den Term $t = x*0$. Dies ist möglich, da die beiden Stellen $1.\lambda$ und $2.\lambda$ *unabhängig* sind, d.h. keine der Listen ein Anfangsstück der anderen ist.

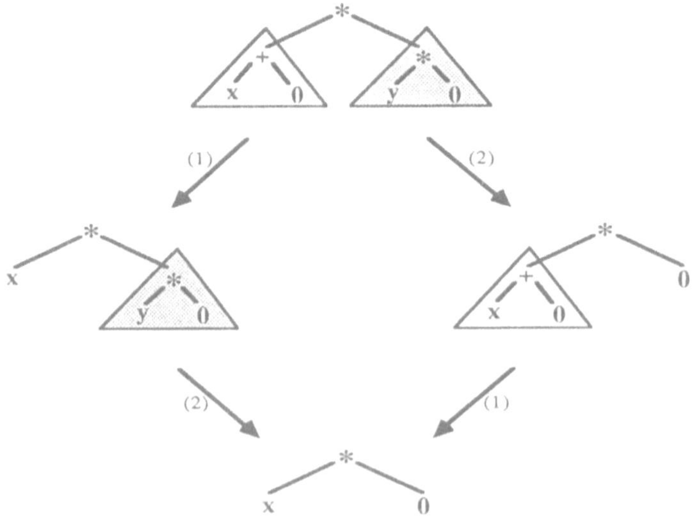

■

Beispiel (6.19)

Wir reduzieren $t_0 = s(x + 0) * (y + s(x + 0))$

einmal an der Stelle $1.1.\lambda$ mit Regel (1) zu $t_1 = s(x) * (y + s(x + 0))$,

zum anderen an der Stelle λ mit Regel (4) zu $t_2 = (s(x + 0) * y) + (s(x + 0) * s(x + 0))$.

Die benutzten Stellen sind zwar abhängig, die beteiligten linken Regelseiten *überlappen* sich im Term t_0 jedoch *nicht*; in der Skizze haben die beiden unterlegten Dreiecke keine Stellen im Term gemeinsam. Nun kann man einen Term $t = (s(x) * y) + (s(x) * s(x))$ dadurch erhalten, daß man in t_1 zunächst an der Stelle $2.2.1.\lambda$ Regel (1) anwendet, auf das Ergebnis $s(x) * (y + s(x))$ dann an der Stelle λ Regel (4). Andererseits ist t aus t_2 ableitbar, indem man dreimal Regel (1) benutzt, nämlich an den Stellen $1.1.1.\lambda$, $2.1.1.\lambda$ und $2.2.1.\lambda$.

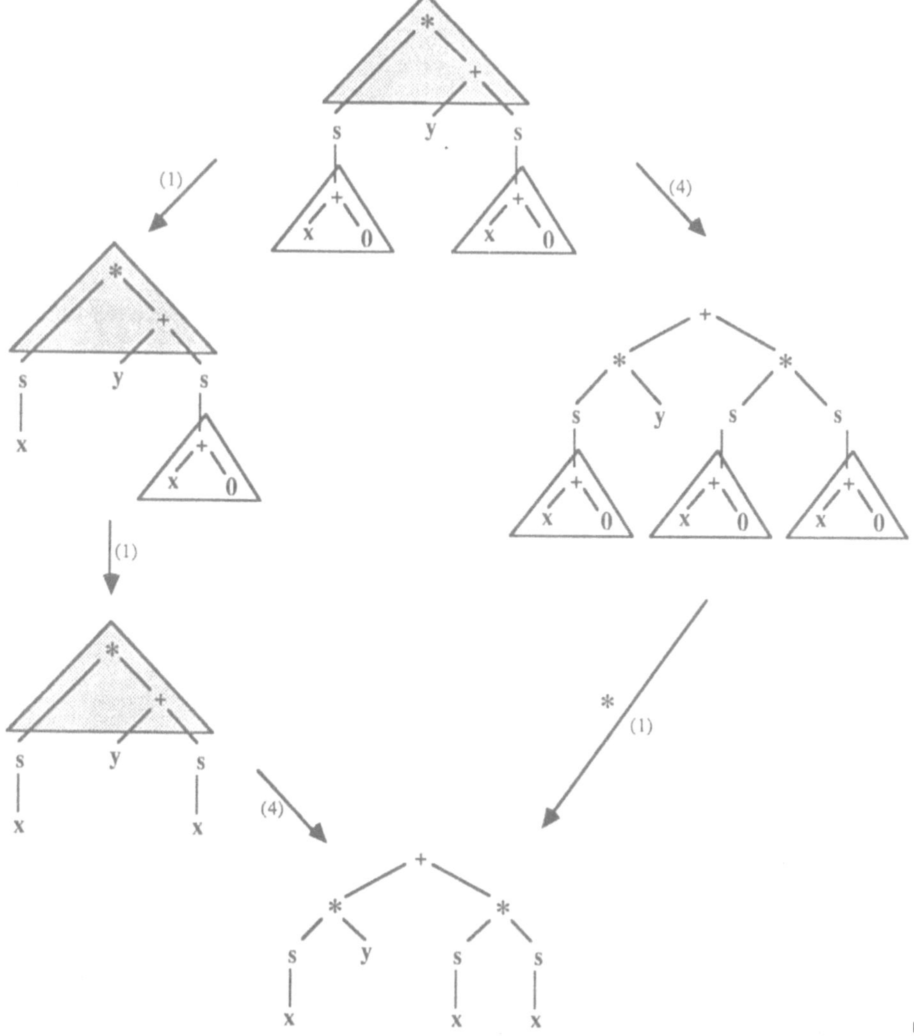

■

Beispiel (6.20)

Den Term $t_0 = 0 * (y + 0)$

reduzieren wir durch Regel (4) an der Stelle λ zu $t_1 = (0 * y) + (0 * 0)$

und durch Regel (1) an der Stelle $2.\lambda$ zu $t_2 = 0 * y$.

Hier überlappen die entsprechenden linken Regelseiten (siehe Skizze). Trotzdem finden wir einen Term t, der von t_1 und von t_2 aus erreichbar ist: Aus t_1 erhält man $(0 * y) + 0$ mit Regel (2) und daraus mit Regel (1) $t = 0 * y = t_2$; von t_2 aus ist also kein Schritt mehr nötig.

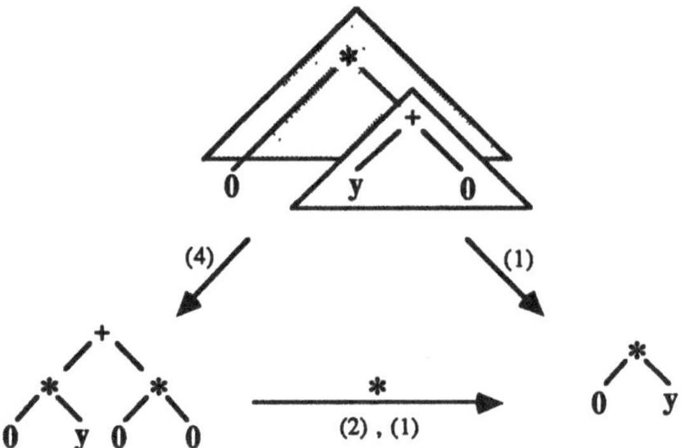

■

Beispiel (6.21)

In Beispiel (6.20) hatten wir Glück: die Terme t_1 und t_2 hatten eine gemeinsame Normalform. Das kann man im Fall überlappender linker Regelseiten nicht immer erhoffen.

Für den Term $t_0 = x * (s(y) + x)$

erhält man zum Beispiel durch (4) an der Stelle λ $t_1 = (x * s(y)) + (x * x)$,

durch die Regel (3) an der Stelle $2.\lambda$ aber den Term $t_2 = x * s(y + x)$.

Sowohl t_1 als auch t_2 sind Normalformen, leider aber verschieden; wir finden also keinen gemeinsamen Nachfolger beider Terme. Diese Überlegungen motivieren die nächste Definition.

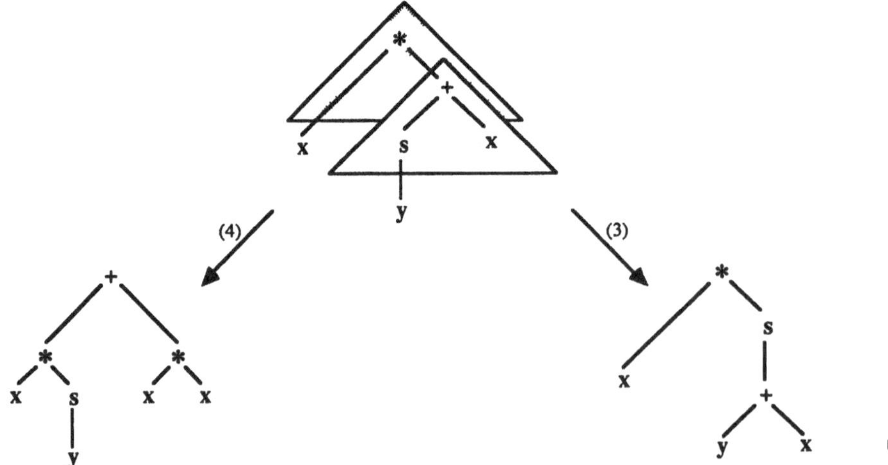

■

Definition (6.22) (Kritisches Paar)

Seien $l_1 \to r_1$ und $l_2 \to r_2$ Regeln eines Termersetzungssystems R , die (evtl. nach einer geeigneten Umbenennung) variablendisjunkt sind, u eine Stelle in l_1 , so daß l_1 / u keine Variable ist und σ der mgu von l_1 / u und l_2 . Dann heißt das Termpaar (c_1, c_2) mit

(1) $c_1 = r_1\sigma$

und (2) $c_2 = l_1[u \leftarrow r_2]\sigma$

kritisches Paar bzgl. R , entstanden durch *Überlagerung (Superposition) von* $l_2 \to r_2$ *auf* $l_1 \to r_1$ an der Stelle u . ∎

Satz (6.23) (Charakterisierung lokaler Konfluenz durch kritische Paare)

Ein Termersetzungssystem R ist genau dann lokal konfluent, wenn für alle kritischen Paare (c_1, c_2) bzgl. R ein Term t existiert, so daß $c_1 \xrightarrow{*} t$ und $c_2 \xrightarrow{*} t$.

Beweis

"⇒" Ist (c_1, c_2) durch Superposition von $l_2 \to r_2$ auf $l_1 \to r_1$ entstanden und σ der dabei benutzte mgu, dann gilt $l_1\sigma \longrightarrow c_1$ und $l_1\sigma \longrightarrow c_2$. Die lokale Konfluenz garantiert in dieser Situation gerade die Existenz eines t mit den geforderten Eigenschaften.

"⇐" Wir verzichten hier auf einen ausführlichen Beweis. Ein solcher Beweis würde ganz wie in den oben betrachteten Beispielen verschiedene Fälle unterscheiden, je nachdem, wie Terme t_1 und t_2 aus einem Term t_0 entstanden sei können:

Fall 1 Die beiden Ersetzungsschritte in t_0 haben an *unabhängigen* Stellen stattgefunden. Dann ist ein Zusammenführen von t_1 und t_2 in jeweils genau einem Schritt möglich.

Fall 2 Die Ersetzungsschritte haben zwar an *abhängigen* Stellen stattgefunden, jedoch mit *nicht überlappenden* linken Regelseiten. Sei also in t_0 an der Stelle u_1 eine Regel $l_1 \to r_1$ anwendbar mit dem Ergebnis t_1 und an der Stelle u_2 eine Regel $l_2 \to r_2$ hin zu t_2 , so daß o.B.d.A. u_1 über u_2 liegt, d.h. $u_2 = u_1 v$ für eine Stelle v . Ein gemeinsamer Nachfolger t von t_1 und t_2 läßt sich dann immer finden:

In t_1 wenden wir die Regel $l_2 \to r_2$ keinmal oder auch mehrfach an, je nachdem, ob die entsprechende Variable aus l_1 beim Übergang zu r_1 verschwindet oder erhalten bleibt und sich eventuell vervielfacht. In t_2 sorgen wir zunächst mit der Regel $l_2 \to r_2$ dafür, daß an der Stelle u_1 wieder die Regel $l_1 \to r_1$ anwendbar ist; das kann notwendig sein, wenn in l_1 Variablen mehrfach auftreten. Ein letzter Schritt mit $l_1 \to r_1$ führt dann zum gesuchten Term.

Fall 3 Falls in t_0 mit *überlappenden* linken Regelseiten ersetzt wurde, dann enthalten t_1 bzw. t_2 an der obersten der beiden dabei verwendeten Stellen Terme c'_1 bzw. c'_2 als Teilterme, die Instanzen eines kritischen Paares (c_1, c_2) bzgl. R sind. Die Voraussetzung für die kritischen Paare sowie Lemma (6.5) liefern dann die Existenz des gesuchten Terms t . ∎

Korollar (6.24)

Ein terminierendes Termersetzungssystem R ist genau dann konfluent, wenn für alle kritischen Paare (c_1, c_2) bzgl. R ein Term t existiert, so daß $c_1 \xrightarrow{*} t$ und $c_2 \xrightarrow{*} t$. ∎

Korollar (6.25)

Für terminierende Termersetzungssysteme mit endlich vielen Regeln ist die Konfluenz entscheidbar.

Beweis

Es gibt für endliche Regelmengen nur endlich viele kritische Paare; die Menge dieser Termpaare läßt sich berechnen. Außerdem sichert die Termination und die Endlichkeit des Regelsystems, daß es für jeden Term nur endlich viele Normalformen gibt; auch diese Mengen lassen sich algorithmisch erzeugen. Deshalb können für jedes der (endlich vielen) kritischen Paare (c_1, c_2) die beiden (endlichen) Mengen der Normalformen von c_1 bzw. c_2 bestimmt werden. Ein t mit $c_1 \xrightarrow{*} t$ und $c_2 \xrightarrow{*} t$ existiert genau dann, wenn diese Mengen ein gemeinsames Element besitzen. ∎

Beispiel (6.26) (Kritische Paare)

Für das Termersetzungssystem vom Anfang dieses Abschnitts existieren folgende kritische Paare:

- Superposition von (1) auf (3) an der Stelle λ ergibt das kritische Paar

  $(s(x + 0) \;,\; s(x))$.

  $s(x + 0)$ läßt sich aber mit Regel (1) in einem Schritt zu $s(x)$ reduzieren.
- Superposition von (3) auf (1) an der Stelle λ braucht aus Symmetriegründen nicht betrachtet zu werden.
- Superposition von (1) auf (4) an der Stelle $2.\lambda$ ergibt das kritische Paar

  $((0 * y) + (0 * 0) \;,\; 0 * y)$.

  $(0 * y) + (0 * 0)$ wird aber in zwei Schritten mit den Regeln (2) und (1) zu $0 * y$.
- Superposition von (3) auf (4) an der Stelle $2.\lambda$ ergibt das kritische Paar

  $((x * s(y)) + (x * x) \;,\; x * s(y + x))$.

  Beide Terme sind aber Normalformen.

Weitere relevante kritische Paare existieren nicht[7]. Mit obigem Satz ergibt sich also, daß das System aus allen vier Regeln (1), (2), (3) und (4) *nicht* lokal konfluent ist, sicher jedoch die beiden Systeme mit den Regeln (1), (2) und (3) bzw. (1), (2) und (4). ∎

[7] Jede Regel läßt sich natürlich mit sich selbst an der Stelle λ überlagern; ein daraus entstehendes kritisches Paar der Form (c, c) kann die lokale Konfluenz aber sicher nicht gefährden.

Kapitel 7

Termersetzung: Spezielle Techniken

In diesem Kapitel greifen wir einige wichtige Teilgebiete der Theorie der Termersetzung auf und behandeln deren Techniken etwas detaillierter.

Zunächst beschäftigen wir uns eingehender mit den grundlegenden Eigenschaften *terminierend* und *konfluent* aus dem vorigen Kapitel; erst mit Kriterien, die die Termination eines Termersetzungssystems garantieren, dann mit einer Methode, die oft geeignet ist, ein terminierendes aber nicht konfluentes Termersetzungssystem zu einem konfluenten System zu *vervollständigen*, dem *Knuth-Bendix-Verfahren*.

Danach wenden wir uns wieder dem Theorembeweisen im engeren Sinne zu: im dritten Abschnitt geht es um Beweise für *induktive Theoreme* in Gleichheitstheorien, im vierten Abschnitt um *Narrowing*, eine Methode zum *Lösen von Gleichungen*. Der fünfte Abschnitt schließlich soll einen kleinen Einblick in die *Unifikationstheorie* geben, die die Grundlage von *Beweisen in speziellen Gleichheitstheorien* bildet.

7.1 Terminationskriterien

Leider ist die Termination von Termersetzungssystemen schon dann unentscheidbar, wenn man Terme mit Variablen und nur eine Regel zuläßt, siehe Dauchet [Dau89]. Lediglich für variablenfreie Systeme (*Grund-Termersetzungssysteme*) ist die Termination immer entscheidbar, siehe Huet & Lankford [HL78]. Daher liegt es nahe, wenigstens ausgeklügelte *hinreichende* Kriterien für die Termination zu entwickeln. Einige Basis-Ideen sowie zwei spezielle Testverfahren wollen wir hier vorstellen. Eine Einführung der Grundbegriffe und einen Überblick über viele Terminationskriterien findet man bei N. Dershowitz [Der85/87].

Beispiele (7.1)

- Das System $\{ f(x) \rightarrow x \}$ terminiert, da bei jedem Reduktionsschritt genau ein Operationssymbol verschwindet.
- Dagegen terminiert $\{ x+y \rightarrow y+x \}$ nicht, da mit $x+y \longrightarrow y+x \longrightarrow x+y \longrightarrow \ldots$ eine unendliche Folge von Ersetzungsschritten möglich ist.
- $\{ a \rightarrow b,\ b \rightarrow a \}$ terminiert nicht, obwohl jede der Regeln für sich terminiert. ∎

Eine grundlegende Beobachtung hält das folgende Lemma fest:

Lemma (7.2) (Termination auf Grundtermen)

Ein Termersetzungssystem terminiert genau dann, wenn es keine unendliche Ableitungskette von *Grund*termen gibt.

Beweis

Jede unendliche Ableitungsfolge könnte zu einer unendlichen Grundableitung gemacht werden, indem man auf die gesamte Folge eine beliebige Grundsubstitution anwendet. ∎

7.1.1 Monotone und Noethersche Ordnungen

Definition (7.3) (partielle, totale, monotone Ordnung)

- Eine zweistellige Relation $>$ auf einer Menge A heißt *partielle Ordnung* auf A (oft einfach *Ordnung*), falls $>$ irreflexiv und transitiv ist.
- Gilt zusätzlich für alle $a, b \in A$ mit $a \neq b$ entweder $a > b$ oder $b > a$, so heißt $>$ *totale* Ordnung.
- Eine Ordnung auf der Menge der Terme mit Variablen zu einer gegebenen Signatur Σ heißt *monoton*, falls für alle Terme $s, t, t_1, \ldots, t_n$ und alle Operationssymbole f aus Σ gilt:
  wenn $s > t$ dann $f(t_1, \ldots, s, \ldots, t_n) > f(t_1, \ldots, t, \ldots, t_n)$.
- Eine monotone Noethersche Ordnung $>$ nennen wir im folgenden *Terminationsordnung*. ∎

Beispiele (7.4) (Noethersche Ordnungen)

- Die übliche Relation $>$ auf den natürlichen Zahlen $\mathbb{N}$ ist eine totale Ordnung und zudem Noethersch. Erweitert auf die ganzen Zahlen $\mathbb{Z}$ ist diese Relation dagegen nicht mehr Noethersch, da es in $\mathbb{Z}$ zu jeder ganzen Zahl eine kleinere gibt.
- Ist $>_1$ eine Noethersche Ordnung auf der Menge W_1 und $>_2$ eine Noethersche Ordnung auf der Menge W_2, so ist die *lexikographische Ordnung* $>_\times$ auf dem kartesischen Produkt $W_1 \times W_2$ auch Noethersch; dabei ist $>_\times$ wie folgt definiert:
  $(v, v') >_\times (w, w')$ genau dann, wenn (i) $v >_1 w$ oder (ii) $v = w$ und $v' >_2 w'$. ■

Satz (7.5) (Termination eines Termersetzungssystems)
Ein Termersetzungssystem R über der Signatur Σ ist genau dann terminierend, wenn es eine Terminationsordnung $>$ auf $T_\Sigma(V)$ gibt mit $l\sigma > r\sigma$ für alle Regeln $(l \rightarrow r) \in R$ und alle Substitutionen[1] σ.

Beweis

"$\Rightarrow$" Ist R terminierend, so ist mit $\longrightarrow_R$ auch $\xrightarrow{+}_R$ eine Noethersche Ordnung auf der Menge aller Terme; $l\sigma \xrightarrow{+}_R r\sigma$ gilt für jede Regel $l \rightarrow r$ aus R und nach Lemma (6.5.ii) ist $\xrightarrow{+}_R$ auch monoton.

"$\Leftarrow$" Für die Umkehrung zeigen wir zunächst:

Lemma Gibt es eine Noethersche Ordnung $>$ auf $T_\Sigma(V)$, so daß für alle $s, t \in T_\Sigma(V)$ mit $s \longrightarrow_R t$ auch $s > t$ gilt, so ist R terminierend.

Beweis Für jede unendliche Kette $t_0 \longrightarrow_R t_1 \longrightarrow_R t_2 \longrightarrow_R \ldots$ wäre auch $t_0 > t_1 > t_2 > \ldots$. Das ist ein Widerspruch dazu, daß $>$ Noethersch ist.

Ist nun $s \longrightarrow_R t$, so gibt es eine Regel $(l \rightarrow r) \in R$ sowie eine Substitution σ und eine Stelle u mit $s / u = l\sigma$ und $s[u \leftarrow r\sigma] = t$. Durch Induktion über den Aufbau von u kann man mit Hilfe der Monotonie leicht zeigen, daß aus $l\sigma > r\sigma$ dann $s > t$ folgt. ■

7.1.2 Terminationsfunktionen

Der Satz (7.5) von Manna & Ness hilft einem beim Nachweis der Termination eines Termersetzungssystems schon etwas weiter, da man sich von der Menge aller *Terme* auf die Menge der *Regeln* zurückziehen kann, wenn auch mit dem unangenehmen Zusatz "für alle (Grund-) Substitutionen". Oft kann man nun ausnutzen, daß man schon weiß, daß bekannte Ordnungen etwa auf den natürlichen Zahlen Noethersch sind; man wird Terme beispielsweise nach ihrer Größe oder ihrer Tiefe ordnen wollen und dabei nicht die volle Information über die Termstruktur verwenden. Dazu formulieren wir den Begriff der *Terminationsfunktion* und eine leichte Modifikation des obigen Satzes.

[1] Entsprechend Bemerkung (7.2) kann man sich hier auch auf Grundsubstitutionen beschränken.

Definition (7.6) (Terminationsfunktion)

Sei W eine Menge, $>_W$ eine Noethersche Ordnung auf W, $\tau : T_\Sigma(V) \to W$ eine Abbildung. τ heißt *Terminationsfunktion*, falls für alle Terme $s, t, t_1, \dots, t_n$ und alle Operationssymbole f aus Σ gilt: wenn $\tau(s) >_W \tau(t)$ dann $\tau(\, f(t_1, \dots, s, \dots, t_n)\,) >_W \tau(\, f(t_1, \dots, t, \dots, t_n)\,)$. ■

Satz (7.7) (Termination eines Termersetzungssystems, zweite Version)

Ein Termersetzungssystem R über der Signatur Σ ist genau dann terminierend, wenn es eine Noethersche Ordnung $>_W$ auf einer Menge W und eine Terminationsfunktion $\tau : T_\Sigma(V) \to W$ gibt mit $\tau(l\sigma) >_W \tau(r\sigma)$ für alle Regeln $(l \to r) \in R$ und alle (Grund-)Substitutionen σ. ■

Beispiel (7.8) (Termgrößenordnungen)

Für einen Term t bezeichne $\tau_1(t)$ die Anzahl der Operationssysmbole in t, $\tau_2(t)$ die Anzahl der Blätter im Termbaum von t. Diese Funktionen $\tau_1, \tau_2 : T_\Sigma(V) \to \mathbb{N}$ sind Terminationsfunktionen. Beispielsweise kann man die Termination des Termersetzungssystems R_1 mit τ_1, die des Systems R_2 mit τ_2 beweisen, jedoch nicht umgekehrt:

$$R_1 := \{\ g(\, f(f(x)), a, f(f(x))\,) \to g(\, a, g(x,a,x), a\,)\ \}$$
$$R_2 := \{\ g(\, a, g(x,a,x), a\,) \to g(\, f(f(x)), a, f(f(x))\,)\ \}$$

Bei Regeln wie etwa der *Assoziativität* oder *Distributivität* versagen jedoch beide Terminationsordnungen. ■

Beispiel (7.9) (Gewichtete Termgrößenordnungen)

Die Operationssysmbole aus F in einer Signatur Σ kann man zusätzlich mit Gewichten versehen und damit die Terminationsfunktionen noch leistungsfähiger machen: Sei $\omega : F \cup V \to \mathbb{N}$ eine Abbildung, die zugrundeliegende *Gewichtsfunktion*. Dann ergibt sich die *gewichtete Termgrößenordnung* $\tau^\omega : T_\Sigma(V) \to \mathbb{N}$ wie folgt:

$\tau^\omega(c)$	$=$	$\omega(c)$	für alle Konstantensymbole c
$\tau^\omega(x)$	$=$	$\omega(x)$	für alle Variablen x
$\tau^\omega(\, f(t_1, \dots, t_n)\,)$	$=$	$\omega(f) + \sum_{i=1}^{n} \tau^\omega(t_i)$	für alle Terme der Form $f(t_1, \dots, t_n)$

Damit läßt sich nun die Termination z.B. der Regel $g(h(h(x))) \to g(h(g(x)))$ nachweisen, wenn man $\omega(g) = 1$ und $\omega(h) = 2$ wählt. Leider versagen auch alle gewichteten Termgrößenordnungen bei der Assoziativität und der Distributivität. ■

Beispiel (7.10) (Monotone Interpretation)

Jedem k-stelligen Operationssymbol f wird hierbei eine k-stellige Abbildung $p^f : \mathbb{N}^k \to \mathbb{N}$ (die *Interpretation* von f) zugeordnet. Zusätzlich fordern wir die Monotonie dieser Abbildungen, d.h. für $m > n$ muß auch $p^f(n_1, \dots, m, \dots, n_k) > p^f(n_1, \dots, n, \dots, n_k)$ gelten. Diese Abbildungen lassen sich nun zu einer Terminationsfunktion τ zumindest auf Grundtermen fortsetzen:

$\tau(c)$	$=$	p^c	für alle Konstantensymbole c
$\tau(f(t_1, \dots, t_n))$	$=$	$p^f(\tau(t_1), \dots, \tau(t_n))$	für alle Terme der Form $f(t_1, \dots, t_n)$

Betrachten wir etwa das folgende Termersetzungssystem zur symbolischen Differentiation arithmetischer Ausdrücke nach der Variablen ξ; D_ξ ist hier also ein einstelliges Operationssymbol, ξ ein Konstantensymbol. Weiterhin enthalte unsere Signatur die zweistelligen Symbole +, -, *, / sowie ein einstelliges Symbol - und als Konstantensymbole a und b.

$$\begin{array}{lll}
D_\xi(\xi) & \to & 1 \\
D_\xi(a) & \to & 0 \\
D_\xi(b) & \to & 0 \\
D_\xi(x+y) & \to & D_\xi(x) + D_\xi(y) \\
D_\xi(x-y) & \to & D_\xi(x) - D_\xi(y) \\
D_\xi(-x) & \to & -D_\xi(x) \\
D_\xi(x*y) & \to & (y*D_\xi(x)) + (x*D_\xi(y)) \\
D_\xi(x/y) & \to & (D_\xi(x)/y) - (x*(D_\xi(y)/(y*y)))
\end{array}$$

Als Interpretationen wählen wir für dieses Beispiel Polynome der entsprechenden Stelligkeit; die jeweiligen Koeffizienten stellen die Monotonie sicher (wir benutzen also eine *monotone polynomielle Interpretation*):

$$\begin{array}{ll}
p^{D_\xi}(n) = n^2 & p^{+}(n, m) = n + m \\
p^{-}(n) = n + 1 & p^{-}(n, m) = n + m \\
p^{a} = 4 & p^{*}(n, m) = n + m \\
p^{b} = 4 & p^{/}(n, m) = n + m
\end{array}$$

Zum Nachweis der Termination muß nun $\tau(l\sigma) > \tau(r\sigma)$ für alle Regeln $l \to r$ und alle Grundsubstitutionen σ gezeigt werden. Hierfür müssen einige Polynom-Ungleichungen bewiesen werden, was allgemein schwierig sein kann, aber bei niedrigem Grad doch oft gelingt. Zur Automatisierung von Terminationsbeweisen mit polynomieller Interpretation siehe Ben Cherifa & Lescanne [BCL87].

Wir führen den Beweis exemplarisch für die Regel $D_\xi(x+y) \to D_\xi(x) + D_\xi(y)$ (die übrigen Regeln als Aufgabe für den Leser!). Zu zeigen ist also:

$$\tau((D_\xi(x+y))\sigma) > \tau((D_\xi(x) + D_\xi(y))\sigma)$$

Nun gilt $\tau((D_\xi(x+y))\sigma) = (\tau((x+y)\sigma))^2 = (\tau(x\sigma) + \tau(y\sigma))^2 =$

$\tau(x\sigma)^2 + \tau(y\sigma)^2 + 2\,\tau(x\sigma)\,\tau(y\sigma) >$

$\tau(x\sigma)^2 + \tau(y\sigma)^2 = \tau((D_\xi(x\sigma)) + \tau((D_\xi(y\sigma)) = \tau((D_\xi(x) + D_\xi(y))\sigma)$

wegen $2\,\tau(x\sigma)\,\tau(y\sigma) > 0$.

Diese letzte Ungleichung gilt, da durch die Wahl der Polynome insbesondere für die Konstantensymbole und wegen der Monotonie für alle Grundterme t sicher $\tau(t) \geq 4$ ist. ∎

7.1.3 Simplifikationsordnungen

Bei allen bisher behandelten Terminationsordnungen fällt auf, daß relativ viel Information über die wirkliche Struktur der Terme verschenkt wird, da typischerweise recht simple Projektionen auf die natürlichen Zahlen vorgenommen werden. Wir wollen uns nun zwei Beispielen zuwenden, die feiner in die Termstruktur vordringen, die *Knuth-Bendix-Ordnung* (KBO) und die *rekursive Pfad-Ordnung* (RPO). Beide gehören zur Familie der *Simplifikationsordnungen*; wegen ihrer Bedeutung widmen wir ihnen jeweils einen eigenen Abschnitt. Zuvor kurz die notwendigen Begriffe und Ergebnisse:

Definition (7.11) (Simplifikationsordnung)

Eine Ordnung $>$ auf $T_\Sigma(V)$ heißt *Simplifikationsordnung*, falls sie monoton ist und die *Subterm-Eigenschaft* hat, d.h. für alle Terme $f(t_1, \dots, t_i, \dots, t_n)$ gilt $f(t_1, \dots, t_i, \dots, t_n) > t_i$.

■

Satz (7.12)

Jede Simplifikationsordnung ist Noethersch.

Beweis

Dies läßt sich mit dem Satz von Kruskal über unendliche Folgen von Bäumen zeigen, siehe etwa Dershowitz & Jouannaud [DJ89]. ■

Korollar (7.13)

Ein Termersetzungssystem R über $T_\Sigma(V)$ ist terminierend, falls es eine Simplifikationsordnung $>$ auf $T_\Sigma(V)$ gibt mit $l\sigma > r\sigma$ für alle Regeln $(l \to r) \in R$ und alle Substitionen σ. ■

7.1.4 Die Knuth Bendix-Ordnung (KBO)

Diese Terminationsordnung wurde 1970 von D. Knuth & P. Bendix im Rahmen ihrer Arbeit [KB70] über die Vervollständigung von Termersetzungssystemen entwickelt (vgl. Abschnitt 7.2). Sie ist eine *rekursiv* definierte Simplifikationsordnung, die von einer totalen Ordnung auf den Operationssymbolen (*Präzedenz* genannt) ausgeht, kurz: eine *rekursive Präzedenzordnung*. Zusätzlich bedient sich KBO des Hilfsmittels der Gewichtung von Operationssymbolen, wie wir sie im vorigen Abschnitt kennengelernt haben.

Definition (7.14) (Knuth-Bendix-Ordnung)

Sei $>$ eine totale Ordnung auf der Menge aller Operationssymbole einer Signatur Σ und $\omega : F \cup V \to \mathbb{N}$ eine Gewichtsfunktion, die wir wie in Beispiel (7.9) zu einer Gewichtsfunktion auf Termen mit Variablen aus V fortsetzen (wir nennen die Fortsetzung ebenfalls ω). Dabei fordern wir:

(i) $\omega(c) > 0$ für alle Konstantensymbole c.

(ii) Ist $\omega(h) > 0$ für ein einstelliges Operationssymbol h, so muß $h > g$ sein für alle $g \neq h$.[2]

(iii) $\omega(x) = \min\{\ \omega(c) \mid c \text{ Konstantensymbol}\ \}$ für alle Variablen x.

[2] Falls ein solches Operationssymbol existiert, so ist es also eindeutig bestimmt.

Die *Knuth-Bendix-Ordnung* $>_{KBO}$ auf $T_\Sigma(V)$ ist dann wie folgt definiert[3,4]:

$s >_{KBO} t$ gdw.

entweder (1) $\omega(s) > \omega(t)$ und $|s|_x \geq |t|_x$ für alle $x \in V$

oder (2) $\omega(s) = \omega(t)$ und $|s|_x = |t|_x$ für alle $x \in V$ und

entweder (2a) $s = h^k(x)$ und $t = x$ für bzgl. der Präzedenz maximales einstelliges $h \in \Sigma$, ein $k \in \mathbb{N}$ mit $k > 0$ und ein $x \in V$

oder (2b) $s = f(s_1, \ldots, s_m)$ und $t = g(t_1, \ldots, t_n)$ und $f > g$

oder (2c) $s = f(s_1, \ldots, s_m)$ und $t = f(t_1, \ldots, t_m)$ und es existiert ein j mit $1 \leq j \leq m$ und $s_i = t_i$ für alle $i < j$ und $s_j >_{KBO} t_j$. ∎

Lemma (7.15)

Jede Knuth-Bendix-Ordnung $>_{KBO}$ ist eine Simplifikationsordnung auf $T_\Sigma(V)$. Weiterhin gilt für alle Terme s, t und alle Substitutionen σ: wenn $s >_{KBO} t$, dann $s\sigma >_{KBO} t\sigma$. ∎

Satz (7.16)

Ein Termersetzungssystem R terminiert, falls es eine Knuth-Bendix-Ordnung $>_{KBO}$ gibt mit $l >_{KBO} r$ für alle Regeln $l \to r$ aus R. ∎

Beispiel (7.17)

Die Termination des folgenden aus den Gruppenaxiomen entstehenden Termersetzungssystems kann mit KBO nachgewiesen werden:

(1) $(x \circ y) \circ z \to x \circ (y \circ z)$

(2) $e \circ x \to x$

(3) $x^{-1} \circ x \to e$

Wähle dann $(\,)^{-1} > \circ > e$ und als Gewichte $\omega(e) = \omega(\circ) = 1$ und $\omega((\,)^{-1}) = 0$.

Bemerkenswert ist hier noch, daß mit KBO nun endlich eine Terminationsordnung auch die Assoziativität bewältigt; dafür sorgt gerade der "lexikographische" Vergleich in (2c) der Definition. Beachte, daß die Assoziativität hier umgekehrt orientiert ist als in Beispiel (6.6); will man die Termination des dort angegebenen Systems mit KBO beweisen, so muß (2c) in der Definition zu einem lexikographischen Vergleich von rechts nach links modifiziert werden. ∎

Bemerkung (7.18)

Eine Schwierigkeit bei Terminationsbeweisen mit KBO liegt darin, die Operationssymbole geeignet zu ordnen und zu gewichten. Es gibt allerdings Methoden, die Ordnung und die Gewichte automatisch zu generieren, siehe Martin [Mar87]. ∎

---

3 $|t|_x$ für einen Term t und eine Variable x steht für die Anzahl der Stellen in t, an denen x vorkommt.

4 $h^k(x)$ ist induktiv definiert durch $h^0(x) = x$ und $h^{k+1}(x) = h(h^k(x))$.

7.1.5 Die rekursive Pfad-Ordnung (RPO)

Wir lernen nun eine weitere rekursive Präzedenzordnung kennen. Die *rekursive Pfadordnung* stammt von Dershowitz [Der82], eine alternative Definition findet sich bei Klop [Klop87]. Im Unterschied zu KBO wird bei RPO auf eine Gewichtung verzichtet. Neu hinzu kommt dafür das Konzept der *Multimengen-Ordnung*, das wir hier kurz vorstellen wollen.

Definition (7.19) (Multimengenordnung)

Für eine Ordnung $>$ auf einer Menge M ist die *Multimengenordnung* $>>$ auf der Menge der endlichen Multimengen[5] über M wie folgt definiert: Für Multimengen X und Y über M ist $X >> Y$, falls $X \neq Y$ ist und für alle $y \in Y \setminus X$ ein $x \in X \setminus Y$ existiert mit $x > y$. ■

Beispiele (7.20)

Für Multimengen natürlicher Zahlen mit der üblichen Ordnung $>$ gilt $\{4, 3, 3, 1\} >> \{4, 3, 1\}$ und analog $\{4\} >> \{3, 3, 3, 2, 2, 1, 1, 1, 0, 0\}$, jedoch nicht $\{4, 4\} >> \{4, 4, 0\}$ und erst recht nicht $\{4, 4\} >> \{5\}$. ■

Die wesentliche Idee bei RPO besteht darin, daß ein Term t kleiner wird, wenn man an einer Stelle u den Unterterm t/u durch einen Term t' ersetzt, dessen äußeres Operationssymbol kleiner ist als das äußere Operationssymbol von t/u und dessen Unterterme alle kleiner als t/u sind (RPO ist rekursiv).

Definition (7.21) (Rekursive Pfad-Ordnung)

Sei $>$ eine Ordnung auf der Menge aller Operationssymbole einer Signatur Σ. Die *rekursive Pfadordnung* $>_{RPO}$ auf $T_\Sigma(V)$ ist dann wie folgt definiert:

$s >_{RPO} t$ gdw.

entweder (1) $s = f(s_1, \dots, s_m)$ und $s_i >_{RPO} t$ oder[6] $s_i = t$ für ein i mit $1 \leq i \leq m$

oder (2) $s = f(s_1, \dots, s_m)$ und $t = g(t_1, \dots, t_n)$ und $f > g$
und für alle j mit $1 \leq j \leq n$ ist $s >_{RPO} t_j$

oder (3) $s = f(s_1, \dots, s_m)$ und $t = f(t_1, \dots, t_m)$
und $\{s_1, \dots, s_m\} >>_{RPO} \{t_1, \dots, t_m\}$ ■

Lemma (7.22)

Jede rekursive Pfadordnung ist eine Simplifikationsordnung auf $T_\Sigma(V)$. Weiterhin gilt für alle Terme s, t und alle Substitutionen σ: wenn $s >_{RPO} t$, dann $s\sigma >_{RPO} t\sigma$. ■

Satz (7.23)

Ein Termersetzungssystem R terminiert, falls es eine rekursive Pfadordnung $>_{RPO}$ gibt mit $l >_{RPO} r$ für alle Regeln $l \to r$ aus R. ■

[5] *Multimengen* unterscheiden sich von Mengen genau dadurch, daß Elemente in ihnen auch mehrfach vorkommen können.

[6] Statt "=" kann man hier auch erlauben, daß t aus s_i durch fortgesetztes Permutieren von Untertermen entsteht.

Beispiel (7.24)

Wir zeigen mit RPO die Termination des folgenden Termersetzungssystems:

(1)	not(not(x))	→	x
(2)	not(x and y)	→	not(x) or not(y)
(3)	not(x or y)	→	not(x) and not(y)
(4)	x and (y or z)	→	(x and y) or (x and z)
(5)	(x or y) and z	→	(x and z) or (y and z)

Dieses Termersetzungssystem wandelt Terme, die aus not , and , or aufgebaut sind, in "disjunktive Normalform" um. Die erste Regel beseitigt doppelte Negationen, die zweite und dritte Regel sind de Morgan-Regeln, und die vierte und fünfte Regel stellen die Distributivität dar. Wir ordnen die Operationssymbole total durch not > and > or .

Regel (1) Es gilt not(not(x)) $>_{RPO}$ x , da not(x) $>_{RPO}$ x wegen x = x .

Regel (2) Es gilt not(x and y) $>_{RPO}$ not(x) or not(y) ,
da not > or und not(x and y) $>_{RPO}$ not(x) (wegen not(x and y) $>_{RPO}$ x)
und not(x and y) $>_{RPO}$ not(y) (wegen x and y $>_{RPO}$ y) .

Regel (3) Analog zur Regel (2).

Regel (4) Es gilt x and (y or z) $>_{RPO}$ (x and y) or (x and z) ,
da and > or und x and (y or z) $>_{RPO}$ x and y ,
wegen { x, y or z } $>>_{RPO}$ { x, y } ,
wegen y or z $>_{RPO}$ y ,
und x and (y or z) $>_{RPO}$ x and z ,
wegen { x, y or z } $>>_{RPO}$ { x, z } ,
wegen y or z $>_{RPO}$ z .

Regel (5) Analog zur Regel (4). ∎

Bemerkungen (7.25)

• Mit RPO kann man auch die Termination von Regeln nachweisen, die der bei KBO verlangten Bedingung an die Variablen nicht genügen, wo also wie im obigen Beispiel eine Variable rechts häufiger als links vorkommt. Leider scheitert RPO dafür so wie angegeben an der Assoziativität. Eine Erweiterung von RPO, die durch Einbeziehung von lexikographischen Vergleichen auch derartige Regeln orientieren kann, stammt von Kamin & Lévy; Steinbach [Ste89] vergleicht solche und ähnliche Ordnungen.

• Eine geeignete Ordnung auf den Operationssymbolen zu finden, ist auch bei Terminationsbeweisen mit RPO schwierig. Es ist aber sinnvoll, nach innen wandernde Operationssymbole groß zu bewerten, wie dies im Beispiel geschehen ist. Einen Ansatz zur automatischen Generierung von rekursiven Pfadordnungen findet man in Ait-Kaci [Ait85]. ∎

7.2 Knuth-Bendix-Vervollständigung

Für ein terminierendes Termersetzungssystem ist die Konfluenz nach Korollar (6.25) eine entscheidbare Eigenschaft. Oft ist allerdings ein vorgegebenes System nicht konfluent, obwohl ein dazu *äquivalentes* konfluentes Termersetzungssystem existiert, d.h. ein konfluentes System, das dieselbe Äquivalenzrelation $\overset{*}{\longleftrightarrow}$ erzeugt. Das Knuth-Bendix-Verfahren [KB70] erlaubt nun in vielen Fällen, ein solches System zu erzeugen, ausgehend von einem zwar terminierenden, aber noch nicht (lokal) konfluenten System.

Die Idee dabei ist, lokale Konfluenz dadurch herzustellen, daß kritische Paare als *neue Regeln* mit in das Termersetzungssystem aufgenommen werden. Wir stellen das Verfahren durch Ableitungsregeln dar, orientiert an Bachmair & Dershowitz [BD86]. Diese Regeln manipulieren jeweils zwei Mengen von Termpaaren: eine Menge von *ungerichteten* Paaren E , die aus kritischen Paaren entstanden und noch zu orientieren sind, und eine Menge von *gerichteten* Paaren R , die das aktuell vorliegende Regelsystem darstellen. Fest vorgegeben ist dabei eine Terminationsordnung, mit der wir die ungerichteten Paare orientieren; damit stellen wir sicher, daß kein nichtterminierendes System entsteht, so daß der Schluß von lokaler Konfluenz auf Konfluenz erlaubt bleibt. Die Bezeichnung "Vervollständigung" stammt daher, daß terminierende und konfluente Termersetzungssysteme oft auch *vollständig*[7] genannt werden.

Definition (7.26) (Knuth-Bendix-Vervollständigung)

Das Regelsystem zur *Knuth-Bendix-Vervollständigung* für eine gegebene Terminationsordnung > besteht aus den folgenden Ableitungsregeln (KB1) - (KB6); dabei steht E jeweils für eine Menge von ungerichteten Termpaaren, R für ein Termersetzungssystem.

(KB1) $$\frac{(E\ ,\ R)}{(E \cup \{c_1 \equiv c_2\}\ ,\ R)}$$ falls (c1, c2) ein kritisches Paar bzgl. R ist *(Hinzunahme kritischer Paare)*

(KB2) $$\frac{(E \cup \{s \equiv t\}\ ,\ R)}{(E\ ,\ R \cup \{s \to t\})}$$ falls $s > t$ ist *(Orientierung einer Gleichung)*

(KB3) $$\frac{(E \cup \{s \equiv t\}\ ,\ R)}{(E \cup \{s' \equiv t\}\ ,\ R)}$$ falls $s \longrightarrow_R s'$ ist *(Reduktion einer Gleichung)*

---

[7] Auch *kanonisch* oder *konvergent* sind gebräuchliche Bezeichnungen dafür.

$$\text{(KB4)} \quad \frac{(E \cup \{ s \equiv s \},\ R)}{(E \qquad\quad ,\ R)}$$

(Löschen einer trivialen Gleichung)

$$\text{(KB5)} \quad \frac{(E,\ R \cup \{ s \rightarrow t \})}{(E,\ R \cup \{ s \rightarrow t' \})} \qquad \text{falls } t \longrightarrow_R t' \text{ ist}$$

(Reduktion einer rechten Regelseite)

$$\text{(KB6)} \quad \frac{(E \qquad\quad ,\ R \cup \{ s \rightarrow t \})}{(E \cup \{ s' \equiv t \},\ R \qquad\quad)} \qquad \text{falls } s \longrightarrow_R s' \text{ ist}$$

(Reduktion einer linken Regelseite)

■

Die Ableitungsregeln (KB1) und (KB2) stellen den eigentlichen Kern des Verfahrens dar: (KB1) erlaubt, kritische Paare bezüglich R in E aufzunehmen; mit (KB2) können solche Termpaare oder auch daraus durch Vereinfachungen entstandene zu Ersetzungsregeln werden, falls sie sich mit $>$ orientieren lassen. Beachte, daß E *ungerichtete* Paare enthält; deshalb braucht es keine zu (KB2) "symmetrische" Regel zu geben, die das Mengenpaar $(E ,\ R \cup \{ t \rightarrow s \})$ zu bilden erlaubt, falls $t > s$ ist.

Mit (KB3) und (KB4) kann man die Elemente von E vereinfachen, mit (KB5) und (KB6) die Elemente von R. Dabei erlaubt (KB4) das Löschen von "trivialen Gleichungen". Termpaare der Form $s \equiv s$ lassen sich sicher nicht mit $>$ ordnen, da $>$ irreflexiv ist; sie beeinflussen aber auch nicht die erzeugte Äquivalenz und sind in diesem Sinne überflüssig. Hiermit lassen sich also insbesondere eventuell identische Normalformen von kritischen Paaren eliminieren. Alle anderen Vereinfachungsregeln beziehen sich auf das Reduzieren mit dem aktuell vorliegenden Termersetzungssystem R. Beachte, daß keine zu (KB3) symmetrische Regel zum Vereinfachen von t zu existieren braucht, siehe oben.

Bei (KB5) kann $s \rightarrow t'$ in dieser Richtung orientiert bleiben, falls man R mit $>$ ordnen kann; denn dann folgt aus $s > t$ und $t \longrightarrow_R t'$ sicherlich $s > t'$. Bei (KB6) dagegen ist für $s' \equiv t$ weder $s' > t$ noch $t > s'$ garantiert; dieses Termpaar wird also zunächst in E aufgenommen.

Definition (7.27) (Knuth-Bendix-Verfahren)

Sei R ein Termersetzungssystem, E_R die zugehörige (ungerichtete) Gleichungsmenge und $>$ eine Terminationsordnung. Wir definieren das *Knuth-Bendix-Verfahren* wie folgt:

- Beginne mit dem Mengenpaar $(E_R , \emptyset)$ und wende darauf die Regeln (KB1) - (KB6) fortgesetzt an. (Falls man R mit $>$ ordnen kann, kann man natürlich auch sofort mit $(\emptyset , R)$ beginnen.)
- Ist ein Paar $(\emptyset , R')$ erreicht, wo R' lokal konfluent ist, d.h. alle möglichen kritischen Paare sich zu identischer Normalform reduzieren lassen, so beende die Ableitung. ■

Leider ist ein Erfolg in diesem Sinne nicht immer möglich. Zum einen können Termpaare in E sein, die sich weder in der einen noch in der anderen Richtung mit > orientieren lassen; falls sie nicht durch andere (evtl. noch zu bildende) Ersetzungsregeln vereinfacht bzw. eliminert werden, so wird E nicht leer. Andererseits kann der Fall eintreten, daß Knuth-Bendix-Ableitungen nicht terminieren, weil neue Regeln neue kritische Paare erzeugen, die wiederum neue Regeln erfordern und so fort. Daß das Knuth-Bendix-Verfahren nicht immer erfolgreich sein kann, ist aber schon klar gewesen, denn für terminierende und konfluente Termersetzungssysteme können wir die Äquivalenz $\overset{*}{\leftrightarrow}$ nach Satz (6.13) entscheiden, was im allgemeinen aber unmöglich ist.

Beispiel (7.28)

Folgendes Termersetzungssystem R soll vervollständigt werden:

$$\begin{array}{lll} (1) & x+0 & \to x \\ (2) & \text{halb}(0) & \to 0 \\ (3) & \text{halb}((x+x)+y) & \to x+\text{halb}(y) \end{array}$$

Wir wählen als Terminationsordnung die Knuth-Bendix-Ordnung $>_{KBO}$ mit der Gewichtung $\omega(0) = \omega(+) = \omega(\text{halb}) = 1$ und mit der Präzedenz halb > + .

Da R mit $>_{KBO}$ geordnet werden kann, beginnen wir gleich mit (∅ , R) und wenden darauf zweimal (KB1) an, um zwei kritische Paare bzgl. R in E aufzunehmen (wie man leicht nachprüft gibt es nur diese beiden). Wir erhalten:

$$(\ \{\ \{\ 0+\text{halb}(y) \equiv \text{halb}(0+y)\ \},\ \{\ x+\text{halb}(0), \text{halb}(x+x)\ \}\ \},\ R\ )$$

Der Term x + halb(0) läßt sich nacheinander mit den R-Regeln (2) und (1) reduzieren. Zweimaliges Anwenden von (KB3) liefert also:

$$(\ \{\ \{\ \text{halb}(0+y) \equiv 0+\text{halb}(y)\ \},\ \{\ x, \text{halb}(x+x)\ \}\ \},\ R\ )$$

Die Orientierung dieser ungerichteten Paare ist mit der gewählten Terminationsordnung möglich; mit (KB2) - zweimal angewendet - bekommen wir deshalb:

$$(\ \emptyset,\ R \cup \{\ \text{halb}(0+y) \to 0+\text{halb}(y),\ \text{halb}(x+x) \to x\ \}\ )$$

Die erhaltene Regelmenge ist (lokal) konfluent, wie man leicht durch die Untersuchung von vier kritischen Paaren verifiziert. ∎

Beispiel (7.29)

Die Axiome der Gruppentheorie als Termersetzungssystem

$$\begin{array}{lll} (1) & (x \circ y) \circ z & \to x \circ (y \circ z) \\ (2) & e \circ x & \to x \\ (3) & x^{-1} \circ x & \to e \end{array}$$

sind so wie angegeben nicht konfluent. Die Knuth-Bendix-Vervollständigung liefert mit der in Beispiel (7.17) angegebenen KBO-Terminationsordnung das folgende System:

(1)	$(x \circ y) \circ z$	$\rightarrow$	$x \circ (y \circ z)$	(6)	e^{-1}	$\rightarrow$	e
(2)	$e \circ x$	$\rightarrow$	x	(7)	$(x^{-1})^{-1}$	$\rightarrow$	x
(3)	$x^{-1} \circ x$	$\rightarrow$	e	(8)	$x \circ x^{-1}$	$\rightarrow$	e
(4)	$x^{-1} \circ (x \circ y)$	$\rightarrow$	y	(9)	$x \circ (x^{-1} \circ y)$	$\rightarrow$	y
(5)	$x \circ e$	$\rightarrow$	x	(10)	$(x \circ y)^{-1}$	$\rightarrow$	$y^{-1} \circ x^{-1}$

Die Details der (nicht ganz kurzen) Ableitung überlassen wir dem Leser als Übung. Mit diesem System sind wir nun in der Lage, für jede beliebige Gleichung zu entscheiden, ob sie aus den Gruppenaxiomen folgt oder nicht. Beispielsweise ist $x \circ e \equiv x$ ein Theorem der Gruppentheorie, da sich beide Seiten der Gleichung zum selben Term x reduzieren lassen. Dagegen folgt die Kommutativität $x \circ y \equiv y \circ x$ nicht aus den Gruppenaxiomen, denn beide Seiten dieser Gleichung sind Normalformen, aber syntaktisch ungleich; also muß es auch nicht-kommutative Gruppen geben, vgl. Beispiel (1.26). ■

Mittlerweile existieren eine ganze Reihe von Varianten des Knuth-Bendix-Verfahrens und es ist theoretisch gut untersucht, siehe Bachmair [Bach89]. So weiß man etwa, daß das Ergebnis einer Vervollständigung (für eine gegebene Terminationsordnung) erstaunlicherweise bis auf Variablenumbenennung in den Ersetzungsregeln *eindeutig bestimmt* ist, falls das Ergebnis mit (KB5) und (KB6) nicht mehr weiter reduziert werden kann, Metivier [Met83].

Vervollständigungsverfahren finden Anwendung unter anderem bei induktiven Beweisen (siehe Abschnitt 7.3) und fürs Theorembeweisen in der Prädikatenlogik, vgl. Dershowitz & Hsiang [DH83]. Abschließend nur noch einige Eigenschaften, die wir hier ohne Beweis aufführen:

Satz (7.30) (Korrektheit der Knuth-Bendix-Regeln)

Beginnt man mit dem Mengenpaar $(\varnothing, R)$, so gilt $s \overset{*}{\leftrightarrow}_R t$ für alle - gerichteten oder ungerichteten - Termpaare $\{s, t\}$, die das Verfahren generiert. ■

Bemerkung (7.31) (Unfailing Knuth-Bendix)

Für eine bestimmte Variante des Knuth-Bendix-Verfahrens (*unfailing Knuth-Bendix*, Hsiang & Rusinowitch [HR87]), bei der die Bildung kritischer Paare auch mit Termen aus der Menge E erlaubt wird, hat man, falls man bestimmte Einschränkungen an die benutzte Terminationsordnung macht, eine *Vollständigkeitsaussage* in folgendem Sinn:

Gibt es überhaupt ein zu einem gegebenen Termersetzungssystem äquivalentes vollständiges System, das mit der vorliegenden Terminationsordnung $>$ als terminierend nachgewiesen werden kann, so kann es auch mit den entsprechend modifizierten Regeln unter Verwendung von $>$ gefunden werden. ■

7.3 Induktive Beweise

Die Gleichungen, die aus einer gegebenen Gleichungsmenge logisch folgen, sind mit dem Termersetzungs-Kalkül gut zu charakterisieren (siehe Abschnitt 6.1). Oft sind wir aber an Gleichungen interessiert, die wir auf diese Weise nicht beweisen können, weil sie gar nicht in *allen* (Gleichheits-) Modellen unserer Menge gelten; untersuchen wir dazu zwei Beispiele, die die Definition der *induktiven Theorie* einer Gleichungsmenge motivieren:

Beispiel (7.32)

(i) $f(f(c)) \equiv c$

sei eine Gleichung über einer einsortigen Signatur, die nur das Konstantensymbol c und ein einstelliges Operationssymbol f enthält. Folgt aus dieser Gleichung die Gleichung

(ii) $f(f(x)) \equiv x$?

Nein, denn es gibt ein Modell für (i), in dem (ii) nicht gilt: Als Individuen wählen wir eine zweielementige Menge, sagen wir $\{ d_1, d_2 \}$, c interpretieren wir durch d_1, f durch eine Funktion, die sowohl d_1 als auch d_2 konstant auf d_1 abbildet. Sicher gilt hier (i), nicht aber (ii) (weise x das Element d_2 zu und werte aus). Trotzdem ist jede *Grundinstanz* von (ii) in jedem Gleichheitsmodell von (i) wahr; das beweist man leicht etwa mit struktureller Induktion. ■

Beispiel (7.33)

Wenn wir die Addition über den natürlichen Zahlen wie üblich durch die beiden Gleichungen

(iii) $0 + y \equiv y$

(iv) $s(x) + y \equiv s(x + y)$

definieren (die zugrundeliegende Signatur enthält also das Konstantensymbol 0, das einstellige s und das zweistellige +), dann folgt daraus nicht die Assoziativität der Addition:

(v) $(x + y) + z \equiv x + (y + z)$

Statt durch Angabe eines entsprechenden Modells wie im Beispiel (7.32) läßt sich das alternativ auch folgendermaßen zeigen: Schreiben wir (iii) und (iv) als Links-Rechts-Regeln und nennen das entstehende Termersetzungssystem ADD, dann gilt (v) mit Korollar (6.9) in allen Gleichheitsmodellen von (iii) und (iv) genau dann, wenn $(x + y) + z \overset{*}{\leftrightarrow}_{ADD} x + (y + z)$ ist. Da ADD terminierend und konfluent ist, ist dies genau dann der Fall, wenn es einen Term t gibt mit $(x + y) + z \overset{*}{\rightarrow}_{ADD} t$ und $x + (y + z) \overset{*}{\rightarrow}_{ADD} t$. Weder auf $(x + y) + z$ noch auf $x + (y + z)$ ist aber eine ADD-Regel anwendbar und beide Terme sind verschieden; ein solches t kann also nicht existieren. Auch hier ist aber jede *Grundinstanz* von (v) in allen Gleichheitsmodellen von (iii) und (iv) wahr. ■

Definition (7.34) (Induktive Theorie)

Für eine Gleichungsmenge E heißt

$ITh(E) := \{ l \equiv r \mid l\sigma =_E r\sigma$ für alle Grundsubstitutionen $\sigma \}$ die *induktive Theorie*[8] von E. ■

[8] Mit Definition (6.7) ist $=_E$ dasselbe wie $\overset{*}{\leftrightarrow}_{R_E}$ für das aus E entstandene Termersetzungssystem R_E.

Satz (7.35)

Seien E und I Gleichungsmengen. Dann sind äquivalent:

(i) $I \subseteq ITh(E)$

(ii) I gilt in allen *operationserzeugten* Modellen von E, d.h. in allen Modellen, in denen zu jedem Individuum d ein Grundterm existiert, dessen Wert im Modell gerade d ist.

(iii) I gilt im kleinsten Herbrandmodell von E. ∎

Wir wollen nun ein hinreichendes Kriterium dafür angeben, daß eine Gleichung oder allgemeiner eine Menge von Gleichungen in der induktiven Theorie einer gegebenen Gleichungsmenge ist. Ein wichtiges Hilfsmittel dafür ist das Konzept der *Grundreduzierbarkeit*. Der Abschnitt schließt mit einigen Beispielen.

Für die folgenden allgemeinen Betrachtungen nehmen wir eine feste Signatur als implizit gegeben an. Zusätzlich fordern wir für alle vorkommenden Gleichungsmengen, daß die daraus entstehenden Termersetzungssysteme die Eigenschaft haben, daß die rechte Seite jeder Regel keine Variable enthält, die nicht schon auf der linken Seite vorgekommen ist. Damit ist gesichert, daß aus *Grundtermen* durch Ersetzungen wieder nur *Grundterme* werden können.

Definition (7.36) (Grundreduzierbarkeit)

Ein Term t heißt *grundreduzierbar* mit einem Termersetzungssystem R, falls alle seine Grundinstanzen bzgl. R reduzierbar sind, d.h. für alle Grundsubstitutionen σ ein t' existiert mit $t\sigma \longrightarrow_R t'$. ∎

Satz (7.37) (Kriterium für induktive Theoreme)

Seien E und I Gleichungsmengen, so daß gilt:

(i) $R_E \cup R_I$ ist terminierend und konfluent,

(ii) für jede Gleichung $(l \equiv r) \in I$ ist l grundreduzierbar mit R_E.

Dann ist $I \subseteq ITh(E)$.

Beweis

Wir zeigen mit Noetherscher Induktion über $\longrightarrow_{R_E \cup R_I}$ die folgende Aussage:

Für alle Grundterme s und t gilt: wenn $s \xrightarrow{*}_{R_E \cup R_I} t$ dann $s \xleftrightarrow{*}_{R_E} t$.

Da für jede Gleichung $l \equiv r$ aus I und jede Grundsubstitution σ wegen $l\sigma \longrightarrow_{R_I} r\sigma$ sicher auch $l\sigma \xrightarrow{*}_{R_E \cup R_I} r\sigma$ ist, folgt daraus die Behauptung.

<u>Fall 1</u> $s = t$: also $s \xleftrightarrow{*}_{R_E} t$.

<u>Fall 2</u> Es existiert ein Term t' mit $s \longrightarrow_{R_E} t' \xrightarrow{*}_{R_E \cup R_I} t$. Nach Induktionsvoraussetzung ist also $t' \xleftrightarrow{*}_{R_E} t$, also auch $s \xleftrightarrow{*}_{R_E} t$.

<u>Fall 3</u> Es existiert ein Term t' mit $s \longrightarrow_{R_I} t' \xrightarrow{*}_{R_E \cup R_I} t$. Auf s ist also eine Regel aus R_I anwendbar, d.h. ein Teilterm von s ist eine Grund(!)-Instanz der linken Seite einer R_I-Regel. Wegen Bedingung (ii) ist auf diesen Teilterm eine R_E-Regel anwendbar, es gibt also einen Term s' mit $s \longrightarrow_{R_E} s'$. Aus der Konfluenz folgt nun die Existenz eines Terms s'' mit

$s' \xrightarrow{*}_{R_E \cup R_I} s''$ und $t' \xrightarrow{*}_{R_E \cup R_I} s''$. Sowohl s' als auch t' sind bezüglich unserer Noetherschen Relation $\longrightarrow_{R_E \cup R_I}$ "kleiner" als s. Nach Induktionsvoraussetzung ist demnach $s' \overset{*}{\leftrightarrow}_{R_E} s''$, $t' \overset{*}{\leftrightarrow}_{R_E} s''$ und $t' \overset{*}{\leftrightarrow}_{R_E} t$; insgesamt also $s \overset{*}{\leftrightarrow}_{R_E} t$. ∎

Beispiel (7.38)

Wir greifen Beispiel (7.32) vom Beginn dieses Abschnitts wieder auf. Um mit Satz (7.37) zu beweisen, daß (ii) in der induktiven Theorie von (i) enthalten ist, müssen wir die Termination und Konfluenz des Regelsystem $\{ f(f(c)) \to c,\ f(f(x)) \to x \}$ sowie die Grundreduzierbarkeit von $f(f(x))$ mit $\{ f(f(c)) \to c \}$ zeigen.
Die Termination ist wegen der abnehmenden Termlänge gesichert; zur (lokalen) Konfluenz reicht es also aus, die drei relevanten kritischen Paare zu betrachten, eine schöne Übung. Für die Grundreduzierbarkeit überlegt man, daß jede Grundinstanz von $f(f(x))$ sicherlich ganz innen den Teilterm $f(f(c))$ enthält, worauf dann die Regel anwendbar ist. ∎

Beispiel (7.39)

Im Beispiel (7.33) ist die Assoziativität (v) ein induktives Theorem über { (iii), (iv) }, da das Termersetzungssystem $\{ 0 + y \to y,\ s(x) + y \to s(x + y),\ (x + y) + z \to x + (y + z) \}$ terminierend und konfluent und die linke Seite der Gleichung $(x + y) + z$ grundreduzierbar mit dem System $\{ 0 + y \to y,\ s(x) + y \to s(x + y) \}$ ist.

Die Termination zeigt man leicht mit KBO, wobei $+ > s$ und $\omega(0) = \omega(s) = \omega(+) = 1$ gewählt werden kann; die Konfluenz ergibt sich aus der Untersuchung von drei kritischen Paaren:

- Überlagerung von $(x + y) + z \to x + (y + z)$ mit sich selbst an der Stelle $1.\lambda$ ergibt das Paar $((x + y) + (z + w),\ (x + (y + z)) + w)$. Beide Terme lassen sich zu $x + (y + (z + w))$ reduzieren.
- Überlagerung von $0 + y \to y$ mit $(x + y) + z \to x + (y + z)$ ergibt das kritische Paar $(0 + (y + z),\ y + z)$. Beide Terme reduzieren sich zu $y + z$.
- Überlagerung von $s(x) + y \to s(x + y)$ mit $(x + y) + z \to x + (y + z)$ ergibt das Paar $(s(x) + (y + z),\ s(x + y) + z)$. Beide Terme reduzieren sich zu $s(x + (y + z))$.

Für die Grundreduzierbarkeit betrachte man das innerste, am weitesten links in einer Grundinstanz von $(x + y) + z$ stehende $+$-Symbol. Der dort hängende (Grund)term hat als erstes Argument entweder 0 oder einen Term der Gestalt $s(t)$; in beiden Fällen ist eine der beiden Regeln anwendbar. ∎

Beispiel (7.40)

Als ein etwas umfangreicheres Beispiel definieren wir hier das *Sortieren von Listen* über Einträgen aus $\{0, 1\}$; vgl. Beispiel (6.3.ii). Das Ergebnis des Sortierens soll eine Liste liefern, die genauso viele Nullen und Einsen enthält wie die Ausgangsliste, alle Nullen stehen aber *links* von allen Einsen. Die einstellige Hilfsoperation e sorgt dabei dafür, daß Einsen nach rechts wandern können.

$$
\begin{aligned}
\text{sort}(\text{ nil }) &\equiv \text{nil} \\
\text{sort}(\,0 \bullet v\,) &\equiv 0 \bullet \text{sort}(v) \\
\text{sort}(\,1 \bullet v\,) &\equiv e(\,\text{sort}(v)\,) \\
e(\text{ nil }) &\equiv 1 \bullet \text{nil} \\
e(\,0 \bullet v\,) &\equiv 0 \bullet e(v) \\
e(\,1 \bullet v\,) &\equiv 1 \bullet (1 \bullet v)
\end{aligned}
$$

Unser Ziel ist es, die Gleichung sort(sort(v)) ≡ sort(v) , d.h. die *Idempotenz* von sort , zu beweisen. Nach einigem Herumprobieren mit unseren Kriterien merkt man aber, daß sich einige kritische Paare nicht zu einem gemeinsamen Term reduzieren lassen, die erforderliche Konfluenz also nicht gilt. Hier hilft uns, daß wir mit unserem Satz gleich für eine *Menge* von Gleichungen zeigen können, daß sie in der induktiven Theorie enthalten ist. Wir erweitern also die Menge der "Behauptungen" um das "Lemma" sort(e(v)) ≡ e(sort(v)) und beweisen dann also simultan

$$
\begin{aligned}
\text{sort}(\,\text{sort}(v)\,) &\equiv \text{sort}(v) \\
\text{sort}(\,e(v)\,) &\equiv e(\,\text{sort}(v)\,)
\end{aligned}
$$

Die Termination zeigt man leicht mit KBO, die (nun sechs) relevanten kritischen Paare bereiten keine Schwierigkeiten mehr. Die Terme sort(sort(v)) und sort(e(v)) sind grundreduzierbar über dem den spezifizierenden Gleichungen entsprechenden Termersetzungssystem; besser zeigt man dazu gleich die Grundreduzierbarkeit der Terme sort(v) und e(v) , woraus dann die andere Behauptung folgt. ∎

Bemerkungen (7.41)

• Im Gegensatz zur Menge aller aus einer Gleichungsmenge E folgerbaren Gleichungen (der *deduktiven* Theorie von E) ist die induktive Theorie von E nicht mehr rekursiv aufzählbar; es kann also kein *vollständiger* Ableitungskalkül dafür existieren.

• Das vorgestellte Kriterium hat Grenzen in der Anwendbarkeit. So ist etwa die Kommutativität von + für die in Beipiel (7.33) angegebene Spezifikation auf diese Art nicht zu zeigen, da das resultierende System nicht terminiert. Es gibt aber Verallgemeinerungen des Satzes, die in dieser Situation weiterhelfen können, siehe etwa Fribourg [Fri86], Jouannaud & Kounalis [JK86], Bachmair [Bach88] sowie Hofbauer & Kutsche [HK88].

• Die Frage, ob für ein gegebenes endliches Termersetzungssystem R ein Term t mit R grundreduzierbar ist, ist *entscheidbar*, ohne zusätzliche Restriktionen aber nur mit hohem Aufwand, siehe Kapur, Narendran & Zhang [KNZ86]. ∎

7.4 Lösen von Gleichungen: Narrowing

Narrowing ist eine Methode, die es ermöglicht, in Gleichungstheorien mit Hilfe von Termersetzungstechniken *Gleichungen zu lösen*. Statt für eine Gleichung nachzuweisen, daß sie in einer gegebenen Gleichungstheorie liegt, gehen wir nun typischerweise von einer Gleichung aus, die selbst nicht in dieser deduktiven Theorie ist, die aber Instanzen mit dieser Eigenschaft besitzt.

So gilt die Gleichung $x * x \equiv s(0)$ sicher nicht in der Arithmetik, hat aber Instanzen, die gelten, nämlich für die Substitutionen

$$\begin{bmatrix} x \\ s(0) \end{bmatrix} \quad \text{und} \quad \begin{bmatrix} x \\ p(0) \end{bmatrix}$$

(s steht für Nachfolger - *successor* - , p für Vorgänger - *predecessor*).

Narrowing erlaubt nun, in dem uns wohlvertrauten Rahmen der Term-Reduktion solche Substitutionen zu generieren; die dabei berechneten Substitutionen kann man als *Lösungen* der vorgegebenen Gleichung auffassen. Allgemein suchen wir Lösungen einer Gleichungs*menge* E bzgl. eines Ersetzungssystems R . Narrowing wurde 1974/75 eingeführt von Lankford und Slagle, frühe Arbeiten dazu stammen von Fay [Fay79] und Hullot [Hul80].

Definition (7.42) (Lösung einer Gleichungsmenge)

Für ein Termersetzungssystem R und eine Gleichungsmenge E heißt eine Substitution σ *Lösung von* E *bzgl.* R , falls $s\sigma \overset{*}{\longleftrightarrow}_R t\sigma$ ist für alle Gleichungen $s \equiv t$ aus E . ■

Wieder folgen wir dem Prinzip, das Narrowing-Verfahren als eine Menge von nichtdeterministisch anwendbaren Regeln zu formulieren; diese Regeln manipulieren jeweils ein Paar aus einer Menge von Gleichungen und einer Substitution.

Definition (7.43) (Narrowing)

Das Regelsystem für *Narrowing* über einem gegebenen Termersetzungssystem R besteht aus den beiden Regeln (N1) und (N2); dabei steht E jeweils für eine Gleichungsmenge[9], s, t für Terme und σ, τ für Substitutionen.

(N1) $$\frac{(E \cup \{ s \equiv t \} \quad , \tau)}{(E\sigma \cup \{ (s \equiv t)[u \leftarrow r]\sigma \} , \tau\sigma)}$$ falls es eine Regel $l \rightarrow r$ aus R gibt, so daß σ der auf $var(s \equiv t)$ eingeschränkte mgu von l und $(s \equiv t) / u$ ist

(N2) $$\frac{(E \cup \{ s \equiv t \} , \tau)}{(E\sigma \quad , \tau\sigma)}$$ falls σ mgu von s und t ist

■

[9] Wir setzen voraus, daß das Regelsystem variablendisjunkt zu der Gleichungsmenge ist.

Dem aufmerksamen Leser fallen hier sofort die starken Ähnlichkeiten zwischen Narrowing, der (auf Gleichungen spezialisierten) Paramodulation und der gewöhnlichen Termreduktion auf: Ein (N1)-Schritt entspricht *gerichteter* Links-Rechts-Paramodulation einer Gleichung aus E_R in eine Gleichung aus E. Andererseits ergibt sich die gewöhnliche Termreduktion (hier auf Gleichungen statt auf Termen) als ein Spezialfall von (N1), nämlich wenn σ nur Variablen aus l verändert, nicht aber Variablen aus $(s \equiv t)/u$.

Definition (7.44) (Narrowing-Verfahren)

Sei R ein Regelsystem und E eine Menge von Gleichungen, die gelöst werden soll. Das *Narrowing-Verfahren* ist wie folgt definiert:

- Beginne mit dem Paar $(E, [\,])$, also der Ausgangsmenge und der identischen Substitution.
- Hat man ein Paar der Form $(\varnothing, \sigma)$ erreicht, so nennen wir σ *abgeleitete Antwortsubstitution.* ■

Von der Auswahl und Reihenfolge der möglichen Narrowing-Schritte, also der Strategie, hängt es maßgeblich ab, zu welcher der eventuell existierenden verschiedenen Lösungen man gelangt. Obwohl stets mit mgu's gearbeitet wird, existieren typischerweise keine allgemeinsten Lösungen, vgl. das folgende Beispiel sowie die theoretischen Erörterungen im nächsten Abschnitt. Immerhin erhält man aber für konfluente Termersetzungssysteme ein Vollständigkeitsresultat zumindest für gewisse Lösungen:

Satz (7.45) (Korrektheit und Vollständigkeit von Narrowing)

Für jedes Termersetzungssystem R und jede Gleichungsmenge E gilt:

(i) Jede mit Narrowing aus $(E, [\,])$ abgeleitete Antwortsubstitution ist eine Lösung von E bzgl. R.

(ii) Ist R konfluent, so läßt sich für jede normalisierte Lösung σ von E bzgl. R mit Narrowing eine Antwortsubstitution τ mit $\tau \leq \sigma$ aus $(E, [\,])$ ableiten.
(Dabei heißt eine Substitution σ *normalisiert*, wenn $x\sigma$ für alle Variablen x in Normalform bzgl. R ist.)

Beweis

(i) Dazu zeigen wir per Induktion über die Länge der Ableitung:

$$\text{Gilt } (E, \tau) \vdash_{(N1+N2)} (\varnothing, \tau\rho)\text{, so ist } \rho \text{ eine Lösung von } E.$$

Für eine Ableitung der Länge 0 stimmt die Behauptung, da jede Substitution die leere Gleichungsmenge löst. Beim Induktionsschritt unterscheiden wir den beiden Regeln entsprechend zwei Fälle:

<u>Fall 1</u> Sei aus $(E \cup \{s \equiv t\}, \tau)$ mit einem (N1)-Schritt $(E\sigma \cup \{(s \equiv t)[u \leftarrow r]\sigma\}, \tau\sigma)$ entstanden und gelte $(E\sigma \cup \{(s \equiv t)[u \leftarrow r]\sigma\}, \tau\sigma) \vdash_{(N1+N2)} (\varnothing, \tau\sigma\rho)$.
Dann ist für jede Gleichung $s' \equiv t'$ aus E auch $s'\sigma\rho = t'\sigma\rho$, denn ρ ist nach Induktionsvoraussetzung eine Lösung von $E\sigma \cup \{(s \equiv t)[u \leftarrow r]\sigma\}$, also insbesondere von $E\sigma$. Zu zeigen bleibt noch, daß $\sigma\rho$ auch eine Lösung von $s \equiv t$ ist. Sei o.B.d.A. $u = 1.v$, d.h. die Paramodulation habe in s stattgefunden. Da ρ eine Lösung von $(s \equiv t)[u \leftarrow r]\sigma$, d.h. von $s[v \leftarrow r]\sigma \equiv t\sigma$

ist, gilt $s[v \leftarrow r]\sigma\rho \overset{*}{\longleftrightarrow}_R t\sigma\rho$; also $s\sigma\rho = s[v \leftarrow l]\sigma\rho \longrightarrow_R s[v \leftarrow r]\sigma\rho \overset{*}{\longleftrightarrow}_R t\sigma\rho$ und damit insgesamt $s\sigma\rho \overset{*}{\longleftrightarrow}_R t\sigma\rho$.

Fall 2 Sei aus $(E \cup \{ s \equiv t \}, \tau)$ mit einem (N2)-Schritt $(E\sigma, \tau\sigma)$ entstanden und gelte $(E\sigma, \tau\sigma) \vdash_{(N1+N2)} (\emptyset, \tau\sigma\rho)$. Für jede Gleichung $s' \equiv t'$ aus E zeigt man $s'\sigma\rho = t'\sigma\rho$ analog zu Fall 1. Da σ mgu von s und t ist, gilt $s\sigma = t\sigma$ und daher auch $s\sigma\rho = t\sigma\rho$. Insgesamt ist $\sigma\rho$ also eine Lösung von $E \cup \{ s \equiv t \}$.

(ii) Ist σ eine normalisierte Lösung von E , so gilt $s\sigma \overset{*}{\longleftrightarrow}_R t\sigma$ für alle $(s \equiv t) \in E$, die Church-Rosser-Eigenschaft von R sichert also die Existenz eines Terms t_0 mit $s\sigma \overset{*}{\longrightarrow}_R t_0$ und $t\sigma \overset{*}{\longrightarrow}_R t_0$. Da Reduktion als Spezialfall von (N1) möglich ist, erhält man

$$(\{ s\sigma \equiv t\sigma \}, [\,]) \vdash_{(N1)} (\{ t_0 \equiv t_0 \}, [\,]) \vdash_{(N2)} (\emptyset, [\,]) ,$$

analog für die ganze Gleichungsmenge $(E\sigma, [\,]) \vdash_{(N1+N2)} (\emptyset, [\,])$. Mit Lifting-Argumenten läßt sich zeigen, daß damit auch $(E, [\,]) \vdash_{(N1+N2)} (\emptyset, \tau)$ für eine Substitution $\tau \leq \sigma$ ist, siehe etwa Padawitz [Pad88]. ∎

Beispiele (7.46) (Lösung arithmetischer Gleichungen)

Um Lösungen arithmetischer Gleichungen mit dem Narrowing-Verfahren berechnen zu können, spezifizieren wir zunächst mit einem konfluenten (und terminierenden) Termersetzungssystem einen Ausschnitt der Arithmetik ganzer Zahlen. Dazu dient uns das nachfolgende System aus den Regeln (1) - (16b), siehe [RKKL85]. (Die Gleichungen in der rechten Spalte sind hier übrigens induktive Theoreme über der Gleichungsmenge der linken Spalte.)

(1)	s(p(x))	→	x				
(2)	p (s(x))	→	x				
(3a)	0 + x	→	x	(3b)	x + 0	→	x
(4a)	s(x) + y	→	s(x + y)	(4b)	x + s(y)	→	s (x + y)
(5a)	p(x) + y	→	p(x + y)	(5b)	x + p(y)	→	p (x + y)
				(6)	(x + y) + z	→	x + (y + z)
(7)	- 0	→	0				
(8)	- s(x)	→	p(- x)				
(9)	- p(x)	→	s(- x)				
				(10)	- (- x)	→	x
				(11a)	(- x) + x	→	0
				(11b)	x + (- x)	→	0
				(12a)	x + ((- x) + z)	→	z
				(12b)	(- x) + (x + z)	→	z
				(13)	- (x + y)	→	(- y) + (- x)
(14a)	0 * x	→	0	(14b)	x * 0	→	0
(15a)	s(x) * y	→	y + (x * y)	(15b)	x * s(y)	→	(x * y) + x
(16a)	p(x) * y	→	(- y) + (x * y)	(16b)	x * p(y)	→	(x * y) + (- x)

(i) Das Polynom $x^2 + 3x + 2$ hat in $\mathbb{Z}$ die Nullstellen -1 und -2. Indem wir die Gleichung $(x * x) + ((s(s(s(0))) * x) + s(s(0))) \equiv 0$ lösen, können wir diese Werte durch das Narrowing-Verfahren bestimmen. Die Ableitung beginnt also mit

$(\ \{\ (x * x) + ((s(s(s(0))) * x) + s(s(0))) \equiv 0\ \}\ ,\ [\,]\ )$.

$(\ \{\ (x * x) + ((s(s(s(0))) * x) + s(s(0))) \equiv 0\ \}\ ,\ [\,]\ )\quad \vdash_{(N1)}$

mit Regel (16a) und der Substitution[10] $[\,x / p(v)\,]$

$(\ \{\ ((-p(v)) + (v * p(v))) + ((s(s(s(0))) * p(v)) + s(s(0))) \equiv 0\ \},\ [\,x / p(v)\,]\ )\quad \vdash_{(N1)}$

mit Regel (9) und der Substitution $[\,]$

$(\ \{\ (s(-v) + (v * p(v))) + ((s(s(s(0))) * p(v)) + s(s(0))) \equiv 0\ \}\ ,\ [\,x / p(v)\,]\ )\quad \vdash_{(N1)}$

mit Regel (7) und der Substitution $[\,v / 0\,]$

$(\ \{\ (s(0) + (0 * p(0))) + ((s(s(s(0))) * p(0)) + s(s(0))) \equiv 0\ \}\ ,\ [\,x / p(0)\,]\ )$

Mit einigen reinen Reduktionsschritten, also mit (N1) unter der identischen Substitution, erhält man $(\{0 \equiv 0\}\ ,\ [\,x / p(0)\,])$, daraus durch einen Unifikationsschritt mit (N2) unter $[\,]$ schließlich $(\emptyset\ ,\ [\,x / p(0)\,])$, die abgeleitete Antwortsubstitution ist damit $[\,x / p(0)\,]$. Die andere Lösung $[\,x / p(p(0))\,]$ erreicht man, wenn man nach dem zweiten Narrowing-Schritt mit Regel (9) unter der Substitution $[\,v / p(w)\,]$ paramoduliert, dann mit Regel (7) unter $[\,w / 0\,]$ und dann wie eben reduziert. Ein Schritt mit (N2) bringt die Rechnung auch hier zum Abschluß.

(ii) Als ein weiteres Beispiel soll die Gleichung $x * y \equiv p(x + z)$ gelöst werden:

$(\ \{\ x * y \equiv p(x + z)\ \}\ ,\ [\,]\ )\quad \vdash_{(N1)}$

mit Regel (15a) und der Substitution $[\,x / s(v)\,]$

$(\ \{\ y + (v * y) \equiv p(s(v) + z)\ \}\ ,\ [\,x / s(v)\,]\ )\quad \vdash_{(N1)}$

mit Regel (14a) und der Substitution $[\,v / 0\,]$

$(\ \{\ y + 0 \equiv p(s(0) + z)\ \}\ ,\ [\,x / s(0)\,]\ )\quad \vdash_{(N1)}$

in zwei Schritten mit Regel (3b) und (4a) jeweils unter $[\,]$

$(\ \{\ y \equiv p(s(0 + z))\ \}\ ,\ [\,x / s(0)\,]\ )\quad \vdash_{(N1)}$

in zwei Schritten erst mit Regel (3a), dann mit (2) jeweils unter $[\,]$

$(\ \{\ y \equiv z\ \}\ ,\ [\,x / s(0)\,]\ )\quad \vdash_{(N2)}$

mit dem mgu $[\,z / y\,]$

$(\ \emptyset\ ,\ [\,x / s(0)\ ,\ z / y\,]\ )$ ■

Bemerkung (7.47) (Normal Narrowing)

Reduziert man vor jedem Narrowing-Schritt alle Terme auf R-Normalform (*normal Narrowing*), so bleibt das Verfahren unter dieser Modifikation vollständig, wenn R zusätzlich zur Konfluenz auch noch terminierend ist. Eine detaillierte Übersicht über verschiedene Narrowing-Varianten findet man bei Padawitz [Pad88]. ■

10 Die Variable v entsteht durch Umbenennung der Regel.

7.5 Beweisen in speziellen Gleichheitstheorien

In Kapitel 5 haben wir mit der Paramodulation eine Regel kennengelernt, die einen natürlicheren und effizienteren Umgang mit der Gleichheit innerhalb des Resolutionskalküls ermöglicht als dies mit Resolution und den GAX-Axiomen möglich war. Etwas ähnliches wollen wir ausblickartig in diesem Abschnitt tun, nämlich die Grundkonzepte von Techniken kennenlernen, mit denen man zuvor festgelegte Anteile einer betrachteten Theorie im Ableitungsprozeß gesondert handhaben kann, um prinzipielle Schwierigkeiten oder einen Effizienzverlust zu vermeiden.

Betrachten wir dazu ein Beispiel: In vielen mathematischen Theorien hat man die Kommutativität gewisser Operationen gegeben, so sind etwa $+$ und $*$ in der Arithmetik oder $\wedge$ und $\vee$ in Booleschen Algebren kommutativ. Schreibt man aber die Kommutativität für ein entsprechendes Operationssymbol f als Termersetzungsregel $f(x, y) \rightarrow f(y, x)$, so verliert man sofort die Termination des Systems. Könnte man diese Regel weglassen und stattdessen "stillschweigend" alle Ersetzungsschritte unter Berücksichtigung eines möglichen Vertauschens der Argumente von f durchführen, d.h. *modulo Kommutativität* rechnen, so wäre die Termination des zugrundeliegenden Ersetzungssystems in diesem Sinne vielleicht noch zu erhalten.

In der *Unifikationstheorie* werden die theoretischen Grundlagen für eine Realisierung dieser Idee untersucht. Im folgenden wollen wir einige Ergebnisse und auch entstehende Probleme skizzieren. Bevor wir den zentralen Begriff E-unifizierbar definieren, verallgemeinern wir die aus dem zweiten Kapitel bekannte *Subsumtion* für Substitutionen auf Gleichheitstheorien:

Definition (7.48) (E-Gleichheit, E-Subsumtion)

Sei E eine Gleichungsmenge. Dann heißen Substitutionen σ und τ *gleich modulo* E (geschrieben $\sigma =_E \tau$) genau dann, wenn $x\sigma =_E x\tau$ für alle Variablen x gilt.
σ heißt *allgemeiner modulo* E als τ (oder: σ E-*subsumiert* τ, geschrieben $\sigma \leq_E \tau$) genau dann, wenn eine Substitution ρ mit $\sigma\rho =_E \tau$ existiert. ■

Definition (7.49) (E-Unifikation)

Eine Substitution σ heißt E-*Unifikator* der Terme s und t bzgl. E genau dann, wenn $s\sigma =_E t\sigma$ gilt. Entsprechend heißt σ E-*Unifikator* für eine Termmenge $M = \{t_1, \dots, t_n\}$, falls $t_i\sigma =_E t_j\sigma$ für alle $i, j \in \{1, \dots, n\}$. $U_E(M)$ bezeichnet die Menge aller E-Unifikatoren von M ■

Unser Ziel wäre es nun, E-Unifikatoren zu berechnen, und zwar nach Möglichkeit nicht irgendwelche, sondern solche, aus denen sich alle anderen E-Unifikatoren als Instanzen ergeben: *allgemeinste* E-Unifikatoren. Leider endet hier die Analogie zur "normalen" Unifikation, also zur E-Unifikation speziell für $E = \emptyset$. Die schöne Eigenschaft, allgemeinste Unifikatoren zu besitzen, die darüber hinaus noch bis auf Varianten eindeutig sind, hängt nämlich hochgradig von der Wahl von E ab: Für manche Mengen E gibt es eindeutige mgu's, für andere endliche oder auch unendliche Mengen "allgemeinster" (besser: *minimaler*) Unifikatoren. Es gibt sogar Gleichungsmengen E derart, daß man nicht für alle Termmengen M entscheiden kann, ob ein E-Unifikator überhaupt existiert.

Satz (7.50) (Unentscheidbarkeit der E-Unifikation)
Es existieren Gleichungsmengen E, für die das E-Unifikationsproblem unentscheidbar ist, d.h. es gibt keinen Algorithmus, der für alle Eingaben M die Frage "Ist $U_E(M)$ leer oder nicht ?" korrekt beantwortet.

Beweis
Dieser Satzes kann etwa mit der Unentscheidbarkeit der Lösbarkeit diophantischer Gleichungen (Hilberts 10. Problem) bewiesen werden, vgl. [Dav73]. ▪

Angesichts solch schwieriger Verhältnisse für nichtleeres E wollen wir einige weitere Begriffe einführen, die es zumindest gestatten, unsere Wünsche bzgl. "allgemeinster" Unifikatoren zu formulieren, um dann zu sehen, was wir bestenfalls erwarten können. Letzteres werden wir allerdings nur exemplarisch und stets ohne Beweise tun. Für weitere Lektüre sei hier verwiesen auf Siekmann [Siek84/89], Fages & Huet [FH86] sowie Knight [Kni89].

Definition (7.51) (Minimaler E-Unifikator)
Eine Substitution σ heißt *minimaler E-Unifikator* für eine Termmenge M, falls für alle $\tau \in U_E(M)$ mit $\tau \leq_E \sigma$ auch schon $\tau =_E \sigma$ gilt. ▪

Definition (7.52) (Vollständige Mengen minimaler E-Unifikatoren)
Eine Menge von Substitutionen U heißt *minimale vollständige Menge von E-Unifikatoren* für eine Termmenge M, wenn die folgenden Bedingungen erfüllt sind:

(i) $U \subseteq U_E(M)$ — *Korrektheit*
(ii) für alle $\tau \in U_E(M)$ existiert ein $\sigma \in U$ mit $\sigma \leq_E \tau$ — *Vollständigkeit*
(iii) für alle $\sigma, \tau \in U$ mit $\sigma \leq_E \tau$ gilt $\sigma =_E \tau$ — *Minimalität*

Eine solche Menge U bezeichnen wir mit $\mu cU_E(M)$[11]. Erfüllt die Menge U nur die Bedingungen (i) und (ii), so bezeichnen wir diese *vollständige Menge von E-Unifikatoren*[12] mit $cU_E(M)$. ▪

Die obigen drei Bedingungen charakterisieren genau unsere Vorstellung eines *minimalen Repräsentantensystems*, kurz: einer *Basis*, für die Menge der E-Unifikatoren: Alle Elemente von $\mu cU_E(M)$ sollen E-Unifikatoren sein ("korrekt"), jeder andere E-Unifikator soll durch Spezialisierung erreichbar sein ("vollständig"), und schließlich soll die Menge redundanzfrei sein ("minimal").

[11] μ steht dabei für *minimal*, das c für *vollständig* (*complete*).

[12] Natürlich sind in $cU_E(M)$ wegen der Vollständigkeit auch alle minimalen E-Unifikatoren enthalten.

Beispiel (7.53)

Betrachten wir noch einmal den in Kapitel 2 ausführlich behandelten Spezialfall $E = \emptyset$: Das Unifikationsproblem ist hierfür, wie wir gesehen haben, entscheidbar und $\mu cU_E(M)$ ist einelementig, falls die Menge M überhaupt unifizierbar ist. ∎

Beispiel (7.54)

Sei nun $E = \{ x+y \equiv y+x \}$, also die Kommutativität über der üblichen Signatur natürlicher Zahlen. Das Unifikationsproblem ist entscheidbar und $\mu cU_E(M)$ ist für alle Mengen M endlich. Beispielsweise besitzt $M = \{ s(x + (y+0)), s((0+v) + z) \}$ fünf minimale E-Unifikatoren:

$$\begin{bmatrix} x & z \\ 0+v & y+0 \end{bmatrix}, \begin{bmatrix} x & z \\ 0+v & 0+y \end{bmatrix}, \begin{bmatrix} x & z \\ v+0 & y+0 \end{bmatrix}, \begin{bmatrix} x & z \\ v+0 & 0+y \end{bmatrix}, \begin{bmatrix} x & y \\ z & v \end{bmatrix}$$

Da sich die ersten vier Substitutionen jedoch gegenseitig E-subsumieren, erhält man eine minimale vollständige Menge dadurch, daß man einen beliebigen der ersten vier sowie den letzten Unifikator für $\mu cU_E(M)$ auswählt. ∎

Beispiel (7.55)

Betrachte $E = \{ f(0, x) \equiv x , g(f(y, x)) \equiv g(x) \}$, eine Gleichungsmenge, für die R_E ein terminierendes und konfluentes Termersetzungssystem ist. Hier ist das Unifikationsproblem zwar auch entscheidbar, jedoch existiert keine vollständige Menge minimaler E-Unifikatoren für die Termmenge $M = \{ g(x), g(0) \}$, siehe [FH86].

<u>Beweis</u> Wir bilden eine Folge von E-Unifikatoren für M :

$$\sigma_0 = \begin{bmatrix} x \\ 0 \end{bmatrix}, \quad \sigma_1 = \begin{bmatrix} x \\ f(x_1, 0) \end{bmatrix}, \quad \dots, \quad \sigma_i = \begin{bmatrix} x \\ f(x_i, x\sigma_{i-1}) \end{bmatrix}, \quad \dots$$

Die Menge $U_0 = \{ \sigma_k \mid k \geq 0 \}$ genügt den Bedingungen (i) und (ii), ist also insbesondere vollständig (Beweis durch strukturelle Induktion), jedoch nicht minimal, denn es gilt $\sigma_{k+1} <_E \sigma_k$ für alle $k \geq 0$, wie man leicht nachrechnet[13].

Sei nun U irgendeine vollständige Menge von E-Unifikatoren. Da U_0 vollständig ist, gibt es zu jedem $\tau \in U$ ein $\sigma_k \in U_0$ mit $\sigma_k \leq_E \tau$, also $\sigma_{k+1} <_E \tau$. Da auch U vollständig ist, gibt es nun aber ein $\rho \in U$ mit $\rho \leq_E \sigma_{k+1}$, also $\rho <_E \tau$; damit kann U nicht minimal sein. ∎

Bemerkung (7.56) (Eindeutigkeit von $\mu cU_E(M)$)

Wir haben soeben gesehen, daß $\mu cU_E(M)$ nicht zu existieren braucht. Für den Fall seiner Existenz ist $\mu cU_E(M)$ jedoch bis auf E-Varianten eindeutig bestimmt. ∎

Aus den vorhergehenden Beispielen und Bemerkungen wird klar, daß es wichtig ist, den *Typ* eines E-Unifikationsproblems in Bezug auf Vollständigkeit und Minimalität zu kennen. Wir präzisieren diesen Begriff:

13 $s <_E t$ bedeutet dabei, daß $s \leq_E t$ ist und s und t keine E-Varianten sind.

Definition (7.57) (Unifikationstyp)

Für eine Gleichungsmenge E nennen wir das E-Unifikationsproblem *vom Typ*

0	, falls für mindestens ein E-unifizierbares M kein $\mu cU_E(M)$ existiert,
1 (*unitär*)	, falls $\mu cU_E(M)$ für alle E-unifizierbaren M einelementig ist,
ω (*finitär*)	, falls $\mu cU_E(M)$ für alle E-unifizierbaren M endlich ist und
∞ (*infinitär*)	, falls $\mu cU_E(M)$ für mindestens ein E-unifizierbares M unendlich ist. ∎

Wir geben tabellarisch einige bereits bekannte Ergebnisse für spezielle Gleichhheitstheorien an. Weitere Beispiele stehen bei Siekmann [Siek89].

Gleichungsmenge E	entscheidbar	Typ
∅	ja	1
Ass(f) := { f(x, f(y,z)) ≡ f(f(x,y), z) }	ja	∞
Comm(f) := { f(x,y) ≡ f(y,x) }	ja	ω
Idem(f) := { f(x,x) ≡ x }	ja	ω
AC(f) := Ass(f) ∪ Comm(f)	ja	ω
AI(f) := Ass(f) ∪ Idem(f)	ja	0
ACI(f) := Ass(f) ∪ Comm(f) ∪ Idem(f)	ja	ω
Distr(f,g) := { f(x, g(y,z)) ≡ g(f(x,y), f(x,z)) , f(g(x,y), z) ≡ g(f(x,z), f(y,z)) }	?	∞
Ass(f) ∪ Distr(f,g)	nein	∞
AC(f) ∪ Distr(f,g)	nein	∞

Diese Ergebnisse setzen zunächst voraus, daß die zugrundeliegende Signatur nur die angegebenen Operationssymbole enthält (was für praktische Zwecke nicht sehr brauchbar ist). Fügt man weitere Symbole oder weitere Gleichungen hinzu, so kann sich der Typ des Unifikationsproblems verändern, wobei man zwei Fälle unterscheidet:

- Werden für ein gegebenes Operationssymbol neue Gleichungen hinzugefügt, so wird man im allgemeinen keine Aussage über den Typ der Vereinigung dieser Theorien machen können, vgl. etwa die Klassifizierung von Ass(f), Comm(f), AC(f) , AI(f) und ACI(f) in der Übersicht.
- Werden Theorien über verschiedenen Operationssymbolen kombiniert, so kann man unter bestimmten Bedingungen auf Eigenschaften ihrer Vereinigung schließen, siehe etwa [Schm87].

Auch für entscheidbare E-Unifikationsprobleme mit "angenehmem" (d.h. finitärem) Typ kennt man selten Algorithmen, die die Menge $\mu cU_E(M)$ mit vertretbarem Aufwand bestimmen; für viele bisher untersuchten Theorien ist die Unifikationsaufgabe NP-schwierig. Oft weiß man weder über die Lösbarkeit oder den Typ der Unifikationsaufgabe Bescheid, noch über deren Komplexität. Es gibt allerdings auch ermutigende Ergebnisse, etwa einen effizienten AC-Unifikationsalgorithmus von Stickel [Sti81].

Bemerkung (7.58) (Reduktion modulo einer Gleichungsmenge)

Läßt sich für eine Gleichungsmenge E die E-Unifikation algorithmisch gut handhaben, so wird Termersetzung *modulo* E möglich; hierbei werden typischerweise solche Gleichungen in E enthalten sein, die als Termersetzungsregeln unangenehme Eigenschaften haben, etwa weil sie die Termination verhindern. Für ein Termersetzungssystem R ist ein Term t_1 *modulo* E *zu* t_2 *reduzierbar*, falls es Terme t'_1 und t'_2 gibt mit $t_1 =_E t'_1 \longrightarrow_R t'_2 =_E t_2$. Man rechnet dabei also im wesentlichen auf den E-Kongruenzklassen. Eine ausführliche Behandlung dieser Thematik findet man in Jouannaud & Kirchner [JK86]. ■

Bemerkung (7.59) (Theorie-Resolution)

Mit dieser etwas ausführlicheren Bemerkung wollen wir noch einmal den Bogen zurück zur vollen Prädikatenlogik und zur Resolution schlagen. Wir haben soeben Unifikation modulo einer Menge von *Gleichungen* als Hilfsmittel für das Beweisen in reinen Gleichheitskalkülen kennengelernt. Nun wollen wir als Grundlage der Unifikation auch *beliebige prädikatenlogische Formeln* betrachten. Ein Beispiel zeigt, was wir wollen:
Wir betrachten die beiden Klauseln $\{ a < b, L_1, L_2, \dots, L_n \}$ und $\{ b < a, K_1, K_2, \dots, K_m \}$.
Interpretieren wir $<$ tatsächlich als eine Ordnungsrelation, d.h. als irreflexiv und transitiv, so ist der Schritt zur "Resolvente" $\{ L_1, L_2, \dots, L_n, K_1, K_2, \dots, K_m \}$ korrekt; eine Ableitung mit Resolution über einer geeigneten Axiomatisierung dieser Ordnungsrelation brächte hier einen deutlichen Mehraufwand mit sich.

Das legt nahe, ganz allgemein *Theorie-Resolution* modulo einer prädikatenlogischen Theorie zu untersuchen. Der Begriff *minimaler* (*allgemeinster*) Unifikator läßt sich analog auf die T-*Resolution* in der vollen Prädikatenlogik übertragen, vgl. Stickel [Sti85]. Wie schon in reinen Gleichheits-Theorien sind jedoch erst recht hier allgemeinste Unifikatoren nicht mehr eindeutig bestimmt. Abhängig von T kann es für T-resolvierbare Formelmengen wiederum einen, endlich viele oder unendlich viele minimale T-*Unifikatoren* geben. Insbesondere ist auch das allgemeine T-Unifikationsproblem unentscheidbar.

In Anlehnung an das Beispiel zu Beginn dieses Abschnitts wollen wir hier die Grundidee von T-Resolution demonstrieren: Durch $\forall xy\, (P(x,y) \to P(y,x))$ ist die Symmetrie für ein Prädikatensymbol P axiomatisiert; sei T die dadurch definierte Theorie. Um nun beispielsweise die beiden Klauseln $\{ P(a,b)\, ,\, Q \}$ und $\{ \neg P(x,y)\, ,\, R(x) \}$ resolvieren zu können, berechnet man alle möglichen T-Unifikatoren der Literale $P(a,b)$ und $\neg P(x,y)$: $\begin{bmatrix} x & y \\ a & b \end{bmatrix}$ und $\begin{bmatrix} x & y \\ b & a \end{bmatrix}$ sind beide minimal, aber keine ist eine (T-)Variante der anderen. Die zwei möglichen T-Resolventen der obigen Klauseln sind also $\{ Q\, ,\, R(a) \}$ und $\{ Q\, ,\, R(b) \}$.

Trotz aller Schwierigkeiten gilt für die Theorie-Resolution dasselbe wie zuvor für die Unifikation modulo einer Gleichheitstheorie: Gelingt es, für eine gegebene Theorie T (meist von wenigen standard-interpretierten Prädikatensymbolen) "schnelle" Unifikationsalgorithmen zu entwickeln, so hat man ein brauchbares Werkzeug in der Hand, Ableitungen *modulo* dieser Theorie effizienter und oft auch natürlicher zu handhaben als über eine Axiomatisierung mit gewöhnlicher Resolution.

■

Schlußbemerkungen

Wir haben in diesem Buch eine Reihe von breit gestreuten Konzepten und Techniken aus der Theorie des maschinellen Beweisens eingeführt, systematisiert und miteinander in Beziehung gesetzt. Auch wenn die Konzepte im allgemeinen theoretisch gut fundiert und klar sind und für die praktische Anwendung erfolgversprechend wirken, so hoffen wir doch, in unseren Lesern ein Gefühl dafür entwickelt zu haben, wie schwierig die Automatisierung des Beweisens wirklich ist und daß der derzeitige Wissensstand und die heutige Rechnerkapazität eine wirklich erfolgreiche Bearbeitung nur von speziellen Aufgaben in einigen Gebieten ermöglicht. Ein universeller Beweiser (*general purpose prover*) für die Prädikatenlogik erster Stufe ist nicht in Sicht und aus Komplexitätsgründen wahrscheinlich sogar nie realisierbar. In jedem Fall wollten wir etwas Interesse für die Thematik an sich wecken und unseren Lesern ermöglichen, sich kompetenter mit angrenzenden Gebieten etwa im Bereich der künstlichen Intelligenz, der deduktiven Datenbanken, der automatischen Programmverifikation oder des logischen und funktionalen Programmierens auseinanderzusetzen.

Uns ist bewußt, daß wir an vielen Stellen Auslassungen machen mußten (auch in diesem historischen Rückblick) und andere wichtige Teilgebiete, Verfahren und Autoren aus Zeit- und Platzgründen in diesem Einführungsbuch nicht berücksichtigen konnten.

Zum Abschluß des Buches möchten wir noch einen kurzen Rückblick geben auf die historische Entwicklung des maschinellen Beweisens und seiner Ansätze. Übersichten über die Forschung in den letzten Jahrzehnten bzw. Gesamtdarstellungen der Geschichte findet man von Loveland in dem Übersichtsband [BL84], von Wos in [Wos85] und von Siekmann in [BB87]. Daran haben wir uns bei unserer nachfolgenden knappen Zusammenfassung orientiert. Wir möchten mit diesen historischen Schlußbemerkungen und dem folgenden Literaturverzeichnis unsere Leser in jedem Falle zum weiteren Studium anregen.

Vordenker für das Gebiet der Mechanisierung des Beweisens sind sicher schon zu sehen in Descartes[1] mit seiner Formalisierung der Geometrie sowie in Leibniz[2] mit seinem Wunsch, *alles menschliche Denken* zu formalisieren und *berechenbar zu machen*, aber auch mit seiner Grundsteinlegung für die modernen Digitalrechner durch das Dualsystem.

Etwa zweihundert Jahre später entwickelten de Morgan[3] und Boole[4] einen logischen Kalkül, den wir heute als *Boolesche Algebra* oder als *Aussagenlogik* bezeichnen; im Jahre 1879 veröffentlichte Frege[5] mit der "Begriffsschrift" einen Kalkül, der ausgehend von der Booleschen Aussagenlogik Quantoren, Relationen und Funktionen in die logische Sprache aufnimmt und zudem formale Syntax und intendierte Semantik trennt: das Gerüst der *Prädikatenlogik erster Stufe* in heutiger Sicht.

Nach Jahrzehnten heftigen Widerstreits über den Wert und die Möglichkeit strikten Formalisierens in der Mathematik einerseits, andererseits aber auch nach Weiterentwicklung des Fregeschen Kalküls in zahlreichen Arbeiten etwa von Skolem[6], Gentzen[7], Herbrand[8] sowie Hilbert[9] und Ackermann[10] waren dann die 30er Jahre dieses Jahrhunderts entscheidend für unser heutiges Verständnis dessen, was von Leibniz altem Traum der Mechanisierung des Beweisens denn überhaupt realisierbar sein könnte:
Gödel[11] wies 1930 die *Vollständigkeit* des Hilbert-Ackermann-Kalküls nach; damit kannte man zum ersten Mal tatsächlich einen nachweislich vollständigen Kalkül für die logische Folgerung in der Prädikatenlogik. 1931 zeigte er dann aber mit seinen *Unvollständigkeitsergebnissen* auch die Grenzen der Formalisierbarkeit auf. Für ein hinreichend mächtiges formales System kann man dessen Widerspruchsfreiheit nicht innerhalb des Systems nachweisen; für jedes derartige System gibt es also Aussagen, die man in diesem System weder verifizieren noch falsifizieren kann. 1936 bewiesen unabhängig voneinander Turing[12] und Church[13] Negativresultate für das Hilbertsche *Entscheidungsproblem*, ob eine prädikatenlogische Formel allgemeingültig ist oder nicht: das Halteproblem von Turingmaschinen sowie die Normalisierbarkeit von λ-Ausdrücken sind unentscheidbar. Immerhin blieb noch, daß für einen Satz in endlicher Zeit ein Beweis gefunden werden kann, falls er wirklich ein allgemeingültiges Theorem darstellt; anderenfalls terminiert ein systematisches Beweisverfahren aber möglicherweise nicht: Semi-Entscheidbarkeit der Prädikatenlogik erster Stufe.

[1] Rene Descartes, 1596 - 1650
[2] Gottfried Wilhelm Freiherr von Leibniz, 1646 - 1716
[3] Augustus de Morgan, 1806 - 1871
[4] George Boole, 1815 - 1864
[5] Gottlob Frege, 1848 - 1925
[6] Toralf Skolem, 1887 - 1963
[7] Gerhard Gentzen, 1909-1945
[8] Jacques Herbrand, 1908 - 1931
[9] David Hilbert, 1862 - 1943
[10] Wilhelm Ackermann, 1896 - 1962
[11] Kurt Gödel, 1906 - 1978
[12] Alan Mathison Turing, 1912 - 1954
[13] Alonzo Church, geb. 1903

Dies war Grund genug, in den Jahren ab 1950 - nunmehr standen auch die ersten leistungsfähigen Rechner zur Verfügung - zahlreiche Versuche mit Theorembeweiser-Implementierungen zu starten: Namen wie Davis, Putnam, Wang, Prawitz, Gelernter sowie Newell, Shaw & Simon stehen dabei stellvertretend für viele andere.

Dabei konkurrierten zwei grundsätzlich unterschiedliche Methoden: zum einen der vorherrschende Ansatz, die formale Logik mit ihren Schlußregeln so gut wie möglich zu implementieren (Stichwort *Herbrand-Universum*), zum zweiten die Orientierung an menschlichen Vorgehensweisen und Heuristiken, Grundlagen des heutigen Gebietes "Künstliche Intelligenz". Letzteren Pfad haben wir nicht weiter verfolgt, siehe dazu Nilsson [Nil82], Genesereth & Nilsson [GN87] sowie Richter [Rich89].

Nach zahlreichen Enttäuschungen und Desillusionierungen erhielten die Verfechter der logikorientierten Methoden einen enormen Auftrieb durch die Entwicklung einer einzigen - universell für maschinelles Beweisen verwendbaren - widerlegungsvollständigen Schlußregel durch Robinson [Rob65] : *Resolution*. Endlich konnte man mit dem Herbrand-Universum effizienter umgehen.

Trotz aller Begeisterung dafür mußte man jedoch bald erkennen, daß man bei nur halbwegs interessanten Theoremen immer noch an der enormen Komplexität scheiterte. So konzentrierte man sich auf die Entwicklung von "Verfeinerungen" der Resolution, d.h. Methoden zur Einschränkung des Suchraumes. Eine gute Zusammenfassung der bis in die 70er Jahre erzielten Ergebnisse geben die beiden Lehrbücher von Chang & Lee [CL73] sowie Loveland [Lov78], die wichtigsten Papiere bis zum Jahre 1970 sind in den beiden Sammelbänden [SW83] enthalten, eine neuere Übersicht enthält etwa ein Aufsatz von Stickel in [BJ87]. Wir haben in Kapitel 3 eine ausführliche Darstellung der wichtigsten Konzepte zur Einschränkung des Suchraums mit vielen bekannten Verfahren als Beispiel gegeben.

Mitte der 70er Jahre setzte dann mit Kowalski [Kow75] und [And76] eine Entwicklung ein, sich stärker um die Repräsentation der Formeln und des Suchraums zu kümmern - speziell durch explizite Darstellung der zugrundeliegenden Formelmengen (um Zusatzinformationen angereichert) als Graph. Als derzeit neueste Deduktionskalküle können die *Matrix-* bzw. *Konnektionsverfahren* angesehen werden, die unabhängig von Andrews [And76/81] und Bibel [Bib82/87] entwickelt wurden und wie Kowalskis *Connection-Graph-Resolution* durch eine effiziente Repräsentation von Formeln und Suchraum Vorteile versprechen.
Als ein anderer Zugang zur Frage der Repräsentation eines Beweises wurden auch die *Tableau-Verfahren* in den letzten Jahren immer weiter entwickelt und für spezielle Bereiche wie etwa intuitionistische oder Modal-Logik erschlossen.

Relativ unabhängig von den prädikatenlogischen Ansätzen entwickelte sich die Theorie der *Termersetzungssysteme* aus Wurzeln in der Algebra und im Lambda-Kalkül. Ende der 70er Jahre begannen zahlreiche Forschungsgruppen damit, eine operationale Sichtweise von Gleichungen als eigenständiges Arbeitsgebiet zu etablieren; unter verschiedenen Gesichtspunkten wurde versucht, der besonderen Rolle der Gleichheit in der Logik - speziell dem Rechnen durch Ersetzen von Gleichem durch Gleiches - Rechnung zu tragen. Geprägt wurde die Entwicklung im Gebiet der

Termersetzungssysteme in den folgenden Jahren durch die Suche nach *kanonischen Systemen*, d.h. solchen, bei denen jede Berechnung mit einem eindeutigen Ergebnis terminiert; einen wichtigen Impuls gab dazu die bereits 1970 entstandene Arbeit von Knuth & Bendix [KB70]. Den derzeitigen Stand der Forschung beschreiben etwa Dershowitz & Jouannaud [DJ89], Le Chenadec [LeC86] mit Anwendungen auf die klassische Algebra oder Padawitz [Pad88] für Hornformelspezifikationen mit Gleichheit.

Literatur

Abkürzungen:

CADE	Conference on Automated Deduction
EATCS	European Association of Theoretical Computer Science
ICALP	International Colloquium on Automata, Languages and Programming
JACM	Journal of the Association for Computing Machinery
JAR	Journal of Automated Reasoning
JCSS	Journal of Computer and System Sciences
JSC	Journal of Symbolic Computation
LICS	Logic in Computer Science
LNCS	Lecture Notes in Computer Science, Springer
RTA	International Conference on Rewriting Techniques and Applications
TCS	Theoretical Computer Science

[Ait 85] H. Ait-Kaci, *An algorithm for finding a minimal recursive path ordering*, RAIRO Theor. Inform. 19, 1985, S. 359-382

[And 76] P.B. Andrews, *Refutations by matings*, IEEE Transact. on Comp. 25(2), 1976, S. 801-807

[And 81] P.B. Andrews, *Theorem proving via general matings*, JACM 28(2), 1981, S. 193-214

[Ass 72] G. Asser, *Einführung in die mathematische Logik I - III*, Harri Deutsch, 1972

[Bach 88] L. Bachmair, *Proof by consistency in equational theories*, Proc. 3rd LICS, 1988, S. 228-233

[Bach 89] L. Bachmair, *Canonical equational proofs*, Pitman, 1989

[BB 87] K.H. Bläsius & H.-J. Bürckert, *Deduktionssysteme*, Oldenbourg, 1987

[BCL 87] A. Ben Cherifa & P. Lescanne, *Termination of rewriting systems by polynomial interpretations and its implementation*, Science of Comp. Prog. 2, 1987, S. 137-159

[BD 86] L. Bachmair & N. Dershowitz, *Commutation, transformation and termination*, Proc. 8th CADE, LNCS 230, 1986, S. 5-20

[Beth 59] E. W. Beth, *The foundations of mathematics*, North Holland, 1959

[Bib 82] W. Bibel, *Automated theorem proving*, Vieweg, 1982

[Bib 87] W. Bibel, *Automated theorem proving*, 2., überarbeitete Auflage, Vieweg, 1987

[BJ 87] W. Bibel & P. Jorrand (eds.) *Fundamentals of artificial intelligence, an advanced course*, Springer, 1987

[BL 84] W.W. Bledsoe & D.W. Loveland (eds.), *Automated theorem proving: after 25 years*, Contemporary Mathematics 29, American Mathematical Society, 1984

[BM 79] R.S. Boyer & J.S. Moore , *A computational logic*, Academic Press, 1979

[BN 77] E. Bergmann & H. Noll , *Mathematische Logik mit Informatik-Anwendungen*, Springer, 1977

[Bör 85] E. Börger , *Berechenbarkeit, Komplexität, Logik*, Vieweg, 1985

[Bra 75] D. Brand, *Proving theorems with the modification method*, SIAM J. Comp. 4(4), 1975, S. 412-430

[Bun 83] A. Bundy, *The computer modelling of mathematical reasoning*, Prentice Hall, 1983

[CB 83] J. Corbin & M. Bidoit, *A rehabilitation of Robinsons unification algorithm*, Information Processing 83, 1983, S. 909-914

[Cha 86] D. de Champeaux, *About the Paterson-Wegman linear unification algorithm*, JCSS 32, 1986, S. 79-90

[CL 73] C.-L. Chang & R.C.-T. Lee, *Symbolic logic and mechanical theorem proving*, Academic Press, 1973

[CM 81] W.F. Clocksin & C.S. Mellish, *Programming in Prolog*, Springer, 1981

[Dau 89] M. Dauchet, *Simulation of a Turing machine by a left-linear rewrite rule*, Proc. 3rd RTA, LNCS 355, 1989, S. 109-120

[Dav 73] M. Davis, *Hilbert's tenth problem is unsolvable*, Americ. Math. Monthly 80, 1973

[Der 82] N. Dershowitz, *Ordering for term-rewriting systems*, TCS 17(3), 1982, S. 279-301

[Der 85] N. Dershowitz, *Termination*, Proc. 1st RTA, LNCS 202, 1985, S. 180-224

[Der 87] N. Dershowitz, *Termination of rewriting*, JSC 3(1&2), 1987, S. 69-115

[DJ 89] N. Dershowitz & J.-P. Jouannaud, *Rewrite systems*, in: Handbook of Theoretical Computer Science, North Holland, 1989

[DP 60] M. Davis & H. Putnam, *A computing procedure for quantification theory*, JACM 7(3), 1960, S. 201-215

[Eder 85] E. Eder, *Properties of substitutions and unifications*, JSC 1, 1985, S. 31-46

[EFT 78] H.D. Ebbinghaus, J. Flum & W. Thomas, *Einführung in die mathematische Logik*, Wiss. Buchgesellschaft, 1978

[EM 85] H. Ehrig & B. Mahr, *Fundamentals of algebraic specifications 1*, Springer, 1985

[Fay 79] M. Fay, *First-order unification in an equational theory*, Proc. 4th Workshop on Automated Deduction, 1979, S. 161-167

[FH 86] F. Fages & G. Huet, *Complete sets of unifiers and matchers in equational theories*, TCS 43, 1986, S. 189-200

[Fri 86] L. Fribourg, *A strong restriction of the inductive completion procedure*, Proc. 13th ICALP, LNCS 226, 1986, S. 105-115

[Gal 86] J.H. Gallier, *Logic for computer science: foundations of automated theorem proving*, Harper & Row, 1986

[Gen 34] G. Gentzen, *Untersuchungen über das logische Schließen*, Math. Zeitschrift 39, 1934, Teil I, S. 176-210, und Teil II, S. 405-431

[GN 87] M.R. Genesereth & N.J. Nilsson, *Logical foundations of artificial intelligence*, Morgan Kaufmann, 1987

[HD 83] J. Hsiang & N. Dershowitz, *Rewrite methods for clausal and non-clausal theorem proving*, Proc. 10th ICALP, LNCS 154, 1983, S. 331-346

[Herb 30] J. Herbrand, *Recherches sur la théorie de la démonstration*, in: J. Herbrand, *Logical Writings*, W. Goldfarb (ed.), Harvard Univ. Press, 1971

[Herm 76] H. Hermes , *Einführung in die mathematische Logik*, Teubner, 1976

[Hin 55] K.J.J. Hintikka, *Form and content in quantification theory*, Acta Philosophica Fennica 8, 1955, S. 7-55

[HK 88] D. Hofbauer & R.-D. Kutsche, *Proving inductive theorems based on term rewriting systems*, Proc. Int. Workshop on Algebraic and Logic Programming, Gaußig 1988, LNCS 343, in Vorbereitung; revidierte Version: Bericht 1988/27, TU Berlin, 1988

[HL 78] G. Huet & D.S. Lankford, *On the uniform halting problem for term rewriting systems*, Rapport Laboria 283, INRIA, Le Chesnay, France, 1978

[HO 80] G. Huet & D.C. Oppen, *Equations and rewrite rules: a survey*, in: R. Book (ed.), *Formal language theory: perspectives and open problems*, Academic Press, 1980, S. 349-405

[HR 87] J. Hsiang & M. Rusinowitch, *On word problems in equational theories*, Proc. 14th ICALP, LNCS 267, 1987, S. 54-71

[Huet 80] G. Huet, *Confluent reductions: abstract poperties and applications to term rewriting systems*, JACM 27(4), 1980, S. 797-821

[Hul 80] J.-M. Hullot, *Canonical forms and unification*, Proc. 5th CADE, LNCS 87, 1980, S. 318-334

[JKi 86] J.-P. Jouannaud & H. Kirchner, *Completion of a set of rules modulo a set of equations*, SIAM J. Comp. 15, 1986, S. 1155-1194

[JKo 86] J.-P. Jouannaud & E. Kounalis, *Automatic proofs by induction in equational theories without constructors*, Proc. 1st LICS, 1986, S. 358-366

[KB 70] D. Knuth & P. Bendix, *Simple word problems in universal algebras*, in: J. Leech (ed.), *Computional problems in abstract algebra*, Pergamon Press, 1970; auch in: [SW83], S. 342-376

[Klop 87] J.W. Klop, *Term rewriting systems: a tutorial*, Bulletin of the EATCS 32, 1987, S. 143-183

[Kni 89] K. Knight, *Unification: A multidisciplinary survey*, ACM Comp. Surveys 21(1), 1989, S. 93-124

[KNZ 86] D. Kapur, P. Narendran & H. Zhang, *On sufficient completeness and related properties of term rewriting systems*, Acta Informatica 24(4), 1987, S. 395-415

[Kow 75] R. Kowalski, *A proof procedure using connection graphs*, JACM 22(4), 1975, S. 572-595

[Kow 79] R. Kowalski, *Logic for problem solving*, North Holland, 1979

[LeC 86] P. Le Chenadec, *Canonical forms in finitely presented algebras*, Pitman, 1986

[Llo 84] J.W. Lloyd, *Foundations of logic programming*, Springer, 1984

[Llo 87] J.W. Lloyd, *Foundations of logic programming*, 2., erweiterte Auflage, Springer, 1987

[Lov 78] D.W. Loveland, *Automated theorem proving: A Logical Basis*, North Holland, 1978

[Mar 87] U. Martin, *How to choose the weights in the Knuth-Bendix-ordering*, Proc. 2nd RTA, LNCS 256, 1987, S. 42-53

[Met 83] Y. Metivier, *About the rewriting system produced by the Knuth-Bendix-completion algorithm*, Information Processing Letters, 16(1), 1983, S. 31-34

[MM 82] A. Martelli & U. Montanari, *An efficient unification algorithm*, ACM Transactions on Programming Languages Systems 4(2), 1982, S. 258-282

[Nil 82] N.J. Nilsson, *Principles of artificial intelligence*, Springer, 1982

[Pad 88] P. Padawitz, *Computing in Horn clause theories*, Springer, 1988

[Pet 83] G.E. Peterson, *A technique for establishing completeness results in theorem proving with equality*, SIAM J. on Computing 12(1), 1983, S. 82-100

[PW 78] M.S. Paterson & M.N. Wegman, *Linear unification*, JCSS 16, 1978, S. 181-186

[Rich 78] M.M. Richter , *Logikkalküle*, Teubner, 1978

[Rich 89] M.M. Richter , *Prinzipien der Künstlichen Intelligenz*, Teubner, 1989

[RKKL 85] P. Réty, C. Kirchner, H. Kirchner & P. Lescanne, *NARROWER : a new algorithm for unification and its application to logic programming*, Proc. 1st RTA, LNCS 202, 1985, S. 141-157

[Rob 65] J.A. Robinson, *A machine oriented logic based on the resolution principle*, JACM 12(1), 1965, S. 23-41

[RW 69] G.A. Robinson & L. Wos, *Paramodulation and theorem proving in first order theories with equality*, Machine Intelligence 4, 1969, S. 135-150

[Schm 87] M. Schmidt-Schauß, *Unification in a combination of arbitrary disjoint equational theories*, SEKI-Report SR-87-16, Univ. Kaiserslautern, 1987

[Schm 88] M. Schmidt-Schauß, *Implication of clauses is undecidable*, TCS 59, 1988, S. 287-296

[Schö 87] U. Schöning , *Logik für Informatiker*, B.I., 1987

[Schö 89] U. Schöning , *Logik für Informatiker*, 2., überarbeitete Auflage, B.I., 1989

[SHK 88] D. Siefkes, D. Hofbauer & R.-D. Kutsche, *Completeness proofs for logic programming: refutations and derivations for ground clauses*, Bericht 1988/23, TU Berlin, 1988

[Sief 89] D. Siefkes, *Logik für Informatiker: Formalisieren und Beweisen*, Vorlesungsskriptum TU Berlin, 1989, erscheint in Kürze bei Vieweg.

[Siek 84] J. Siekmann, *Universal unification*, Proc. 7th CADE, LNCS 170, 1984, S. 1-42

[Siek 89] J. Siekmann, *Unification theory*, JSC 7, 1989, S. 207-274

[Smu 68] R.M. Smullyan, *First order logic*, Springer, 1968

[SS 86] L. Sterling & E. Shapiro, *The Art of Prolog*, MIT Press, 1986

[Ste 89] J. Steinbach, *Extension and comparison of simplification orderings*, Proc. 3rd RTA, LNCS 355, 1989, S. 434-448

[Sti 81] M.E. Stickel, *A unification algorithm for associative-commutative functions*, JACM 28(3), 1981, S. 423-434

[Sti 85] M.E. Stickel, *Automated deduction by theory resolution*, JAR 1(4), 1985, S. 333-355

[Sti 86] M.E. Stickel, *Schubert's Steamroller Problem: Formulation and Solutions*, JAR 2(1), 1986, S. 89-101

[SW 83] J. Siekmann & G. Wrightson (eds.), *Automation of Reasoning 1+2*, Springer, 1983

[WOLB 84] L. Wos, R. Overbeck, E. Lusk & J. Boyle, *Automated Reasoning: Introduction and Applications*, Prentice Hall, 1984

[Wos 85] L. Wos et al., An overview of automated reasoning and related fields, JAR 1(1), 1985, S. 5-48

[Wos 88] L. Wos, *Automated reasoning: 33 basic research problems*, Prentice Hall, 1988

Symbolverzeichnis

Um die Lesbarkeit des Buches zu erleichtern, haben wir uns soweit wie möglich um eine einheitliche Bezeichnungsweise bemüht:

x, y, z, u, v, w	Variablen
c, d, a, b, e oder 0, 1, ...	Konstantensymbole
f, g, h oder +, $*$, $\circ$	Funktionssymbole
t, s	Terme
P, Q, R, S	Prädikatensymbole und Atome
C, D, G, A, B	Formeln
X, Y, Z	Formelmengen
σ, τ, π, ρ	Substitutionen
$\mathcal{R}$	Regelsysteme

Mengennotationen:

$\mathbb{N}$	natürliche Zahlen { 0, 1, 2, ... }
$\mathbb{Z}$	ganze Zahlen { ... , -1, 0, 1, ... }
$\emptyset$	leere Menge
$\cap$	Schnitt von Mengen
$\cup$	Vereinigung von Mengen
$\setminus$	Differenz von Mengen
$=$	Gleichheit
$\subseteq$	Teilmengenrelation
$\in$	Elementrelation

Weitere Symbole:

Para	Paramodulationsregel 106
$l \rightarrow r$	Termersetzungsregel 114
$\longrightarrow_R$	Termersetzungsrelation 114
$\xrightarrow{+}_R$	transitiver Abschluß 115
$\xrightarrow{*}_R$	transitiver und reflexiver Abschluß 116
$\longleftrightarrow_R$	symmetrischer Abschluß 116
$\xleftrightarrow{*}_R$	Äquivalenz-Abschluß 116
R_E	Regeln aus Gleichungen 117
E_R	Gleichungen aus Regeln 117
$=_E$	von E induzierte Kongruenz 117, 150
$\downarrow_R$	Normalform bzgl. R 120
ω	Gewichtsfunktion 132
$>_{KBO}$	Knuth-Bendix-Ordnung 135
$>>$	Multimengenordnung 136
$>_{RPO}$	rekursive Pfadordnung 136
ITh	induktive Theorie 142
$\leq_E$	Ordnung von Substitutionen modulo E 150
U_E	Menge der E-Unifikatoren 151
cU_E	vollständige Menge von E-Unifikatoren 151
μcU_E	minimale vollständige Menge von E-Unifikatoren 151

Sachwortverzeichnis